低渗碳酸盐岩气藏高效开发技术研究

——以磨溪气田雷一^{1}气藏为例

何小川　肖　尧　刘　路　主编

中国石化出版社

内 容 提 要

本书通过介绍以磨溪气田为例的低渗碳酸盐岩气藏的研究意义，研究了气藏的地质特征、气藏工程特征及目前开发过程中面临的问题，涉及低渗碳酸盐岩气藏地质评价技术、低渗碳酸盐岩气藏高效开发配套技术、钻完井工艺技术、储层改造工艺技术、排水采气工艺技术、地面集输工艺及防腐工程技术等。凝练了低渗碳酸盐岩气藏高效开发配套技术，并对修井效果、排水采气效果、水平井开发效果及增压开采效果进行了评价。为更好地开发同类气藏，同时也为具有类似地质条件的碳酸盐岩气藏高效开发提供了可以借鉴的经验。

本书可供地质勘探开发工作者及油气藏勘探开发研究人员参考阅读。

图书在版编目（CIP）数据

低渗碳酸盐岩气藏高效开发技术研究：以磨溪气田雷一¹气藏为例 / 何小川，肖尧，刘路主编. —北京：中国石化出版社，2021.11
ISBN 978-7-5114-6072-1

Ⅰ. ①低… Ⅱ. ①何… ②肖… ③刘… Ⅲ. ①碳酸盐岩油气藏-油田开发-研究 Ⅳ. ①TE344

中国版本图书馆 CIP 数据核字（2021）第 225151 号

未经本社书面授权，本书任何部分不得被复制、抄袭，或者以任何形式或任何方式传播。版权所有，侵权必究。

中国石化出版社出版发行
地址:北京市东城区安定门外大街 58 号
邮编:100011　电话:(010)57512500
发行部电话:(010)57512575
http://www.sinopec-press.com
E-mail:press@ sinopec.com
北京建宏印刷有限公司印刷
全国各地新华书店经销
*
787×1092 毫米 16 开本 14.75 印张 323 千字
2021 年 11 月第 1 版　2021 年 11 月第 1 次印刷
定价:88.00 元

本书编委会

主　　　编：何小川　肖　尧　刘　路

副 主 编：易　劲　欧家强　梁　锋　李祖兵

编委会成员：袁　权　甘笑非　范　玲　唐　松

余　燕　阮基富　胡　燕　李相宏

前　言

　　随着全世界对天然气资源需求量的不断增大，常规天然气的产量及储采比具有不断降低的趋势，低渗透等非常规天然气资源的勘探与开发是对常规天然气资源总量的可靠补充，低渗透气藏的勘探与开发越来越受到人们的重视。在低渗天然气资源中，低渗碳酸盐岩储层蕴含的储量约占总资源量的 $40\% \sim 60\%$，潜力巨大。据 2019 年第四届成都天然气论坛资料统计，我国碳酸盐岩勘探面积达 $60 \times 10^4 km^2$，资源量大于 $25 \times 10^{12} m^3$。特别是塔里木、四川、鄂尔多斯三大克拉通盆地内部裂陷和古隆起都非常发育，成藏条件优越，但探明率不到 15%。因此加快低渗碳酸盐岩气藏的勘探与开发是石油工业未来发展的一个重要领域。

　　磨溪气田雷一^{1}气藏自 1987 年在磨 9 井获得突破(日产气 $11.8 \times 10^4 m^3$)后，先后在气藏的中部、西端和东端进行了勘探与投产开发，分别上报了探明地质储量和控制储层。其中在气藏的中部及西端分别于 1988 年和 1995 年上报的探明地质储量为 $253.87 \times 10^8 m^3$ 和 $95.6 \times 10^8 m^3$，气藏东端于 2001 年上报的控制储量为 $42.68 \times 10^8 m^3$。雷一^{1}段储集岩主要为针孔白云岩，储集空间以粒间溶孔、粒内溶孔、晶间溶孔为主，储层裂缝不发育，以孔隙型储层为主。纵向上大体发育三套储层，中亚段上部储层最为发育，孔隙度大于 8%；横向上分布较为连续稳定，主储层有效储层厚度一般为 $4 \sim 10 m$。孔隙度分布在 $3.35\% \sim 16.14\%$ 之间，渗透率分布在 $(0.01 \sim 1.82) \times 10^{-3} \mu m^2$，储层总体具有中孔低渗特征。气藏在试采阶段(1991—1993 年)共投产气井 34 口，试采规模为 $40 \times 10^4 m^3/d$ 左右。中区方案实施稳产阶段(1994—1999 年)新投产 32 口开发井，建成 $125 \times 10^4 m^3/d$ 开发规模；稳产方案实施稳产阶段(2000—2007 年)修井新增产能 $85 \times 10^4 m^3/d$，新钻开发井 10 口，新增产能 $49 \times 10^4 m^3/d$；调整稳产阶段(2007 年至今)以调整方案为指导，进入以水平井为主的上产开发阶段，气藏开发规模最高近 $180 \times 10^4 m^3/d$。截至 2019 年 6 月底，气藏共投入生产井 131 口，目前开井 51 口(水平井 41 口)，日产气 $88.89 \times 10^4 m^3$，日产水 $11.37 m^3$，累计产气 $111.33 \times 10^8 m^3$，累计产水

$13.28×10^4 m^3$。截至目前，气田稳产时间长达 27 年，三次荣获"中国石油高效开发气田"称号。

磨溪气田雷一^{1}气藏高效开发近 30 年，开展过大量的勘探和开发工作，积累了较为丰富的勘探和开发经验。为了更好地开发此气藏，同时也为具有类似地质条件的碳酸盐岩气藏高效开发提供可以借鉴的经验，气矿组织了一批曾经组织、实施和参与气藏的发现、试采、压裂酸化、水平井钻井等高效开发过程的专家及工作人员一同凝练高效开发过程所采用的核心技术及可靠的工艺技术。

本书共分六章。第一章为绪论，主要介绍低渗碳酸盐岩气藏的研究意义及划分标准，明确了本书对低渗碳酸盐岩储层界定所采用的标准。第二章为雷一^{1}气藏特征，主要介绍气藏的地质特征、气藏工程特征及目前开发过程中面临的问题。第三章为低渗碳酸盐岩气藏地质评价技术，重点介绍了膏岩组合低缓构造的描述技术、低渗薄互层储层识别技术及气水关系刻画。第四章为低渗碳酸盐岩气藏渗流机理及开发技术，重点介绍各种试井方法、产能跟踪及储量动用评价技术、水平井开发技术等。第五章为低渗碳酸盐岩气藏高效开发配套技术，重点介绍了钻完井工艺技术、储层改造工艺技术、排水采气工艺技术、地面集输工艺及防腐工程技术等。第六章为低渗碳酸盐岩气藏高效开发配套技术实践与评价，重点对修井效果、排水采气效果、水平井开发效果及增压开采效果进行了评价。

本书在编写过程中得到了中国石油西南油气田川中油气矿领导的关心与大力支持，也得到了川中油气矿地质研究所及科技科同仁的帮助，特别是已退休的张友彩、龚昌明、孙蓉 3 位老专家在成果凝练过程中给予的指导和帮助，在此一并表示感谢。

目　录

第一章　绪论………………………………………………………………（ 1 ）

第一节　低渗碳酸盐岩气藏研究意义及划分标准………………………（ 1 ）
一、碳酸盐岩气藏储量分布特征 …………………………………………（ 1 ）
二、低渗碳酸盐岩气藏的划分标准 ………………………………………（ 3 ）
第二节　低渗碳酸盐岩气藏的地质与开发特征…………………………（ 5 ）
一、低渗碳酸盐岩气藏的地质特征 ………………………………………（ 5 ）
二、低渗碳酸盐岩气藏开发特征 …………………………………………（ 7 ）

第二章　低渗碳酸盐岩气藏地质评价技术………………………………（ 10 ）

第一节　膏盐岩组合低缓构造描述技术…………………………………（ 10 ）
一、开发早期的构造特征评价技术 ………………………………………（ 10 ）
二、开发中期构造特征评价技术 …………………………………………（ 10 ）
三、开发中后期构造特征评价技术 ………………………………………（ 17 ）
第二节　低渗薄互层识别技术……………………………………………（ 31 ）
一、储层基本特征评价技术 ………………………………………………（ 31 ）
二、储层测井评价技术 ……………………………………………………（ 35 ）
三、气藏流体识别技术 ……………………………………………………（ 39 ）
第三节　气水关系刻画技术………………………………………………（ 45 ）
一、低缓构造气水分布的识别技术 ………………………………………（ 45 ）
二、气水分布刻画技术 ……………………………………………………（ 46 ）

第三章　低渗碳酸盐岩气藏渗流机理及开发技术………………………（ 50 ）

第一节　低渗碳酸盐岩气藏渗流机理及数学描述………………………（ 50 ）
一、低渗储层气体低速非达西渗流规律的数学描述 ……………………（ 50 ）
二、低渗岩石中单相气体低速渗流特征 …………………………………（ 55 ）
三、低渗岩石特殊渗流机理 ………………………………………………（ 59 ）

第二节　低渗气藏试井分析方法及实践 ……………………………………… （60）

一、典型的特征图像——试井分析模式图 ………………………………… （60）

二、均质地层试井模型及曲线特征 ………………………………………… （62）

三、双重介质地层试井模型及曲线特征 …………………………………… （67）

四、低渗储层水平井试井模型及曲线特征 ………………………………… （72）

第三节　低渗气井产能跟踪评价技术 ……………………………………… （77）

一、气井产能测试方法 ……………………………………………………… （77）

二、气井产能分析方法 ……………………………………………………… （79）

三、现代产量递减分析法 …………………………………………………… （82）

四、现场实例 ………………………………………………………………… （87）

第四节　低渗储量动用程度评价技术 ……………………………………… （90）

一、早期储量可动性评价技术 ……………………………………………… （90）

二、储量动态管理技术 ……………………………………………………… （100）

三、剩余储量精细描述技术 ………………………………………………… （106）

第五节　水平井开发技术 …………………………………………………… （110）

一、水平井井位目标优选 …………………………………………………… （110）

二、水平井目标靶体优化 …………………………………………………… （112）

三、水平井开发效果评价 …………………………………………………… （116）

第四章　低渗碳酸盐岩气藏高效开发配套技术 ………………………… （121）

第一节　钻完井工艺技术 …………………………………………………… （121）

一、直井钻井工艺技术 ……………………………………………………… （121）

二、丛式井钻井工艺技术 …………………………………………………… （122）

三、水平井钻井工艺技术 …………………………………………………… （127）

四、射孔完井技术 …………………………………………………………… （134）

第二节　储层改造工艺技术 ………………………………………………… （138）

一、雷一¹气藏储层特征 …………………………………………………… （138）

二、水平井储层改造工艺技术 ……………………………………………… （138）

三、水平井储层改造工艺技术现场应用 …………………………………… （156）

第三节　排水采气工艺技术 ………………………………………………… （158）

一、雷一¹气藏排水采气工艺技术难点 …………………………………… （158）

二、排水采气工艺选择原则 ………………………………………………… （158）

三、排水采气工艺技术应用效果分析 ……………………………………… （160）

第四节　地面集输工艺技术 ………………………………………………… （162）

一、地面集输工艺特点 ……………………………………………………… （162）

二、气田内部集输建设特点 ·· （162）

三、站场工程 ·· （164）

四、集气站场、增压站场工艺原理流程 ···························· （165）

第五节 防腐工艺技术 ·· （166）

一、雷一¹气田腐蚀现状 ·· （167）

二、磨溪气田腐蚀形式及腐蚀影响因素分析 ···················· （171）

三、井下金属材质的腐蚀研究和选择 ······························ （176）

四、缓蚀剂的研究与筛选 ·· （179）

第五章 高效开发配套技术实践与评价 ···························· （182）

第一节 修井效果评价 ·· （182）

一、井下管柱现状及腐蚀堵塞原理 ································· （182）

二、修井实施情况及效果评价 ······································ （190）

第二节 排水采气效果评价 ··· （202）

一、排水采气工艺适应性 ·· （202）

二、排水采气实施情况及效果评价 ································· （206）

第三节 水平井开发效果评价 ·· （215）

一、水平井开发效果分析 ·· （215）

二、新井生产效果良好 ·· （220）

第四节 增压开采效果评价 ··· （222）

一、增压开发技术及现状 ·· （222）

二、增压效果评价 ·· （224）

参考文献 ··· （225）

第一章
绪　论

第一节　低渗碳酸盐岩气藏研究意义及划分标准

一、碳酸盐岩气藏储量分布特征

（一）国外碳酸盐岩气藏储量分布

碳酸盐岩气藏在世界范围内分布较广，由于具有储量大、产量高、非均质性强等特点，一直倍受石油地质学家和石油工程专家的关注。尽管碳酸盐岩储层岩性复杂，非均质性强，高效开发难度较大，但其储量非常可观。

截至 2019 年年底，世界上已发现的各类大型-特大型油气田有 1021 个，其中有 321 个为碳酸盐岩油气藏，约占 35.7%；油气探明可采总储量 $2836.60 \times 10^8 t$，碳酸盐岩油气藏油气探明可采储量 $1434.50 \times 10^8 t$，碳酸盐岩约占 50.6%。如阿拉伯盆地的 North Field 白云岩气田，可采储量达 $220.1 \times 10^8 t$；阿拉伯盆地的 Ghawar 台内颗粒滩油田，可采储量为 $133.1 \times 10^8 t$。在上述的 321 个大型-特大型碳酸盐岩油气田中，有油田 208 个，探明石油可采储量 $750.10 \times 10^8 t$，占探明油气总可采储量的 52.3%；气田 105 个，探明天然气可采储量 $684.40 \times 10^8 t$，占碳酸盐岩可采储量的 91.2%，占世界油气可采总储量的 24.1%。

国外碳酸盐岩大油气田的发现史已超过 100 年，但随着勘探的不断深入，近年来仍时有重大碳酸盐岩气田的发现。但碳酸盐岩储层分布的区域和储量分布的层位具有极强的非均质性，约四分之三的石油资源在东半球分布，西半球仅占四分之一。若以赤道作为界，石油资源主要集中于北半球（图 1-1-1）。在北半球内，油气资源又集中于 $50°N \sim 70°N$ 和 $20°N \sim 40°N$ 和两个纬度带内。如墨西哥湾地区、北非地区、波斯湾地区作为世界的大产油区，其纬度范围为 $20°N \sim 40°N$。统计表明，世界石油探明储量的 51% 来源于该纬度范围内的油气田。而北海盆地、伏尔加-乌拉尔盆地和西西伯利亚盆地等大油气区则分布在 $50°N \sim 70°N$ 纬度范围内。根据英国石油公司 2016 年的报告，世界碳酸盐岩储层中蕴藏的天然气剩余储量为 $186.6 \times 10^{12} m^3$，中东地区与欧洲地区分别以 42.6% 和 30.4% 的占比储量位居世界前列。从国家来看，伊朗、俄罗斯、卡塔尔、土库曼斯坦和美国的储量最多，合计占比 64%。

碳酸盐岩油气资源的纵向分布也具有极强的非均质性。中东地区碳酸盐岩储层中有 3/4 的石油储量集中于侏罗系、白垩系、古近系和新近系；中东地区、美国和苏联碳酸盐岩储层中有 2/3 的天然气储量集中于石炭系和二叠系。就碳酸盐岩油气田的个数而言，白垩系的个数最多。在 226 个碳酸盐岩大油气田中，白垩系有 66 个，其数量占碳酸盐岩大油气田的 29.2%，主要分布于中东、北海、墨西哥湾和南美等地区。其次是古近系–新近系，对应油气田数目为 46 个，其数量占碳酸盐岩大油气田的 20.4%，油气田主要分布于伊拉克、伊朗、苏伊士湾、利比亚、北海和东南亚等地区。除此之外，发育于石炭系碳酸盐岩的油气田有 27 个，主要位于美国阿拉斯加北坡的二叠盆地。

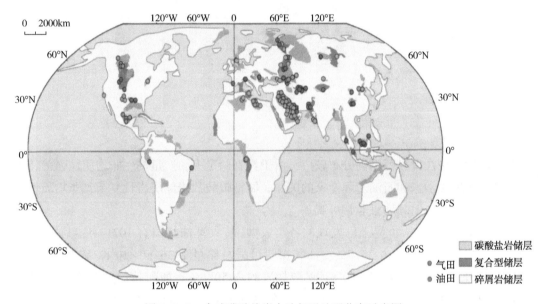

图 1-1-1　全球碳酸盐岩大油气田地理分布示意图

（二）国内碳酸盐岩气藏储量分布

勘探实践证明，我国碳酸盐岩油气藏分布较为广泛，已在四川、渤海湾、塔里木、鄂尔多斯、珠江口、北部湾、百色、柴达木、酒西、苏北等盆地中发现了碳酸盐岩油气藏。截至 2007 年底，已在全国 234 个气田中探明了碳酸盐岩油气储量（不包括南海南部），累计探明天然气地质储量 $20761 \times 10^8 m^3$，可采储量 $13616 \times 10^8 m^3$，分别约占全国总储量的 28.0% 和 33.0%。其中储量规模较大的为四川盆地、鄂尔多斯盆地和塔里木盆地，其储量分别占碳酸盐岩气藏总储量的 58.57%、23.38% 和 12.99%。

从探明地质储量动用程度看，鄂尔多斯盆地碳酸盐岩气藏的动用程度为 75.4%，渤海湾盆地为 53.9%，四川盆地为 49.6%，塔里木盆地为 11.7%。

从技术可采储量平均采收率看，四川盆地碳酸盐岩气藏的技术采收率为 71.2%，鄂尔多斯盆地为 65.4%，塔里木盆地为 48.7%，渤海湾盆地为 46.4%，珠江口盆地为 17.5%。

从碳酸盐岩气藏储量分布层位看，主要分布在奥陶系、三叠系、石炭系、二叠系和前寒武系等地层，其储量占总储量的 36.57%、34.58%、13.54%、9.42%和2.25%。

按照储量规范标准，将埋深小于 500m 的定义为浅层，500~2000m 的定义为中浅层，2000~3500m 的定义为中深层，3500~4500m 的定义为深层，超过 4500m 的定义为超深层。从碳酸盐岩天然气探明储量分布层位看，中深层和超深层占优势，分别为总储量的 42.63%和 36.86%，深层和中浅层分布不多，分别占 14.14%和 6.34%。但四川盆地碳酸盐岩气藏从超深层至中浅层均有分布，鄂尔多斯盆地以中深层为主，塔里木盆地以超深层、深层为主。

实施低渗透气藏高效开发尤以美国和加拿大为代表。20 世纪 60 年代末至 70 年代初，西方世界正处于能源危机中，油气价格的上涨刺激了天然气工业的发展。当时美国的天然气产量居高不下，储采比严重失调，供求关系紧张。出于政治、经济和全球战略的考虑，美国政府在政策上对低渗气藏和致密气藏的勘探开发给予了各种优惠和支持，使得低渗气藏和致密气藏的勘探开发取得了较大的进展，各大石油公司在美国 113 个沉积盆地中发现了 23 个盆地存在低渗气藏，低渗气藏探明储量为 $1.20 \times 10^{12} m^3$。目前，低渗气藏(致密气藏)已成为美国天然气工业的重要组成部分。

我国的天然气资源并不丰富，如孔志平、吴振权、关德范等专家已经认识到并提出依靠现有的天然气资源仅可满足我国国民经济中期发展需求，需要不断地去勘探发现并开采新的天然气资源，确保天然气工业的持续发展。据中国石油天然气集团有限公司探明储量中低渗透油气资源的占比统计，在 1995 年前为23%，1996—2001 年达56%。根据我国第四次资源评价的结果，低渗透油气资源量接近总资源量的40%。实际上，在资源评价研究中，有关专家已经指出，中国陆上待发现的天然气资源中约有50%以上的天然气在低渗储层中，因此，低渗透气藏已经逐渐成为我国天然气的主要来源。

总之，无论是国外的碳酸盐岩气藏，还是国内的碳酸盐岩气藏，目前有近40%~60%的储量为低渗碳酸盐岩气藏储量。随着勘探开发的不断深入，低渗透气藏储量所占比例有逐年增加的趋势。

二、低渗碳酸盐岩气藏的划分标准

所谓的低渗碳酸盐岩气藏一般是指其储集天然气的碳酸盐岩储层的渗透性较差。目前国外一般称低渗储层为致密储层，二者的概念和区别不是十分清楚。

储层的储集性能好与差是一个相对的概念，目前还没有形成统一的国际标准，一般根据国家和地区的资源状况、技术开发水平及技术经济条件进行划分。目前仅个别文献中有专门针对碳酸盐岩气藏渗透性的分类标准，而多数文献均笼统地根据储层的渗透性大小对油气藏进行分类。

苏联学者将渗透率小于$(50~100) \times 10^{-3} \mu m^2$的储层作为低渗储层，对应油气田为低渗油气田。美国 A L Leverson 把渗透率大于 $10 \times 10^{-3} \mu m^2$ 的储层划为好储层。我国唐曾熊在《油气藏的开发分类及描述》中建议将渗透率小于 $10 \times 10^{-3} \mu m^2$ 的储层界定为特低渗储层，将渗透率为$(10~100) \times 10^{-3} \mu m^2$的储层作为低渗储层。李道品等将低渗储层的渗透率上限定为

$50 \times 10^{-3} \mu m^2$，并提出超低渗透的概念。将储层平均渗透率$(50 \sim 10) \times 10^{-3} \mu m^2$的储层界定为一般低渗透储层，将储层平均渗透率$(10 \sim 1) \times 10^{-3} \mu m^2$的储层界定为特低渗透储层，将储层平均渗透率$(1 \sim 0.1) \times 10^{-3} \mu m^2$的储层界定为超低渗透储层。1992年，在西安举行的国际低渗透油气藏会议上，严衡文将渗透率大于$100 \times 10^{-3} \mu m^2$的储层划为好储层，将渗透率为$(10 \sim 100) \times 10^{-3} \mu m^2$的储层划为低渗储层，将渗透率为$(0.1 \sim 10) \times 10^{-3} \mu m^2$的储层划为特低渗储层。这些标准主要依据储层物性特征进行划分。李璐光（2004）在研究四川盆地低渗气藏时对低渗碎屑岩储层和低渗碳酸盐岩储层进行了统一，并就划分依据和标准进行了量化，低渗和特低渗气藏应具备储层物性差，孔隙结构为中孔小喉、小孔小喉甚至微孔小喉，储层岩石的克氏渗透率介于$(10 \sim 0.001) \times 10^{-3} \mu m^2$之间，孔隙度低于12%，有一定程度的缝洞发育和搭配改善但缝洞发育程度不高等特征，并指出低渗透（和特低渗透）储层与致密岩的区别在于低渗透（和特低渗透）储层是在现有技术经济条件下难采的储层，而致密岩为非储层。

美国联邦能源委员会（PERI）对低渗透天然气储层的定义为：在产气层段内的平均渗透率不超过$0.1 \times 10^{-3} \mu m^2$的储集层，或产量低于PERI规定的各深层段产量的储集层。实际运用中，将孔隙度低（一般为10%左右）、渗透率低（小于$0.1 \times 10^{-3} \mu m^2$）、含水饱和度高（大于40%）的含气砂层作为致密砂岩气层。现在这个定义已成为通用标准，即凡是渗透率小于$0.1 \times 10^{-3} \mu m^2$的产层均可视为低渗储层。由于美国对低渗储层划分的标准是以砂岩为基础，因此，上述标准应为低渗碎屑岩储层的划分标准。

我国低渗透气藏（储层）既有碳酸盐岩储层，也有碎屑岩储层。依据中华人民共和国石油天然气行业标准SY/T 6285—1997和SY/T 6285—2011的规定，明确界定了低渗碳酸盐岩气藏的划分标准，即渗透率介于$(1.0 \sim 10) \times 10^{-3} \mu m^2$的为低渗碳酸盐岩储层，渗透率小于$1.0 \times 10^{-3} \mu m^2$的为特低渗储层。

低渗透气藏的划分应和常规气藏一样，可根据从不同的角度进行划分，会得到不同的划分结果。综合前人对四川盆地低渗储层的研究成果，认为在对低渗储层划分时不能仅仅从储层渗透性角度进行划分，应结合影响储层渗透性的储层微观结构进行划分，既要考虑储层渗透率，还要考虑储层的岩石物性参数（微观结构、排驱压力、孔隙度等），同时也要考虑裂缝对储层基质的改善程度（表1-1-1）。

表1-1-1　低渗透储层的划分标准

储层级别	克氏渗透率 /$10^{-3} \mu m^2$	孔隙度/%		中值喉道半径/μm	排驱压力 /MPa	孔喉结构类型	孔隙类型		裂缝状况	备注
		碳酸盐岩	碎屑岩				碳酸盐岩	碎屑岩		
低渗	$<10 \sim 0.01$	$<12 \sim 6$	$<12 \sim 6$	$<2 \sim 0.5$	$0.1 \sim 1$	中孔小喉 小孔小喉	溶孔	粒间溶孔溶孔	有裂缝	II类
特低渗	$<0.1 \sim 0.001$	$<6 \sim 2$	$<6 \sim 3$	$<0.5 \sim 0.05$	$1 \sim 0.5$	微孔小喉	粒间孔 晶间孔	粒间孔	裂缝少	III类
致密岩	<0.001	<2	<3	<0.05	>5	微孔微喉	晶间孔	杂基孔	裂缝不发育	非储集层

第二节 低渗碳酸盐岩气藏的地质与开发特征

一、低渗碳酸盐岩气藏的地质特征

(一) 低渗碳酸盐岩储层多形成于低能环境

四川盆地石炭世黄龙期的两次海侵形成了两个旋回，在纵向上分别为 C_2hl^1、C_2hl^2、C_2hl^3 三大沉积期，沉积相依次为膏湖相→咸化潟湖→正常盐度海湾相。位于 C_2hl^2 沉积滩核部位的储层物性较好，单井产量一般产量较高，位于滩缘部位的储层物性较差，基本上为低渗储层。如大天 1 井黄龙组的储层基本是致密储层。

磨溪气田雷一^{1}气藏储层主要为海陆交替环境下的潮下-潮间-潮上带形成的白云岩，储层较薄且层数多，属于低能环境下沉积而成(图1-2-1)。

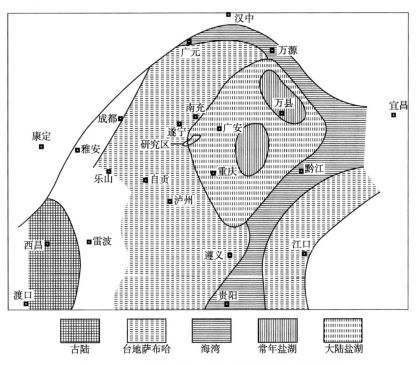

图1-2-1 四川盆地雷一^{1}下亚段沉积古地理示意图

鄂尔多斯盆地靖边气田马五段低渗碳酸盐岩气藏储层以深灰-灰色泥-细粉晶准同生白云岩、角砾状白云岩为主，夹含泥云岩、泥质云岩、颗粒云岩、云质泥岩、云质膏岩以及薄层状凝灰岩；韵律性明显，成层性良好，含颗粒岩较少，水动力能量低。

(二) 低渗储层形成的地质条件复杂

低渗碳酸盐岩储层总体上具有形成世代久远、分布层位多、裂缝不发育等特征。

(1) 构造条件严格控制着裂缝的发育程度。单斜层或单斜构造的翼部和端部裂缝发育程度远低于构造的轴部、鼻部和高点。

（2）成岩作用控制着发储层的物性特征。压实、胶结和充填作用是低渗储层形成主要作用。早期的压实和胶结作用使得储层孔隙变小、物性变差，储层多数储集空间丧失殆尽，变得致密。多期构造作用形成的裂缝被地下流体（包括外来流体和成岩流体）溶解物质的胶结（如各类黏土矿物），使得形成的缝、洞被完全充填或部分充填，进而降低渗透性。

（3）低渗碳酸盐岩储层在各个地质时代的碳酸盐岩气藏中几乎均有分布。如四川盆地的石炭世黄龙组、飞仙关组、嘉陵江组及雷口坡组，鄂尔多斯盆地奥陶系的马家沟组碳酸盐岩气藏等。

（三）储集空间类型多样，但以各类溶蚀空间为主

在中国陆上碳酸盐岩油气藏中，油藏的储集层多以灰岩为主，气藏多以白云岩为主。在岩芯及薄片上可见粒间孔、粒内孔、晶间孔、粒间溶孔、粒内溶孔、晶间溶孔、微裂缝和裂缝等储集空间，但均以各类溶蚀孔隙为主（图1-2-2、表1-2-1）。储层整体类型有孔隙型（磨溪气田雷一¹气藏），裂缝-孔隙型（四川盆地五百梯石炭系气藏、卧龙河石炭系气藏等）和缝洞型等。

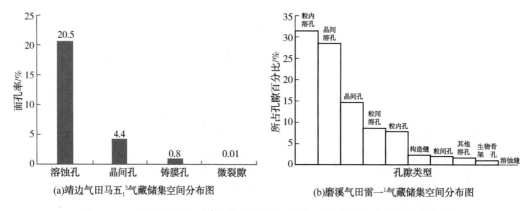

图 1-2-2　靖边气田马五₃³气藏和磨溪气田雷一¹气藏储集空间分布特征图

表 1-2-1　国内部分低渗碳酸盐岩气藏特征统计表

序号	盆地	典型气田	沉积相	储集空间	储层类型	圈闭类型	孔隙度/%	渗透率/$10^{-3}\mu m^2$
1	鄂尔多斯盆地	靖边气田马家沟组气藏	蒸发潮坪	溶蚀孔隙+裂缝	I类+II类	地层-岩性符合圈闭	(4.0~8.0)/6.5	(0.15~2.63)/0.88
2	四川盆地	元坝气田飞仙关组气藏	礁滩相	溶蚀孔+微裂缝	II类+III类	岩性圈闭	(0.53~5.59)/4.87	(0.002~0.250)/0.22
3	四川盆地	普光气田长兴组气藏	礁滩相	溶蚀孔+微裂缝	II类+III类	地层-岩性符合圈闭	(4.5~8.2)/6.54	(0.01~0.1)/0.08
4	四川盆地	磨溪气田雷一¹气藏	潮坪相	孔隙型	III类	构造圈闭	(3.35~10.92)/6.85	(0.02~1.82)/0.25

备注：（最小值~最大值）/平均值。

储集层物性差，分布差异大，非均质性极强。孔隙度一般为 2%~6%，基质孔隙度一般小于 2%。但也有以孔隙型为主的物性较好的低渗气藏，如中东地区碳酸盐岩储集层孔隙度多在 8%~25%，但其渗流能力较低。

（四）喉道类型多样，但以片状的小喉为主

低渗储层孔隙结构有大孔小喉、中孔小喉、小孔小喉和微孔小喉等类型，特低渗储层的孔隙结构以微孔小喉为主，间有小孔小喉型。通过对磨溪气田雷一[1]气藏 22 口井近 400 个压汞资料的分析，渗透率小于 $1\times10^{-3}\,\mu m^2$ 的样品，其喉道可以分为中孔小喉、微孔细喉和微孔微喉三类（表 1-2-2）。这些喉道主要为晶间孔的片状喉道。

表 1-2-2 磨溪气田雷一[1]气藏低渗透储层压汞孔喉结构参数表

样品物性		孔隙类型	P_D/MPa	PC_{50}/MPa	R_D/μm	R_{50}/μm
平均孔隙度/%	平均渗透率/$10^{-3}\,\mu m^2$					
8.32	0.11	中孔小喉	0.56	1.40	1.386	0.535
4.53	0.04	微孔细喉	7.66	7.33	0.323	0.110
1.17	0.01	微孔微喉	9.39	18.0	0.090	0.039

（五）储层的孔隙度与渗透率关系复杂

处于构造翼部和单斜层构造的储层内部裂缝不发育，储集空间以孔隙型为主，储层的孔隙度与渗透率多呈线性关系。若储层内部裂缝发育，储集空间的裂缝和孔隙均对储层物性的贡献较大，此时的孔隙度与渗透率的关系可能呈指数关系（图 1-2-3），也可能呈幂函数关系，即有的气藏以孔隙为主要的渗流空间，有的气藏以裂缝为主要的渗流空间，有的则以孔隙和裂缝为主的渗流空间。

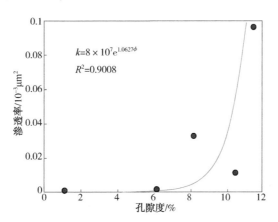

$$k=8\times10^7e^{1.0627\phi}$$
$$R^2=0.9008$$

图 1-2-3 五百梯气田石炭系低渗气藏孔隙度与渗透率关系图

二、低渗碳酸盐岩气藏开发特征

（一）气藏初期（测试）产能相差较大

五百梯石炭系气藏主产气层为上石炭系碳酸盐岩，钻厚约 6.5~37.4m。有效厚度范围

内各井的平均孔隙度为 4.38% ~ 8.05%，渗透率为 $(0.08 ~ 3.19) \times 10^{-3} \mu m^2$。孔隙度和渗透率的变化范围较宽，反映出气藏的物性差异较大，非均质性较强。五百梯石炭系储层岩芯上可见溶洞层和裂缝，洞穴有孔隙性溶洞、砾间溶洞及裂缝性溶洞等，裂缝以构造张开缝、塌陷角砾缝、压溶缝、溶蚀缝为主，张开缝平均每米有 12 条。但不同构造位置的裂缝发育程度差异较大，导致其产能差异较大。沿长轴附近的裂缝发育，在试井曲线上显示双重介质特征。试井解释结果气井渗透率最低为 $0.2 \times 10^{-3} \mu m^2$（天东 15 井），最高为 $7.6 \times 10^{-3} \mu m^2$（天东 1 井），均比岩芯渗透率最大值高数倍，比有效储层平均渗透率高 3 ~ 5 倍。分布在大断层附近的井成为高产井，裂缝不发育区气井的产能相对较低。

磨溪气田雷一¹气藏的储层分布在上亚段中部和中亚段的顶部和底部。根据岩芯分析结果，有效储层评价孔隙度为 7.28%，平均渗透率为 $0.26 \times 10^{-3} \mu m^2$，平均有效厚度为 10m，属于低渗范畴。雷一¹气藏单井产能普遍较低，根据对生产初期的 63 口井的生产数据统计，高产井 38 口（$q_g \geq 2.0 \times 10^4 m^3/d$），占总井数的 60%；中产井 18 口（$1.0 \times 10^4 m^3/d < q_g < 2.0 \times 10^4 m^3/d$），占总井数的 29%；低产井 7 口（$q_g \leq 1.0 \times 10^4 m^3/d$），约占总井数的 11%。单井日产量最高为 $5.5 \times 10^4 m^3$，约一半的气井日产量在 $1.0 \times 10^4 m^3$ 左右，属于低产井。截至 2019 年 6 月底，气藏共投入生产井 131 口，开井 51 口（水平井 41 口），日产气 $88.89 \times 10^4 m^3$，日产水 $11.37 m^3$，单井日产气 $(1 ~ 3) \times 10^4 m^3$，低产井展布超过 40%。

（二）低渗储量所占比例较大

五百梯气田按照 1993 年上报的探明储量为 $539.88 \times 10^8 m^3$。其中Ⅰ类储量为 $344.60 \times 10^8 m^3$，占总储量的 64%；Ⅱ类储量为 $139.60 \times 10^8 m^3$，所占比例约为 26%；Ⅲ类储量为 $55.68 \times 10^8 m^3$，所占比例仅为 10%。2001 年在编制整体开发方案时对储量再次核实，总储量为 $361.77 \times 10^8 m^3$。其中，Ⅰ类储量为 $29.47 \times 10^8 m^3$，占总储量的 8.1%；Ⅱ类储量为 $165.17 \times 10^8 m^3$，所占比例约为 45.70%；Ⅲ类储量为 $167.13 \times 10^8 m^3$，所占比例达 46.20%。不难看出，五百梯气藏储量大部分为Ⅱ、Ⅲ类低渗透储量，所占比例为 91.9%。

磨溪气田雷一¹气藏于 1988 年评价勘探上报的地质储量为 $253.97 \times 10^8 m^3$，气藏东部评价储量丰度为 $2.1 \times 10^8 m^3/km^2$。1995 年经过构造精细解释将构造西端含气面积扩大至 $83.96 km^2$，并计算西端低渗区探明地质储量为 $95.6 \times 10^8 m^3$，其中有 2/3 为Ⅱ、Ⅲ类低渗储量。现有的工艺技术条件只能采出Ⅰ、Ⅱ类储量的天然气，Ⅰ + Ⅱ储量为 $72.04 \times 10^8 m^3$。

（三）气井的生产压差大，稳产条件普遍较差

磨溪气田雷一¹气藏随着开采时间的延长、地层压力和气井的井口压力不断降低。自 2003 年以来，井口压力小于 5MPa 的井数呈现快速递增趋势，到 2009 年达到 44 口井，占到开井数的 60%，井口压力下降较快，目前全气藏已进入增压开采期。截至 2018 年 6 月，全气田共投产 136 口井，正常生产井 54 口，平均油压为 4.27MPa。

气藏目前多数生产井井口油压低于输压，井口油压低于 8MPa 的气井超过整个生产气井的 94.44%，但这批井产量贡献达气藏日产量的 98.79%，尤其是气藏中区 90% 以上的生产井井口油压低于输压，已进入增压开采阶段。

（四）气井腐蚀严重，修井解堵工艺有待加强

磨溪气田雷一^{1}气藏处于气水过渡带，部分气井投产即产地层水，加之老井油管几乎全为玻纤材质，在酸性介质的作用下加剧了玻纤油管的腐蚀，极易出现堵塞、断落、穿孔等情况，影响着气井的正常生产，特别是中区老井尤为严重。随着中区开发进入中后期，越来越多的低压气井出现了井筒积液严重、气井携液能力减弱的现象，严重影响和制约了气井的开发效果，修井解堵工艺有待进一步加强，进而提高气藏储量动用率和采收率。

第二章
低渗碳酸盐岩气藏地质评价技术

第一节 膏盐岩组合低缓构造描述技术

一、开发早期的构造特征评价技术

在磨溪气田雷一¹气藏开发早期阶段，通过单井井斜校正并对单井重新细分层，采取井震结合的方法，利用构造等值线校正技术，落实雷一¹中亚段顶面构造。

磨溪气田雷一¹气藏中亚段顶面构造自 1978 年进行连片详查以来，做过多次研究，取得了相应的研究成果。1988 年用数值地震仪，以 500~1000m 测线距、六次覆盖地震精查，形成了雷一¹地面构造图，在矿区以 15 口探井实钻资料初步绘制了气藏中亚段构造图。1993 年编制的《磨溪气田雷一¹气藏开发方案》落实了气藏构造形态，对磨溪气田开发区以西 12 条测线做精细解释。1995 年在川中研究所 MIPS 人机联作工作站上对西部及邻区 29 条地震测线重新进行处理解释，并结合磨溪西端及开发区实钻井，落实西倾没端在安平 1 井闭合，确认磨溪气田雷一¹段气藏闭合面积 248.5km²，闭合度 103.1m，最低圈闭线-2445m，较 1988 年的地震解释构造增加了 43km²。2001 年磨溪气田在东端申报控制储量的过程中，补充完善了磨溪东端的构造形态。2002 年《磨溪气田雷一¹气藏中部已开发区开发调整方案》根据已有研究结果，结合 94 口井资料对磨溪气田雷一¹中亚段顶面构造图做了修正，得到了磨溪气田雷一¹气藏中亚段顶面构造图。2006 年底，《磨溪气田雷一¹气藏开发调整方案》在 1993 年编制中区《开发方案》落实的气藏构造形态的基础上，结合 1995 年提交西端探明储量、2001 年提交东端控制储量时的最新地震解释成果和实钻、试气资料、近年西端嘉二气藏钻探所获得最新钻井资料和气藏 10 多年开采动态资料，编制了全气藏雷一¹中亚段顶面构造图，并且在后期根据实钻井和磨 36、磨 37、磨 39、磨 41、磨 50H、磨 38H 等 100 口新钻井对磨溪气田雷一¹中亚段顶面构造图又做了进一步修正。

二、开发中期构造特征评价技术

利用已有钻井及新增的 64 口钻井(含深层井)(表 2-1-1)，逐井核实分层数据，对磨溪气田雷一¹中亚段顶面构造图进行了校正。同时，充分利用了水平井和大斜度井资料，对水

平井和大斜度井雷一¹中亚段顶面进行了井下坐标计算及垂深校正，将校正后的数据参数与构造图校正，最后得到雷一¹中亚段顶面构造图(图 2-1-1)。

表 2-1-1　磨溪地区新增钻遇雷一¹井对比表

位置	原有井数/口	现有井数/口	新增井数/口	新 增 井 号
西端	15	48	33	磨 47、磨 151、磨 153、磨 154、磨 155、磨 156、磨 157、磨 158、磨 159、磨 203、磨 204、磨 205、磨 206、磨 207、磨 005-1、磨 005-H3、磨 005-H4、磨 005-H5、磨 005-H6、磨 005-H8、磨 030-H1、磨 030-H2、磨 030-H3、磨 030-H4、磨 030-H5、磨 030-H6、磨 030-H7、磨 030-H8、磨 030-H9、磨 030-H10、磨 030-H11、磨 030-H12、磨 152H
中部	83	113	30	磨 45、磨 46、磨 149、磨 150、磨 160、磨 201、磨 202、磨 208、磨 004-H2、磨 004-H4、磨 004-H6、磨 004-H8、磨 004-H9、磨 005-2、磨 005-H7、磨 005-H9、磨 005-H10、磨 005-X11、磨 005-H12、磨 005-H13、磨 005-H14、磨 005-H15、磨 005-X17、磨 017-H3、磨 017-H6、磨 017-H7、磨 017-H8、磨 017-H9、磨 91H、磨溪 1
东端	6	7	1	磨 48
整体	104	168	64	

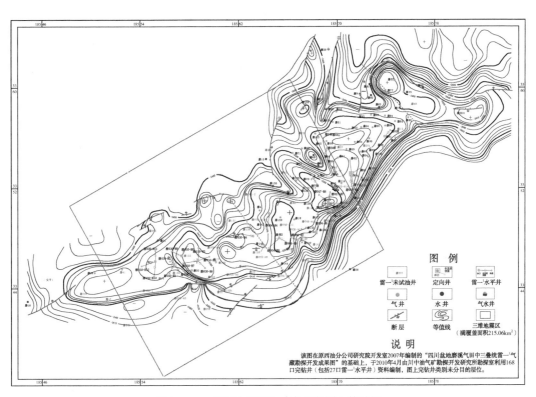

图 2-1-1　磨溪气田雷一¹中亚段顶面构造图

为检验校正后的构造形态真实可靠，切了多幅三维地震剖面作为参考。由于雷一¹地层中亚段顶面(为便于叙述，以下简称目的层)在地震剖面上不易识别，地震剖面上易于识别和追踪的临近反射界面是雷一²底面(为便于叙述，以下简称反射层)，目的层与反射层之间是雷一¹上亚段地层，其厚度稳定分布在 $15\sim22.2m$，目的层与反射层的构造形态基本一致，故切片时目的层的构造形态以反射层的构造形态作为参考。

除利用直井资料外，还充分利用了水平井和大斜度井资料，对水平井和大斜度井雷一¹地层中亚段顶面进行了井下坐标计算及垂深校正(表 2-1-1)，将校正后的数据参与构造图校正。结果表明在直井分布比较密集而均匀的雷一¹气藏，受测斜仪器本身和井斜校正计算误差的影响，水平井和大斜度井的数据在构造图校正时仅能作为参考。

与 2005 年编制的磨溪雷一¹气藏中亚段顶面构造图相比，本次构造图反映的构造细节更清楚，主要体现在磨 30 井区、磨 206-磨 207 井区、磨 139-磨深 2-磨 005-H8 井区、磨 119 井区(图 2-1-2、图 2-1-3)。

磨 30 井区　该井区新增了 15 口井，包括：3 口直井(磨 153、磨 155、磨 156)，1 口大斜度井(磨 154)和 11 口水平井(磨 030-H1、磨 030-H2、磨 030-H3、磨 030-H5、磨 030-H6、磨 030-H7、磨 030-H8、磨 030-H9、磨 030-H10、磨 030-H11、磨 030-H12)。将磨 154 井和 11 口水平井进行井斜校正，求得雷一¹中亚段顶面坐标和海拔，将计算所得数据与 3 口直井的数据对该区构造等值线进行了校正，新构造图(图 2-1-2)与老构造图(图 2-1-3)相比更具细节化，且磨 030-H2 井中亚段顶面处于海拔相对较低的位置，从地震剖面上亦可证实(图 2-1-4)。

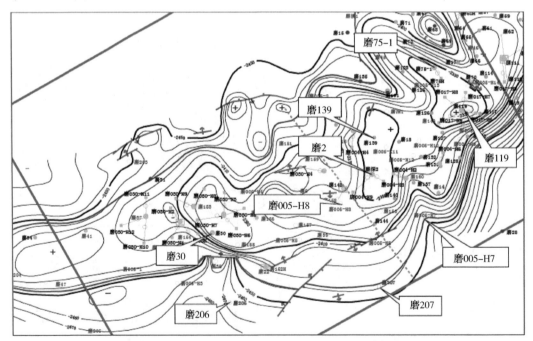

图 2-1-2　磨溪气田雷一¹中亚段顶面构造图(2010 年新成果)

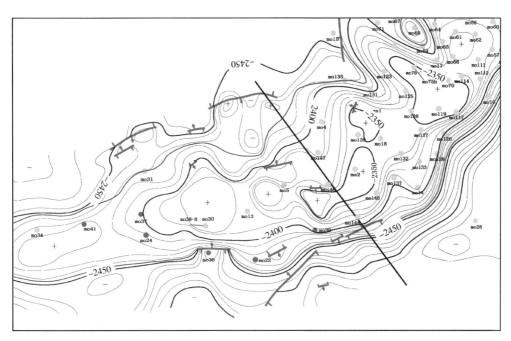

图 2-1-3 磨溪气田雷一¹中亚段顶面构造图（2005 年《开发调整方案》成果）

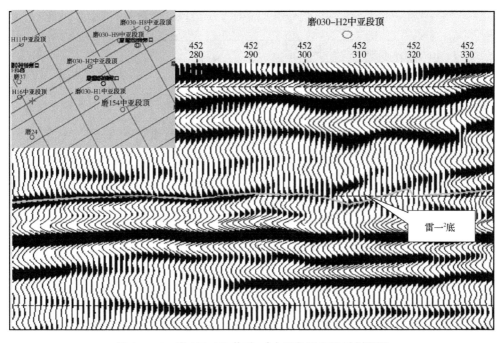

图 2-1-4 磨 030-H2 井雷一¹中亚段顶面地震剖面图

从磨 206-磨 207 井区地震剖面图上可以看到，磨 206 井东部有一倾向北西的逆断层（图 2-1-5），磨 207 井雷一¹中亚段顶面在原构造图上的海拔为 -2500m，实钻井深为 2726m（图 2-1-6），补心海拔为 285.1m，实钻海拔为 -2440.9m，较原构造图升高了近 60m（表 2-1-2），构造等值线发生了变化。

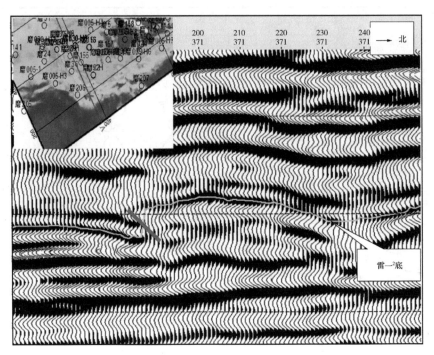

图 2-1-5　磨 206-磨 207 井之间地震剖面图

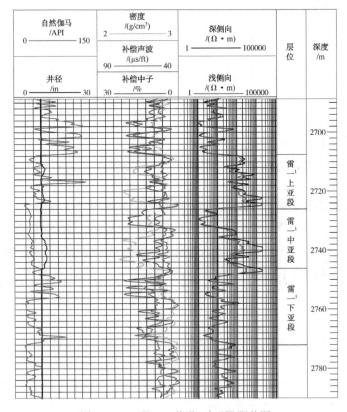

图 2-1-6　磨 207 井雷一¹亚段测井图

表 2-1-2　磨 207 井新、老构造海拔对比表

井　号	补心海拔/m	雷一¹中亚段顶面			原构造图	与原构造图
		井深/m	垂深/m	海拔/m	海拔/m	相比
磨 207	285.1	2726	2726	-2440.9	-2500	+59.1m

　　磨 139-磨深 2-磨 005-H8 井区　经过测井重新分层，磨 139 井雷一¹中亚段顶面海拔为 -2347.73m，而磨 139 井在原构造图上的海拔为 -2355m，将 -2350m 等值线进行了调整。原构造图在磨 005-H8 井有一构造高点，海拔为 -2340m，且较磨深 2 井区更高（图 2-1-3），而磨 005-H8 井（新增井）雷一¹中亚段顶面实钻井深为 2673.9m（垂深）（图 2-1-7），补心海拔为 306.54m，实钻海拔为 -2367.36m（表 2-1-3），磨深 2 井海拔为 -2344.53m，新构造图中磨 005-H8 井比磨深 2 井低 20m 以上（图 2-1-7），从地震剖面上亦可看出磨 005-H8 井较磨深 2 井低（图 2-1-8）。

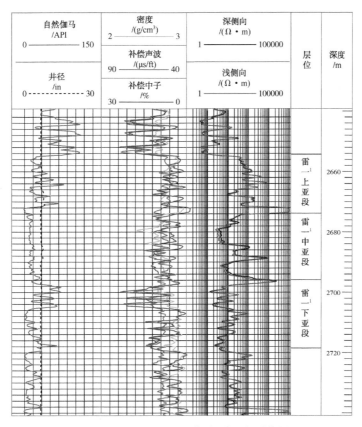

图 2-1-7　磨 005-H8 井雷一¹亚段测井图

表 2-1-3　磨 005-H8 井新、老构造海拔对比表

井　号	补心海拔/m	雷一¹中亚段顶面			原构造图	与原构造图
		井深/m	垂深/m	海拔/m	海拔/m	相比
磨 005-H8	306.54	2673.9	2673.9	-2367.36	-2340	-27.36m

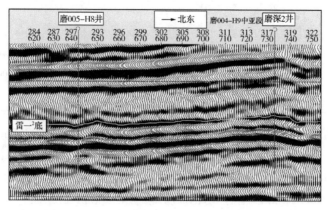

图 2-1-8　过磨 005-H8—磨深 2 井地震剖面图

　　磨 75-1 井区　磨 119 井雷一¹中亚段顶面在原构造图上海拔为-2345m 左右，本次在核查中发现该井测井分层雷一¹中亚段顶深为 2616.4m（图 2-1-9），补心海拔为 289.33m，中亚段顶面海拔为-2327.07m，海拔较原图升高了 17.93m（表 2-1-4），经过此次核查，雷一¹中亚段顶面构造高点由磨 75-1 井变更为磨 119 井，在地震剖面（图 2-1-10 亦可看出在磨 119 井存在一构造高点。

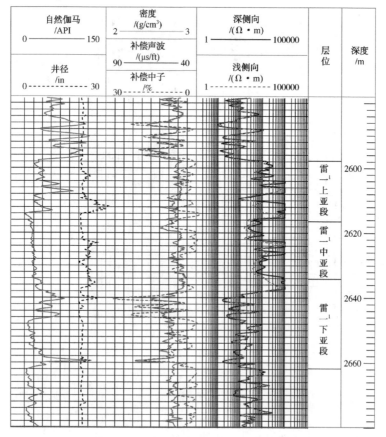

图 2-1-9　磨 119 井雷一¹测井分层依据

表 2-1-4 磨 119 井新、老构造海拔对比表

井 号	补心海拔/m	雷一¹中亚段顶面			原构造图 海拔/m	与原构造图 相比
		井深/m	垂深/m	海拔/m		
磨 119	289.33	2616.4	2616.4	−2327.07	−2345	−17.93m

另外，磨 005-1 井区、磨 005-H15—磨 139 井区、磨 151 井区、磨 004-H2 井区、磨溪 1 井区、磨 017-H7—磨 005-H14 井区、磨 35 井区附近的构造线亦做了细微调整。

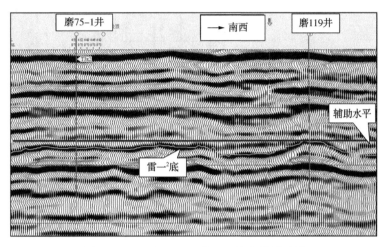

图 2-1-10 磨 75-1—磨 119 井地震剖面图

三、开发中后期构造特征评价技术

(一) 利用岩性与电性关系分析技术，采取井震结合的方法进行层位标定

根据雷口坡组测井响应特征，结合区域地质资料分析认为 (图 2-1-11)：

(1) 雷一¹亚段整体表现为低 GR、低 DT、高 DEN、高 RT 特征，其底部一般以一套指状高伽马泥岩 (绿豆岩) 与 $T_1 j$ 分开；

(2) 雷一²亚段测井曲线整体锯齿化明显，代表了薄互层沉积，泥质含量高。其底部以一套高 GR、高 DT、低 DEN、低 RT 地层与下伏低 GR、低 DT、高 DEN、高 RT 地层截然分开，界面特征清楚稳定；

(3) 雷二段整体呈低 GR、低 DT、高 DEN、高 RT 特征，与雷一¹亚段类似；

(4) 进入雷三¹亚段后，泥质含量增大，电阻率曲线明显锯齿化，表明薄层化沉积；上覆层底部及下伏层顶部分别见一套厚约 5m 的低 GR、高 RT 地层，为区内标志性地层，分布稳定，全区可见；

(5) 雷三²亚段整体呈中-厚层状低 GR、低 DT 特征，中部见一套泥岩；部分井在泥岩之上发育一套膏盐层，呈明显低 GR、高 DT、低 DEN、高 RT 特征。由此可见，雷口坡组各段地层划分依据充分，分层结果可靠。

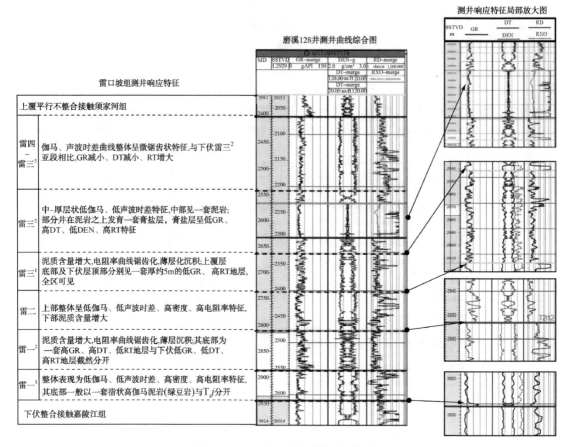

图 2-1-11　雷口坡组测井响应特征

　　根据对目的层及以上地层地震反射特征的识别，结合前人研究成果，区内中浅层地震标志层主要为 TT_3x_5、TT_3x，其中 TT_3x_5 反射层为上三叠统须五底部高 GR、高 DT 黑色页岩与须四顶部低 GR、低 DT 的细-中砂岩分界面，为一较强波峰反射；TT_3x 为须底（须一或须二）与下伏雷口坡组碳酸盐岩界面的反射，为一强连续波峰；以上可作为区内第一反射标志层。另外，磨溪工区及其相邻的蓬莱工区部分区域的雷三²亚段的膏盐层顶界（$TT_2l_3{}^2$_salt-top）及底界（$TT_2l_3{}^2$_salt-bot）可作为第二反射标志层（图 2-1-12）。

　　在层位标定中，依据上述标志层结合 VSP 时深关系对合成记录进行精细标定，根据波的同相性、波组特征、层间厚度等特征开展地震反射层位的对比和解释。根据合成记录标定结果，认为雷口坡组各层段反射特征明显（图 2-1-13、图 2-1-14）：

　　（1）雷一²与雷一¹亚段之间的界面阻抗界面清楚，反射能量较强，对应波峰之上靠近零相位的位置；

　　（2）雷三²亚段膏盐层顶底分别对应强波谷及强波峰之上的零相位；在无膏盐层发育的井，雷三²亚段反射特征为一套强波谷及一套强波峰反射特征；

　　（3）雷口坡组顶界为一套强连续反射。

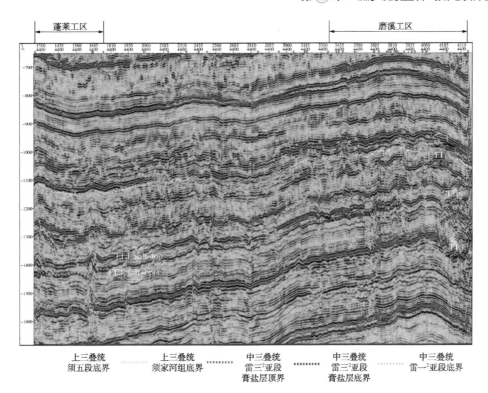

图 2-1-12　研究区中浅层地震反射标志层

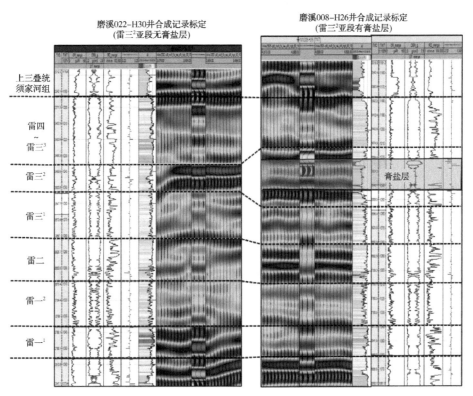

图 2-1-13　磨溪 022-H30 井及磨溪 008-H26 井合成记录标定结果

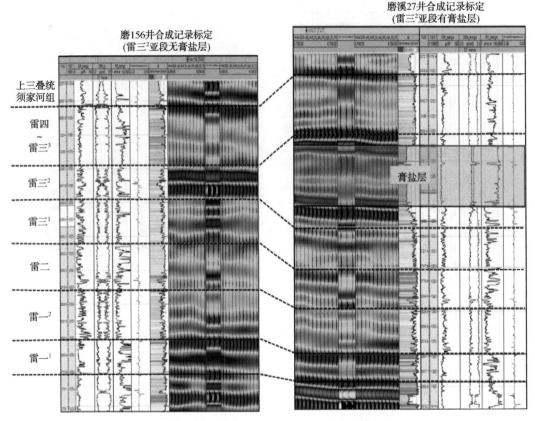

图 2-1-14　磨 156 井及磨溪 27 井合成记录标定结果

（二）使用变速成图技术确定雷三段膏岩顶底及雷一¹亚段顶部构造图

根据相关研究，膏盐层或火山岩体等速度异常体与围岩层速度相差较大，对下伏地层的成像通常产生"上拉"或"下拉"的作用。根据前文所述，研究区内雷三²亚段广泛存在厚度变化极大的膏盐层，上覆地层及下伏地层均为碳酸盐岩，速度差异大。

工区内构造相对平缓，没有强烈的构造变形，沉积比较稳定。工区内主要研究层段雷口坡组和嘉陵江组发育多套膏岩，膏岩的分布和厚度变化差异大（图 2-1-15），膏岩和下伏地层速度的差异较大，会造成下伏地层构造上的假象。

在成图过程中，首先精细解释时间域须底，雷三段膏岩顶、底界面，雷一¹顶、底界面等层位，利用井上深度和时间域层位结合通过合理精确计算得到目的层段深度值。

由精细解释的地层雷三段膏岩顶部和须底的时间层位可得到须家河组底界至膏岩顶界地层 ΔT 图（图 2-1-16），该地层的平均层速度为 5974m/s，继而得到该地层厚度（图 2-1-17）；由须家河组底界构造（图 2-1-18）与须家河组底界和雷三段膏岩顶部之间的地层厚度相加得到雷三段膏岩顶部构造（图 2-1-19）。按此原理计算雷三段膏岩平均速度为 4492m/s，进而得到雷三段膏岩厚度（图 2-1-20），膏岩顶部构造图与雷三段膏岩厚度相加得到雷三段膏岩底部构造图（图 2-1-21）。

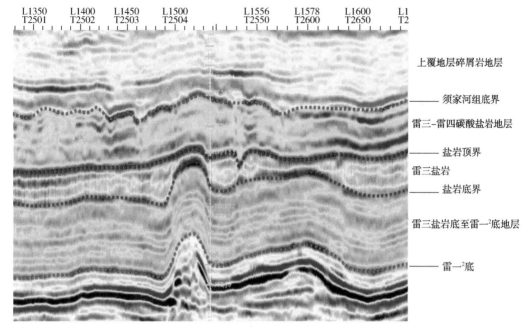

图 2-1-15　变速成图思路

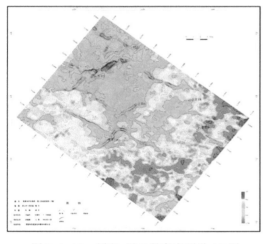

图 2-1-16　须底-雷三段膏岩顶界 ΔT 图

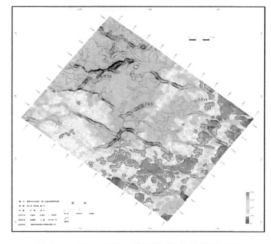

图 2-1-17　须底-雷三段膏岩顶界厚度图

按此原理求出雷三段盐底到雷一¹顶的时间差和井上厚度得到这层段的平均速度为5443m/s，则得到雷三段盐底到雷一¹顶的厚度（图 2-1-22），即平均速度和时间厚度的乘积。从而得到雷一¹顶的构造图，即雷三段盐底到雷一¹顶的厚度加雷三段膏岩底部构造（图2-1-23）。

由于膏岩与下伏地层速度的差异较大，又由于低速膏岩厚度变化差异性较大，造成膏岩分布较薄地区下伏地层地震反射上拉，导致在时间域地层构造幅度变大或形成假构造。如图 2-1-24 蓬莱 1 井西北部两条断层之间膏岩厚度薄，在等 T_0 图上相对构造较高，通过变速成图修正了因膏岩厚度变数带来的构造假象。

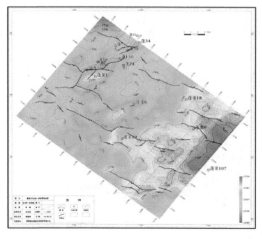

图 2-1-18　须家河组底界构造图

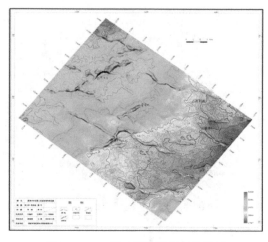

图 2-1-19　雷三段膏岩顶界构造图

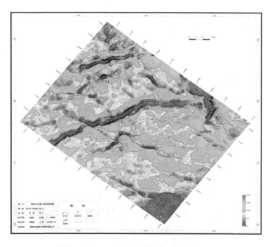

图 2-1-20　雷三段膏岩厚度图

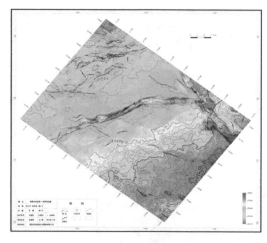

图 2-1-21　雷一²底界构造图

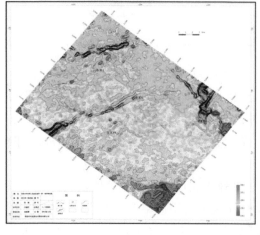

图 2-1-22　雷三段膏岩底界—雷一²底界厚度图

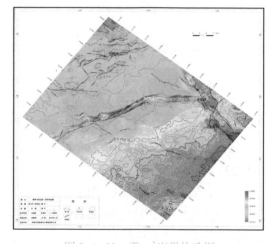

图 2-1-23　雷一²底界构造图

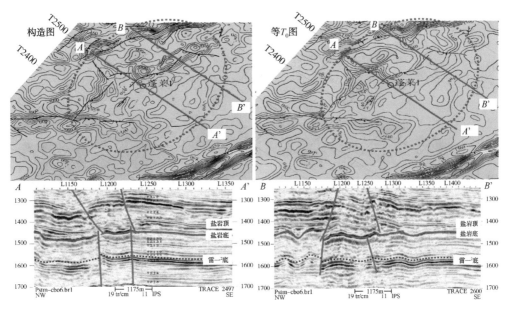

图 2-1-24 蓬莱 1 井地区构造图与等 T_0 图对比

图 2-1-25 显示，在蓬莱 19 井附近，由于膏岩的影响，使圈闭面积和幅度增大。通过变速成图，可以消除雷三段膏岩对雷一 ^{1} 顶界构造的影响，得到精确的构造图，恢复地下真实构造形态。

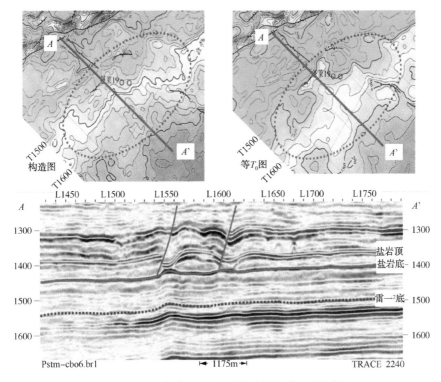

图 2-1-25 蓬莱 19 井地区构造图与等 T_0 图对比

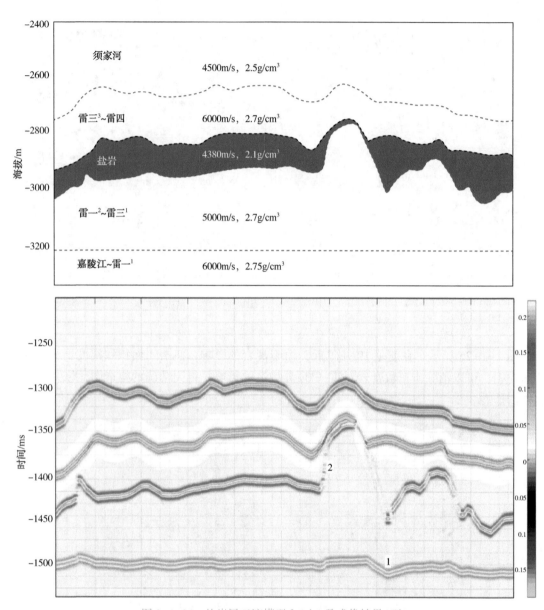

图 2-1-26　盐岩层正演模型 I（上）及成像结果（下）

（三）利用膏岩层的速度特征，制作正演模型，探究膏岩层的空间展布

为了研究膏盐层对下伏地层成像产生的影响，根据研究区内过井剖面制作正演模型 I（图 2-1-26）。模型 I 内包含 5 个速度层，由下至上分别为：

（1）嘉陵江组~雷一¹，层速度 6000m/s，密度 2.75g/cm³；

（2）雷一²~雷三¹，层速度 5000m/s，密度 2.7g/cm³；

（3）盐岩层，层速度 4380m/s，密度 2.1g/cm³；

（4）雷三³~雷四，层速度 6000m/s，密度 2.7g/cm³；

（5）须家河组，层速度 4500m/s，密度 2.5g/cm³。其中，雷一¹顶界设定为平面，其他速度层参照过井地震剖面，盐岩体厚度变化较大。

从正演模型Ⅰ成像结果可以看出：厚层的低速盐层对下伏地层产生明显的"下拉"作用；盐岩层楔形体高角度边缘成像差，其下伏地层相应部位同相轴可出现"假错断"现象。

为了更加直观地反映低速盐层对下伏地层成像产生的影响，量化"下拉"程度的大小，制作了正演模型Ⅱ，如图2-1-27所示。在正演模型Ⅱ中，包含4个速度层，由下至上依次为：①速度体1，层速度6000m/s，密度2.75g/cm³；②速度体2，层速度5000m/s，密度2.7g/cm³；③速度体3，层速度4380m/s，密度2.1g/cm³；④速度体4，层速度6000m/s，密度2.7g/cm³。其中，模拟盐层的速度体3设置为一个楔形体和三个厚度分别为20m、50m和100m的规则体。根据成像结果可以发现：随着楔形体厚度的增大，下伏地层反射界面呈抛物线式下拉；不同厚度的盐岩体，其下伏地层反射界面下拉的程度不同，盐层越厚，下拉幅度越强。分别计算不同厚度盐体下伏地层界面的反射时间，结果显示，盐层每增厚10m，下伏地层反射下拉约1.3ms（双程旅行时）。

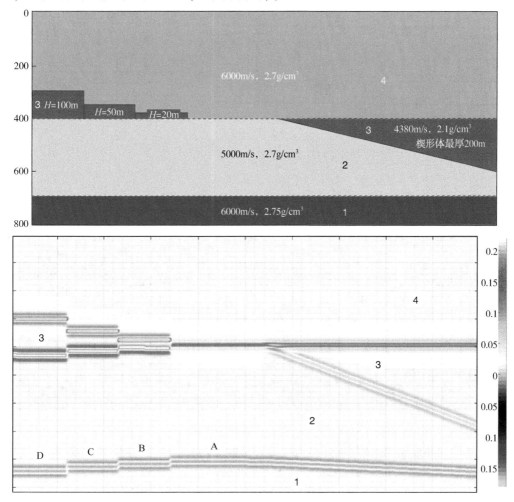

图2-1-27 盐岩层正演模型Ⅱ（上）及成像结果（下）

　　根据精细的井震标定结果，对比连井地质-地震剖面，可以发现钻井揭示的不同厚度的膏盐层，对应的雷一¹顶界的反射界面确实存在一定的下拉影响，地层相对关系呈"跷跷板"现象（图2-1-28），磨溪128井雷三²亚段膏盐层厚度约66m，磨溪12井厚约8.7m。在连井地层对比图（海拔拉平）中磨溪128井雷一段~雷三¹亚段海拔深度较磨溪12井浅，而在连井地震剖面中，磨溪128井雷一²底界较磨溪12井深，出现了明显的"反转"，在磨溪008-H21井与磨溪126井剖面中也出现了反转现象（图2-1-29）。

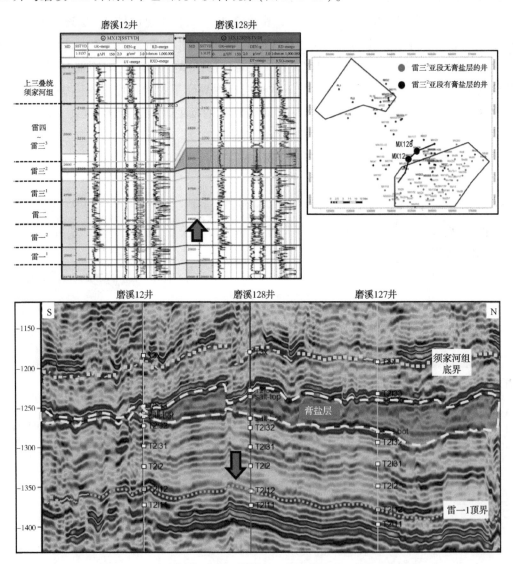

图2-1-28　过磨溪12井、磨溪128井连井地质-地震对比剖面

　　对比其他连井地质-地震剖面还可以发现（图2-1-30），大部分井深度域-时间域地层相对关系正常，并未发生反转。但是，在未发生反转的地方，并不表示不存在速度异常体，而是地层相对关系的一致性掩盖了"下拉"的影响。如图2-1-30所示，磨溪008-11-X1井雷一段~雷三¹亚段在连井地质-地震剖面上均比磨溪13井深，前者雷三²膏盐层厚约45m，

后者无膏盐层。因此，不管是否出现地层相对关系的"反转"现象，都需要注意速度异常体的影响。

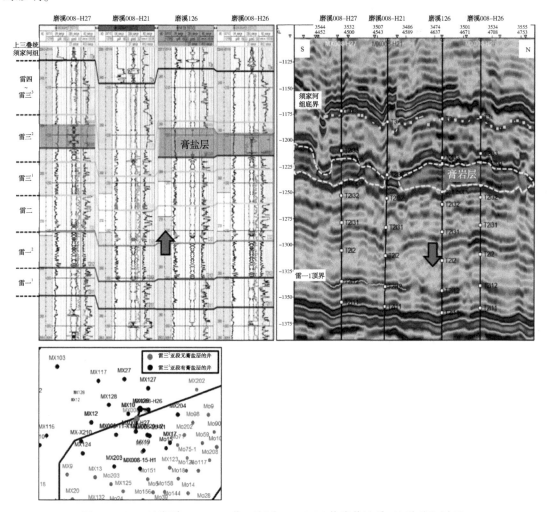

图 2-1-29 过磨溪 008-H27 井、磨溪 008-H26 井连井地质-地震对比剖面

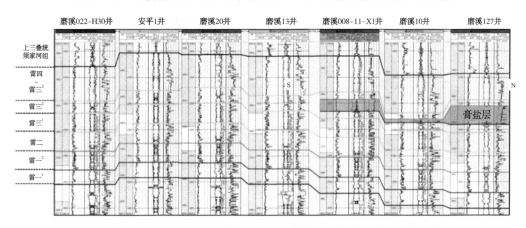

图 2-1-30 过磨溪 022-H30 井、磨溪 127 井南北向连井地质-地震对比剖面

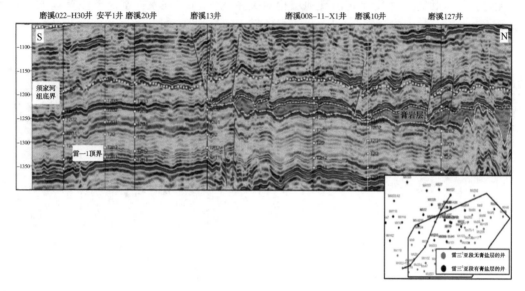

图 2-1-30　过磨溪 022-H30 井、磨溪 127 井南北向连井地质-地震对比剖面(续)

(四) 采用种子点自动追踪及人工加密解释的方法解释膏岩层顶底界面

雷一²底界标定位于多数位于波峰之上的零相位,由于受自动追踪技术的限制,只有波峰或者波谷的自动追踪效果较好。因此首先对波峰进行自动追踪,在无法自动追踪的地区进行人工加密解释,层位闭合后进行整体漂移,最大程度地满足与大部分井的标定结果一致。通过对雷一¹顶界地震反射进行均方根振幅属性提取,将研究区雷一¹顶界地震反射特征归纳为三类:A 类为中等-强连续反射区,易追踪;B 类为弱-中等较连续反射区,较易追踪;C 类为弱不连续反射区,不易追踪。磨溪地区 A+B 类占比在 90% 左右(图 2-1-31)。

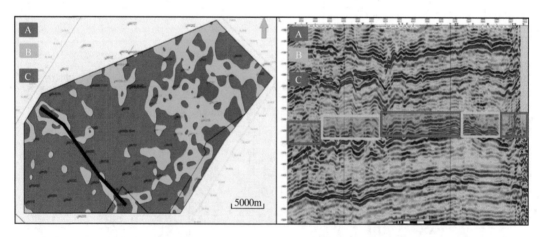

图 2-1-31　磨溪地区雷一¹顶界地震反射特征分析
(A 类:中等-强连续反射;B 类:弱-中等较连续反射;C 类:弱不连续反射)

　　种子点自动追踪技术可以实现二维及三维的层位自动追踪，在反射较为连续的地区可大大提高解释的精度及效率。自动追踪完成后，需要对层位进行检查。通过检查，发现在部分地区出现"跳轴"现象，一般在断层发育区易出现偏差，导致自动追踪的层位跳至邻近振幅及连续性均较强的反射轴（图2-1-32、图2-1-33）。这种情况可通过人工干预将出现偏差的地区删除，然后进行人工解释。

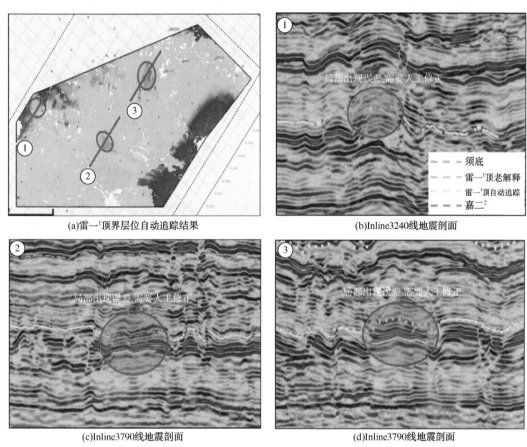

(a)雷一[1]顶界层位自动追踪结果　　　　　　　　(b)Inline3240线地震剖面

(c)Inline3790线地震剖面　　　　　　　　(d)Inline3790线地震剖面

图2-1-32　雷一[1]顶界自动追踪结果检查（Inline3240线、Inline3790线）

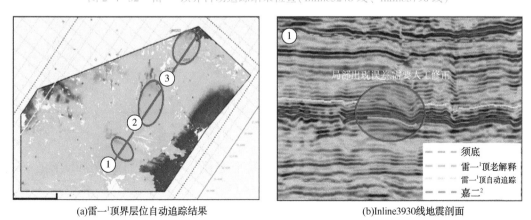

(a)雷一[1]顶界层位自动追踪结果　　　　　　　　(b)Inline3930线地震剖面

图2-1-33　雷一[1]顶界自动追踪结果检查（Inline3930线）

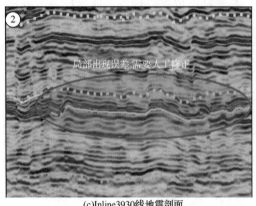 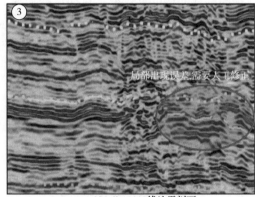

(c)Inline3930线地震剖面　　　　　　　　　(d)Inline3930线地震剖面

图 2-1-33　雷一¹顶界自动追踪结果检查（Inline3930 线）（续）

通过自动追踪及人工修正，对雷一¹顶界层位进行了精细解释，将解释层位插值后与老的解释层位相减，得到蓬莱、磨溪地区雷一¹顶界新老解释方案残差分布图（图 2-1-34）。

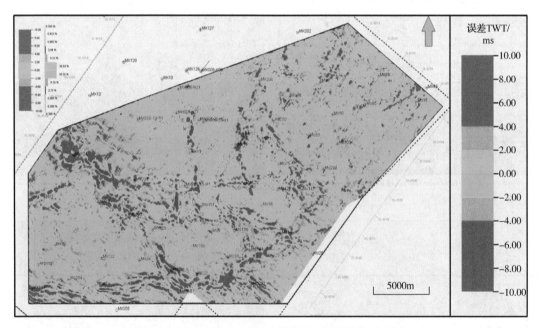

图 2-1-34　磨溪地区雷一¹顶界新老解释层位残差图

通过拉取地震剖面对比新老解释层位，发现磨溪工区西部局部背斜发育区残差较大，最大差异可达 10ms；中部地区新老解释层位残差不大，基本在 2ms 以内（图 2-1-35）。

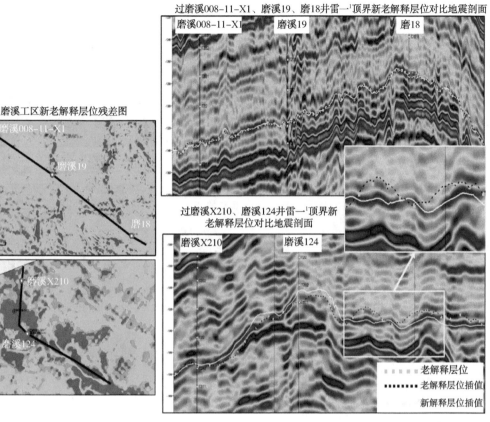

图 2-1-35　磨溪工区雷一¹顶界新老解释层位对比

第二节　低渗薄互层识别技术

磨溪气田雷一^{1}地层为一套潮坪环境下沉积的碳酸盐岩和蒸发盐沉积物，磨溪气田雷一^{1}储层纵向上集中分布于上亚段中下部和中亚段的顶部和底部，并具有层状分布特点。

据 14 口取芯井资料统计，上亚段储层厚度 0~5.6m，一般厚约 2m；中亚段储层厚度 1.18~15.63m，平均为 5.3m。储层纵向上发育 3~5 层分布，横向上储层分布较为稳定。

一、储层基本特征评价技术

（一）利用岩芯、薄片及岩化资料探究储层的岩性特征

通过对磨溪地区雷一^{1}亚段 6 口取芯井(磨 20、磨 18、磨 4、磨 9、磨 32 和磨 17)的岩芯观察及 11 口井的岩石化学组分分析资料的整理可知(图 2-2-1、表 2-2-1)，雷一^{1}亚段主要由白云岩、石膏、灰岩及膏质灰岩和膏质云岩组成，发育有晶粒结构和粒屑结构，在岩芯及薄片中常见砂屑云岩(灰岩)和鲕粒云岩。在镜下可明显地见到各类膏质云

岩、膏质灰岩或膏岩。储层主要为白云岩、白云质灰岩、灰质白云岩、鲕粒云岩和砂屑
云岩。

(a)磨18井,雷一1上亚段,2665m,砂屑云岩,发育针孔状溶孔,水平裂缝

(b)磨20井,雷一¹中亚段,2668m,砂屑云岩,发育溶蚀孔洞,微裂缝

(c)磨4井,雷一¹中亚段,2754m,砂屑云岩,发育溶蚀孔洞,微裂缝

(b)磨9井,雷一¹中亚段,井深2724.36m,灰色针孔状云岩,溶孔发育,岩心柱面肉眼清楚可辨

(e)磨32井,雷一¹中亚段,井深2732~2734m,灰白色云岩,溶孔发育,可见微裂缝

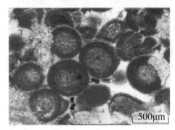

(f)磨17井,雷一¹,2693.03m,亮晶鲕粒膏质云岩,鲕粒呈点接触、线点接触和凹凸接触,粒间除第一期胶结物外,多被粗大硬石膏胶结、交代,正×50

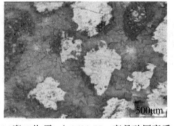

(g)磨17井,雷一¹,2690.55m,亮晶砂屑膏质灰岩,硬石膏选择性交代砂屑,亮晶方解石为海水成岩环境交结,单×50

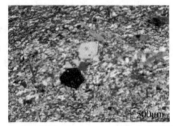

(h)磨4井,雷一¹,2782.01m,膏岩,自生石英与硬石膏共生,零星见针柱状含铁白云石,正×50

图 2-2-1 磨溪气田雷一¹气藏储层岩石学特征照片

磨溪地区雷一¹亚段 11 口井 648 个岩化分析及薄片鉴定结果表明(表 2-2-1),白云岩
在各个样品中均有分布,含量为 72.23%~86.15%,平均为 81.10%。方解石和石膏的含量
不大,方解石含量 4.33%~10.34%,平均为 6.08%;石膏含量介于 3.87%~7.57%,平均
为 5.79%。

表 2-2-1 磨溪气田雷一¹亚段储集岩岩化分析数据表

井号	样数	岩化分析				薄片分析		
		白云石/%	方解石/%	石膏/%	酸不溶/%	粒屑/%	有机质/%	黄铁矿/%
磨 16	66	73.24	7.14	6.87	8.19	11.81	0.254	0.115
磨 34	66	82.03	4.46	7.57	3.64	30.59	0.296	0.038
磨 31	58	82.86	5.19	5.39	3.30	21.38	0.228	0.046
磨 13	41	82.71	5.61	5.67	6.79	12.95	0.322	0.207

井号	样数	岩化分析				薄片分析		
		白云石/%	方解石/%	石膏/%	酸不溶/%	粒屑/%	有机质/%	黄铁矿/%
磨 14	53	72.23	10.34	5.38	7.42	28.07	0.389	0.136
磨 18	48	81.36	4.33	6.92	5.46	15.83	0.538	0.123
磨 17	79	86.05	4.82	4.12	3.44	19.38	0.441	0.122
磨 21	63	76.54	9.63	5.86	6.44	23.81	0.768	0.092
磨 20	59	84.41	5.07	4.52	3.41	17.36	0.283	0.083
磨 9	51	86.15	5.32	3.87	2.03	15.98	0.085	0.050
磨 25	64	83.52	4.99	7.55	2.85	21.00	0.348	0.075
样平均		81.10	6.08	5.79	4.82	19.83	0.364	0.096

（二）利用岩芯的物性测试分析储层的物性特征

磨溪气田雷一¹气藏具有中孔、低渗的储层特征。据 28 口取芯井 778 个岩芯样品实测孔隙度资料统计，岩芯测定储层孔隙度分布在 3.35%~16.14%，平均孔隙度 7.83%（图 2-2-2）。分别对上亚段、中亚段、主储层段的储层分析表明，雷一¹亚段储层纵向上孔隙度变化较大，

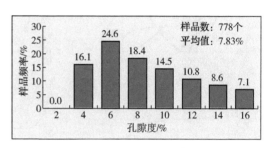

图 2-2-2 磨溪气田雷一¹气藏岩芯孔隙度分布频率图

上亚段储层平均孔隙度 3.35%~10.92%，中亚段平均孔隙度为 5.09%~14.56%，中亚段主储层平均孔隙度为 5.47%~16.14%，以主储层段孔隙度最为发育。

统计分析 746 个渗透率取芯样品，磨溪气田雷一¹亚段储层渗透率分布在 $(0.01~1.82) \times 10^{-3}\mu m^2$，平均渗透率小于 $0.379 \times 10^{-3}\mu m^2$（图 2-2-3）。

岩芯孔隙度与渗透率相关分析表明，孔隙度与渗透率具有较好的正相关性（图 2-2-4），即孔隙度越大，渗透率越高，表明储层的储集空间是以孔隙为主，裂缝不发育。

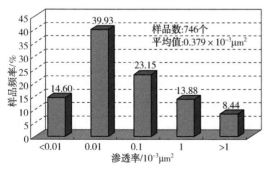

图 2-2-3 磨溪气田雷一¹气藏岩芯渗透率分布频率图

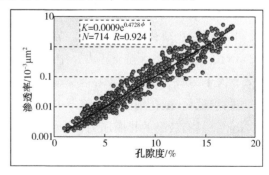

图 2-2-4 磨溪气田雷一¹气藏岩芯孔渗关系图

（三）采用宏观与微观相结合的手段评价储层类别

根据四川盆地碳酸盐岩储集岩分类标准及前人的研究成果，结合雷一¹气藏实际地质情况及储集层物性特征、孔隙类型、孔喉结构参数，以岩石物性孔隙度3%作为储层下限，兼顾气藏实际生产情况，可将储层可分为三类（图2-2-5、表2-2-2）。

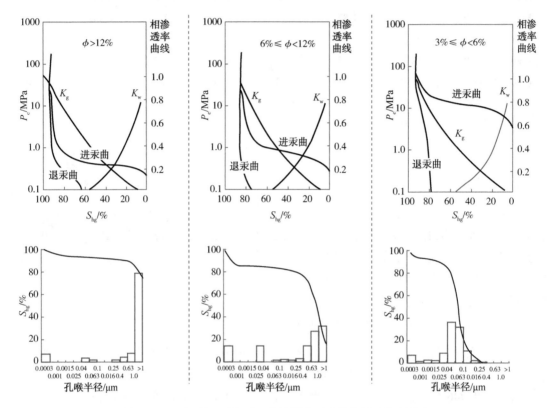

图2-2-5　磨溪气田雷一¹亚段储层典型毛管曲线及孔喉分布

Ⅰ类储层：粗孔中喉型。岩芯上明显见溶蚀孔，孔隙度大于12%，渗透率≥0.25×10⁻³ μm²，具有低排驱压力和较低中值压力，中值孔喉半径大于0.5μm的占90%以上，粗歪度，退汞效率大于25%，可采性好。

Ⅱ类储层：细孔中–小喉型。岩芯上可见溶孔，孔隙度6%～12%，渗透率（0.025～0.25）×10⁻³ μm²，中等排驱压力，中值孔喉半径大于0.5μm的占比大于40%，粗歪度，退汞效率大于20%，可采性较好。

Ⅲ类储层：微孔细喉型。镜下少见溶蚀针孔，孔隙度3%～6%，渗透率（0.01～0.025）×10⁻³ μm²，具有较高的排驱压力，中值孔喉半径大于0.04～0.5μm的占80%以上，细–粗歪度，退汞效率小于20%，可采性较差。

据生产测井及分层试油成果表明，雷一¹气藏Ⅰ、Ⅱ类储层较为发育，其产能贡献在90%以上，而Ⅲ类储层经酸化改造后产能贡献仍不到10%。

表 2-2-2 磨溪气田雷一¹亚段段储层孔喉结构和储层分类参数表

参 数	Ⅰ类	Ⅱ类	Ⅲ类	Ⅳ类
压汞样品数/个	12	24	19	33
孔隙度/%	15.11	8.51	4.30	1.46
渗透率/$10^{-3}\mu m^2$	1.73	0.236	0.0649	0.00572
排驱压力/MPa	0.302	0.463	1.144	5.931
最大连通孔喉半径/μm	2.4351	1.5009	0.643	0.1245
饱和度中值压力/MPa	0.614	1.145	6.554	17.18
饱和度中值半径/μm	1.1977	0.6425	0.1122	0.8428
汞不饱和体积/μm	13.11	15.45	18	37.38
孔喉均值/$10^{-3}\mu m^2$	10.4263	10.7784	13.3943	14.6967
孔喉分选(SP)	1.3795	1.2536	1.037	0.6549
歪度(SKP)	1.9787	1.1273	-0.0491	-0.0725
变异系数(c)	0.1323	0.1239	0.8921	0.8450
孔喉类型	粗孔细喉	中孔微喉	微孔微喉	致密层
孔隙类型	溶孔型	溶孔型	溶孔型、晶孔型	无明显孔隙
综合评价	好储层	中等储层	差储层	非储层

二、储层测井评价技术

(一)利用岩芯归位技术探究岩芯物性与电性的关系,建立储层参数模型

基于标准化处理后的测井资料,利用归位后的岩芯资料进行标定,建立岩芯物性与测井电性的对应关系,提取测井电性特征参数,建立孔隙度、渗透率、含气饱和度的测井精细解释模型,对所有经过标准化处理后的测井资料进行精细解释,求取可靠的测井解释参数。

1. 建立岩芯测井数据库

(1)岩芯分析插值处理或离散处理。岩芯分析数据通常都是离散的、非等间距的,有时需要把它们变成等间距的数据曲线以便与测井曲线做相关对比及深度归位。岩芯分析数据转换成等间距的数据曲线后,非常便于计算机上完成各种模型的建立,也为岩芯数据进一步处理提供了方便。

(2)岩芯分析的深度归位。钻井取芯深度与测井深度是两个独立的系统,通常由于各种因素造成两者之间存在一定误差:①岩芯分析资料为间断采样,样品间距不一,测井资料是连续采样,采样间隔均匀一致;②岩芯分析资料基本代表某一深度点局部方向上的有限空间(岩样大小)的岩石(物性)特征,而测井资料反映某一深度点,具有一定空间展布的岩石(物性)特征;③岩芯分析资料在取芯过程中存在不连续和岩芯破碎现象,造成岩芯归位深度上不够准确,而测井资料在测井作业中是连续的,较好地保证了深度与测井响应的良好对应关系。因此,必须对岩芯分析资料进行深度归位,即把岩芯深度校正到测井深度

上来。目前进行深度的做法有以下几种：①利用测井深度与钻井深度进行对比，找出两者存在的深度误差；②利用岩芯分析孔隙度与孔隙度测井曲线（中子或声波）测井曲线作对比，找出两者存在的深度误差。深度误差常用曲线相关分析来计算，也可在计算机屏幕上直接对比移动曲线进行校深。

（3）形成岩芯测井数据库。将岩芯和测井曲线归并，形成岩芯测井数据库。构成雷一¹地层的主要矿物是方解石、白云石、硬石膏、泥质，其他矿物的含量均很低，影响测井信息的也主要是这几种矿物。其中含量的高低是影响测井信息的主要因素。在岩芯、岩屑与测井对照的基础上，各岩性表现出了不同的岩电关系（表2-2-3）。

表2-2-3 雷一¹气藏地层主要岩性测井响应值特征表

岩石名称	自然伽马 GR/API	声波时差 AC/(μs/ft)	补偿中子 CNL/%	补偿密度 DEN/(g/cm^3)	电阻率 RT/($\Omega \cdot$ m)
灰岩	<15	47.5	0~1	2.71	中高值
白云岩	<15	43.5	2~3	<2.87	中高值
硬石膏	<12	50~52	−2	2.98	>10000
泥质云岩	>30	>55	>10	<2.80	中等
膏质云岩	10~15	>45	<3	>2.87	中−高阻
泥岩	>75	>55	20~25	2.6	低值
黄铁矿	低	39.2	−3	4.99	低值

泥岩表现为高的自然伽马，一般在75API以上；中子值高，值高可达30%以上；与灰岩相比，密度值变化不明显，在2.5~2.7g/cm^3；高声波时差，一般在60μs/ft以上，电阻率相对较低，多在10$\Omega \cdot$ m以下。

灰岩表现为较低的自然伽马，一般在15API左右；中子值为0；光电指数5B/eV左右，密度值为2.71g/cm^3；声波时差47.5μs/ft；电阻率为高值，有时甚至在10000$\Omega \cdot$ m以上，深浅侧向基本重合。随着泥质含量的增加，自然伽马、中子、声波时差会增大，电阻率会降低。如磨41井雷一段（井段2715.5~2717m）的灰岩测井响应特征（图2-2-6）。但如有泥浆压裂缝或井眼崩落则呈"正差异"，电成像呈块状高阻偶有微细裂缝特征。针孔鲕粒灰岩其声波时差大于50μs/ft，电阻率要降低，电成像具有颗粒状黑色高电导异常。

白云岩表现为较低的自然伽马，一般在15API左右；中子值大于2%；密度值小于2.87g/cm^3；声波时差大于43.5μs/ft；电阻率高，电阻率往往在几十至上千欧姆/米。随着泥质含量的增加，自然伽马、中子值、声波时差会增大，电阻率会降低（图2-2-6）。

石膏主要为硬石膏，具有极高的电阻率，有的甚至高于10000$\Omega \cdot$ m；较低的自然伽马，自然伽马幅度值比灰岩和云岩都低，往往低于15API；中子孔隙度为0或略偏负值；纯石膏层密度值为2.98g/cm^3；通常声波时差为50μs/ft。用自然伽马、中子、声波时差、密度测井值很容易从测井资料上加以识别。

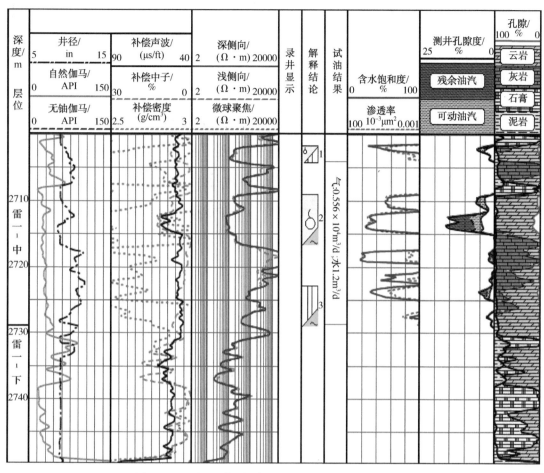

图 2-2-6　磨 41 井雷一¹云岩、石膏的测井响应特征图

膏质云岩的自然伽马高于 15API，声波时差大于 45μs/ft，补偿中子（CNL）小于 3%，补偿密度在 2.87~2.98g/cm³，电阻率几百到几千欧姆·米，深浅侧向基本重合。

泥质云岩的自然伽马大于 45API，声波时差为 55μs/ft，中子大于 10%，补偿密度大于 2.7~2.8g/cm³，电阻率几十到几百欧姆·米，深浅侧向呈"负差异"或重合。如磨 41 井雷一段（井段 2731~2738m）的泥质云岩测井响应特征（图 2-2-6）。

泥质云岩与石膏的薄互层段的自然伽马大于 45API，光电指数低于石膏，声波时差为 55μs/ft，补偿中子大于 10%，补偿密度大于 2.8g/cm³，电阻率几十到几百欧姆·米，深浅侧向呈"负差异"或重合。

盐岩的自然伽马在 15API 以内，声波时差大于 67μs/ft，补偿中子-3%，补偿密度低于 2.3g/cm³ 或受井眼影响而大幅降低，深侧向电阻率高值，浅侧向大幅度降低，深浅侧向呈"正差异"。

2. 建立储层参数模型

在测井资料标准化的基础上，以实验数据为依据，采用"岩芯刻度测井"技术，建立各种解释模型及合理选取解释参数，建立区域上的解释模型及参数特征值，以保证无取芯资料的井段储层参数计算结果的可靠性，最终为储量计算提供较准确的储层物性参数。根据磨溪气田雷一¹气藏储渗特征及测井响应特征，建立了研究区相应的岩石体积模型(图2-2-7)，处理所用的岩石骨架参数见表2-2-4，分别建立了泥质含量、孔隙度、渗透率及含水饱和度的测井响应方程。

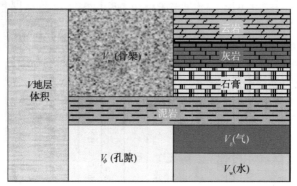

图2-2-7　磨溪气田雷一¹气藏岩石体积模型图

表2-2-4　磨溪气田雷一¹气藏矿物骨架和泥质参数表

矿物骨架	白云岩	中子 = 1.0% ~ 3.0%，声波 = 43.5μs/ft；密度 = 2.87g/cm³
	灰岩	中子 = 0.0，声波 = 47.5μs/ft；密度 = 2.71g/cm³
泥质参数	自然伽马最低值 GR_{min} = 15API；自然伽马最低值 GR_{max} = 90API	
	NSH = 30，T_{sh} = 80μs/ft	

(二) 利用优化 RPC 软件的测井参数处理技术，提高储层的识别符合率

磨溪气田雷一¹气藏的测井处理解释评价伴随着勘探开发进程和测井技术的发展而大致经历了如下4个阶段(表2-2-5)。

表2-2-5　磨溪雷一¹气藏历次测井系列及测井参数处理对比表

勘探开发阶段	测井系列	测井参数处理					
		评价情况	标准化	处理软件	处理效果		
					一致性	相关系数	
80年代中期以前	模拟、数字测井系列(JD581\801\83\3600)	—		CRA	差异大	—	
80年代中期~90年代中期	数字、数控测井系列(3600、CSU\DDL Ⅰ + \DDL Ⅴ\小数控)	局部区块测井评价	—	MCRA	基本一致		
90年代中期~2011年	数控、成像测井系列(CSU\DDL Ⅰ +\DDL Ⅴ\小数控\5700\2000)	研究区标准化		RPC	高孔段一致性好，低孔高束缚水层一致性差	相关性0.85以上，个别井达0.9	
2011年至今		整个磨溪构造	全工区标准化	优化RPC	一致性好	0.9以上	

（1）CRA 处理阶段：处于勘探早期，20 世纪 80 年代中期以前，测井系列基本为模拟、数字测井，包括 JD581\801\83\3600 等。采用 CRA 处理模型，该模型针对复杂岩性建立处理程序，采用交会法作岩性校正。处理过程、处理结果与岩芯分析结果差异大。

（2）MCRA 处理阶段：80 年代中期~90 年代中期，测井系列向数控测井系列发展，该阶段的测井资料包括有数字数控测井资料，包括 3600、CSU\DDLⅠ+\DDLⅤ\小数控（多种系列），采用处理模型为 MCRA 模型，该处理模型是在 CRA 模型基础上，对孔隙度模型作非线性校正，采用非线性模型，处理结果与岩芯分析结果基本一致。

（3）RPC 处理阶段：90 年代中期至本轮处理前，该阶段包括了数控、成像测井资料，该区涉及的系列 CSU\DDLⅠ+\DDLⅤ\小数控\5700\2000 测井系列等，所采用处理模型为 RPC 模型，该处理模型是在 MCRA 基础上，对孔隙度模型做天然气校正。测井资料有标准化分析，处理结果高孔段与岩芯分析一致性好，相关性达 0.87 以上，个别井达 0.9。但低孔段和高束缚水层段测井孔隙度与岩芯分析孔隙度一致性差。

（4）优化 RPC 处理阶段：通过对全工区不同测井系列进行标准化处理后，在 RPC 处理的基础上，声波孔隙度采用雷曼–汉特模型经非线性校正，中子孔隙度做天然气和地层水校正，算法上采用最优迭代法，处理解释结果与岩芯分析结果一致性好，相关性达 0.9 以上。对比磨 17 井各个阶段的测井处理成果图（图 2-2-8）可以看出，CRA 处理程序与岩芯分析结果差异较大，MCRA 处理结果与岩芯分析结果在数值上和趋势上基本一致，RPC 程序处理结果和岩芯分析一致性较好，在低孔段上略有差异，总体分析通过全工区不同测井系列标准化处理后的解释结果与岩芯分析更加吻合。

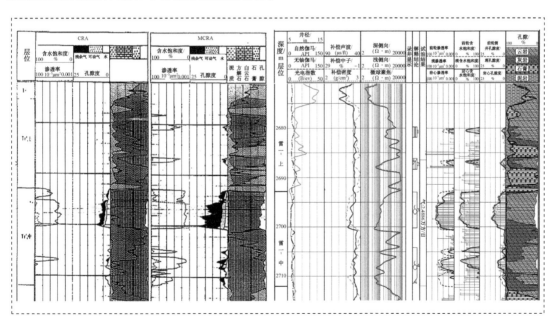

图 2-2-8　磨 17 井测井处理成果对照图

优化 RPC 测井处理成果与岩芯物性分析资料吻合较好，一致性高，各类储层测井孔隙度与岩芯孔隙度平均相对误差均小于 7%，测井处理的孔隙度与岩芯分析的孔隙度具有较好的相关性，相关系数均可达 0.9 以上（图 2-2-9），较 2006 年调整方案时的相关性有所提高（图 2-2-10），说明所建测井解释模型可靠，所解释的储层参数合理可靠。

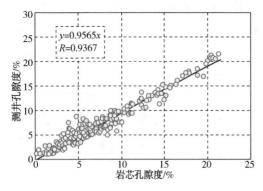

图 2-2-9　岩芯-测井孔隙度关系图

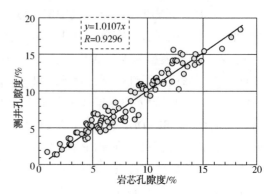

图 2-2-10　岩芯-测井孔隙度关系图
（调整方案）

三、气藏流体识别技术

（一）利用气水测井响应特征判别技术，探究储层流体性质

储层中不同性质的流体具有不同的测井响应特征，测井上主要综合分析这些信息，评价储层的含油气性、含水性，进而评价储层流体性质。

1. 电阻率测井曲线特征

气水层对深浅双侧向的响应特征一般是：在其他条件相同的情况下，地层含油气时，电阻率值较高，深浅双侧向电阻率表现为"正差异"；含水时，电阻率值较低，深浅双侧向电阻率表现为"负差异"。但这种差异还与地层水电阻率、泥浆电阻率、孔隙、裂缝及其类型有密切关系。

从有测试资料的井资料来看，不管是气层，还是水层，深浅双侧向均有"正差异""负差异"和重合的现象，如图 2-2-11 磨 62 井气层特征和图 2-2-12 磨 68 井水层测井曲线特征。一般情况下，气层的电阻率绝对值高于水层。

2. 中子测井曲线特征

孔隙中的气和水对中子的减速能力有比较大的差别。若在仪器探测范围内有残余的天然气，那么岩石的中子减速能力将会明显降低。最早认为，岩石中含天然气与饱含水的地层相比，只是减小了含氢指数，但实际测井资料证明气对中子测井结果的影响比这还要大，即在含气地层所测得的中子孔隙度偏低，这就是所谓的"挖掘效应"。"挖掘效应"的大小与地层岩性、孔隙度、含水饱和度（或残余油气饱和度）及天然气的含氢指数有关。通过对中子的影响因素分析，利用孔隙中不同流体类型对中子的影响来识别流体性质。

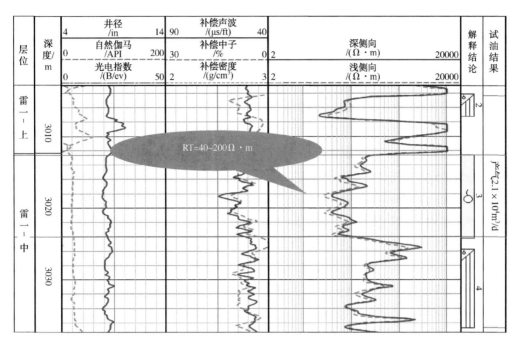

图 2-2-11　磨 62 井气层测井曲线特征图

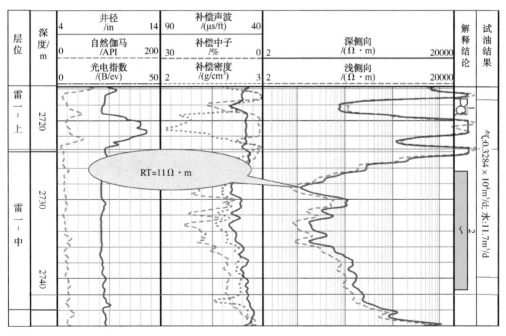

图 2-2-12　磨 68 井气层测井曲线特征图

3. 声波测井曲线特征

　　声波在水中传播速度快，传播时差为 620μs/m，而声波在天然气的传播速度慢，传播时差为 2260μs/m，因此声波纵波时差在地层含水和含气时是有很大差别的。当地层含气时，纵波时差会增大，甚至出现"周波跳跃"现象，使纵波时差读数明显增大，由此计算的声波视孔隙度超过地层实际的孔隙度。

4. 密度测井曲线特征

地下水的密度接近于 $1g/cm^3$ 左右，天然气的密度却小得多，并随压力和温度的变化。因此，当地层含气或井壁有残余气时，密度测井值将降低。由于密度测井仪器贴井壁，当井眼不规则时，极板不能完全接触地层，而是贴到泥浆薄膜，也可能造成密度值的降低。

(二) 利用交会图法识别流体，优选识别方法

(1) 深浅双侧向直接判别法。由深浅双侧向仪器原理知道，深侧向探测到的主要是原状地层的电阻率，而浅侧向的探测深度相对较浅，可部分反映冲洗带的电阻率。由于天然气的电阻率大于地层水的电阻率，常用深浅双侧向值的高低及其差异特征判别储层的流体性质。深浅双侧向判别流体性质为一种直观的判别方法，具有快速、直观的特点。

通过研究区典型气井和水井电阻率特征剖析，再结合各区块试油成果，建立了磨溪气田雷一¹气藏气水层电阻率判别标准：通常电阻率大于 $30\Omega \cdot m$ 为气层，电阻率小于 $30\Omega \cdot m$ 为水层(图 2-2-13)。

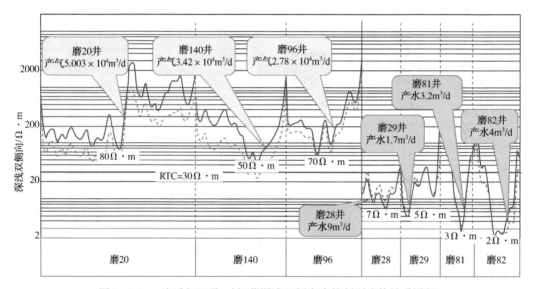

图 2-2-13　磨溪气田雷一¹气藏深浅双侧向直接判别流体性质图版

(2) 声波时差与电阻率交会法。声波-电阻率交会图法考虑了孔隙度对电阻率的影响，该方法是孔隙度与饱和度交会图的一种快速解释方式，是阿尔奇公式应用的一种形式。横坐标声波时差以线性刻度，纵坐标电阻率以对数刻度。根据磨溪地区雷一¹气藏典型气井和水井测试资料，建立了气水层声波时差与电阻率交会判别图版(图 2-2-14)。

实际资料表明：当储层中只含地层水时，声波时差与电阻率基本呈线性分布。当孔隙中为天然气时，声波测井值增大，甚至发生"周波跳跃"，声波与电阻率在交会图上呈非线性状分布。另外，采用声波与电阻率交会图来判别储层流体性质时，一般要求储层岩性较纯且比较单一，否则气水分布带较宽呈现交织现象，造成识别困难。

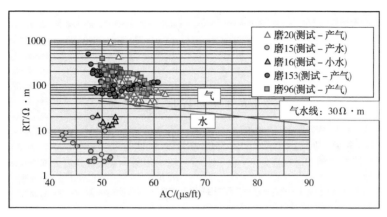

图 2-2-14　声波时差与电阻率交会法判别图版

（3）中子与声波时差交会法（中子-声波孔隙度重叠法）。由于天然气的声波时差要比水的时差大得多，而含氢指数比水要小。当地层中有气存在时，声波孔隙度值增大，而中子孔隙度值减小，中子与声波交会法正是利用这种测井方法对天然气响应差异来判别储层的流体性质。对于气层，补偿中子孔隙度值小于补偿声波孔隙度值；对于水层或干层，则补偿中子孔隙度值一般会大于或等于补偿声波孔隙度值。

据此原理，采用试油成果建立了气水层中子与声波交会判别图版（图 2-2-15）进行研究区气水识别。也可采用声波与中子孔隙度叠加法或声波与中子孔隙度比值法识别气层，即声波与中子叠加法：$\Phi_S > \Phi_N$，气层；$\Phi_S < \Phi_N$，水层；声波与中子比值法：$\Phi_S / \Phi_N > 1$，气层；$\Phi_S / \Phi_N < 1$，水层。

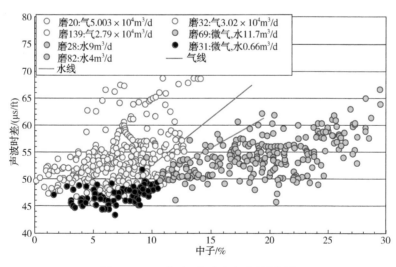

图 2-2-15　中子-声波交会法判别图版

（4）孔隙度与电阻率交会法。根据 Archie 公式 $F = R_0 / R_w = a / \Phi_m$ 和 $I = R_t / R_0 = b / S_{wn}$ 得：

$$R_{\mathrm{t}}=\frac{abR_{\mathrm{w}}}{S_{\mathrm{w}}^{n}\phi^{m}} \qquad (2-2-1)$$

两边取对数：

$$\lg R_{\mathrm{t}}=-m\lg\Phi+\lg\frac{abR_{\mathrm{w}}}{S_{\mathrm{w}}^{n}} \qquad (2-2-2)$$

令 $y=\lg R_{\mathrm{t}}$，$x=\lg\Phi$，则有：

$$y=-mx+\lg\frac{abR_{\mathrm{w}}}{S_{\mathrm{w}}^{n}} \qquad (2-2-3)$$

据此在双对数坐标中，RT 与 Φ 之间关系是一组斜率为 $-m$，截距为 $\lg(abR_{\mathrm{w}}/S_{\mathrm{wn}})$ 的直线。对于岩性稳定（a、b、m、n 不变），地层水电阻率 R_{w} 稳定的解释井段，直线的截距仅随含水饱和度 S_{w} 的变化而变化。由此，可根据 Archie 原理绘制 Φ-RT 双对数坐标交会图判断流体性质图版（图 2-2-16），用来进行流体性质判别。该方法对区分水层和气层效果较好，但对区分低孔隙度的含气层（干层）与低孔—裂缝性气层效果不明显。

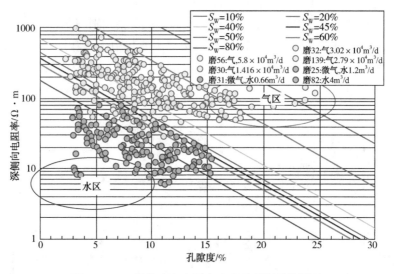

图 2-2-16　孔隙度与电阻率交会法判别流体图版

通过对磨溪雷一¹区块 125 口井采用多种方法进行了测井流体判识，均得到了测试成果的验证，取得了不错的应用效果，其中 Φ-RT 交会图版法解释效果较好，符合率达到了 95.9%，其次是 AC-RT 图版法和电阻率法（表 2-2-6）。因此，根据磨溪气田雷一¹气藏实际地质情况、资料状况及测试成果分析，磨溪雷一¹储层测井气水判别方法中以电法为主，中子与声波组合法为辅，具体操作中首先选择 Φ-RT 交会图版法，同时考虑 CNL-AC 孔隙度重叠法或中子-声波曲线直接交会法来判别其流体性质，这些方法的综合应用为新完成井的流体识别提供了有力的技术支撑。

表 2-2-6　磨溪气田雷—¹气藏测井流体性质判别符合率统计表

判别方法	统计层数/层	符合情况		
		符合/层	不符合/层	符合率/%
深浅双侧向直接判别法	290	276	14	95.17
声波时差与电阻率交会法	144	131	13	90.97
中子与声波时差交会法	138	103	35	74.64
中子与声波孔隙度重叠法	138	109	29	78.99
孔隙度与电阻率交会法	290	278	12	95.86

第三节　气水关系刻画技术

一、低缓构造气水分布的识别技术

通过对国内外低缓构造的碎屑岩气藏和碳酸盐岩气藏气水分布特征的调研发现，低缓构造下的气藏存在多个气水界面，并不完全受构造的控制。

川西地区雷口坡组雷四段气藏在同一局部构造存在多个气水界面，上下储层为不同的气水界面(图 2-3-1)，上储层的气水界面更低，下部储层的气水界面不统一。

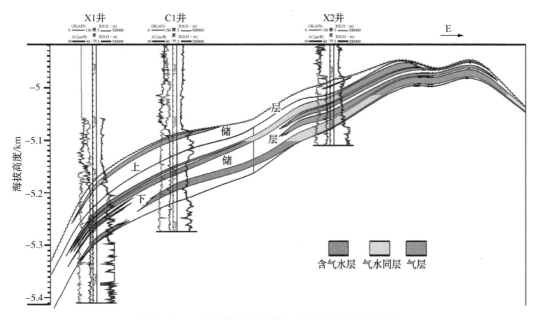

图 2-3-1　新场构造雷四段上亚段气藏剖面特征图

低渗碳酸盐岩气藏的气水分布受构造条件、沉积条件、烃源条件以及储层条件等因素的限制，不同气藏具有不同的气水分布关系。

构造型气藏气水关系简单，具有明显的气水界面，气藏中气水分布为上气下水，地层水以边底水形式存在。构造圈闭型气藏有迪娜、大北、八角场、邛西等。从目前国内外低渗气藏气水界面分布特征看，低渗气藏的气水关系复杂，总体表现出气水分布与构造起伏没有必然联系，低部位可以含气。

二、气水分布刻画技术

由雷一¹气藏地质特征研究结果表明，磨溪气田雷一¹气藏宏观上处于气水过渡带，在整个气藏范围内，气层含水饱和度都高于束缚水饱和度，因此气井在开发过程中或早或迟、或多或少都会产出地层水。

气藏中并不存在气水截然分开的界面，而是一个气水饱和度渐变的过程，因此需要选择一个合理的位置作为气水界面，一般把含水饱和度 50% 作为气水界面。静、动态综合研究表明，磨溪气田雷一¹气藏处于广义的气水过渡带，纯产水井储层段表现为低电阻、高中子，深侧向电阻率一般 ≤30Ω·m，补偿中子 ≥15%；而纯产气层深侧向电阻率一般 ≥80Ω·m，补偿中子 ≤10%；二者之间为气水同产层。

（一）利用骨干剖面对比技术，刻画气水的空间分布

根据气藏近三十年的开发实践证实，气井、水井的平面分布明显受构造圈闭控制。在前人研究基础上结合新完钻井资料编制了多条控制气藏边界的骨干剖面，在对每一条剖面的精细描述后，进一步落实确定了气水界面，气水平面分布特征。

为深化磨溪气藏东西端及构造外围的含气性与气水分布，为滚动开发提供依据，编制了 4 条剖面。剖面具体描述如下。

（1）北翼边界气藏剖面：磨溪 9-磨溪 203-磨溪 19-磨溪 17-磨溪 11 井气藏剖面（图 2-3-2）。

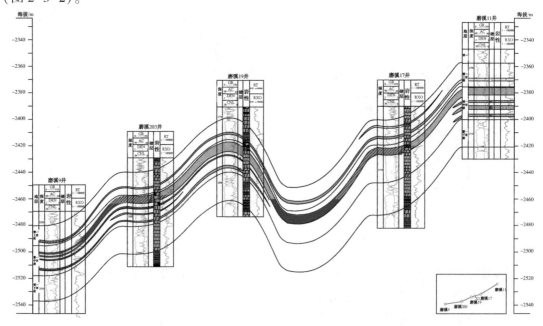

图 2-3-2　磨溪 9—磨溪 203—磨溪 19—磨溪 17—磨溪 11 井雷一¹气藏剖面图

磨溪 19 井、磨溪 17 井为中部北翼向北伸出的含气鼻状构造，测井解释为气层特征，磨溪 9 井、磨溪 203 井位于最低圈闭线外，测井解释为水层；磨溪 11 井位于东端圈闭内，测井解释为气层特征。该条剖面表明构造对气水分布具有明显控制作用。

（2）西端南北向气藏剖面：磨溪 12-磨溪 9-磨溪 20-磨溪 21-磨溪 205 井（图 2-3-3）。

磨溪 9 井、磨溪 20 井在构造最低圈闭外，测井解释为水层，磨溪 21 井位于圈闭内，测井解释为气层，磨溪 12 井位于北部斜坡上的一裙边状局部构造，测井解释为气层特征，表明在构造外围局部构造有利区也可能形成气层。

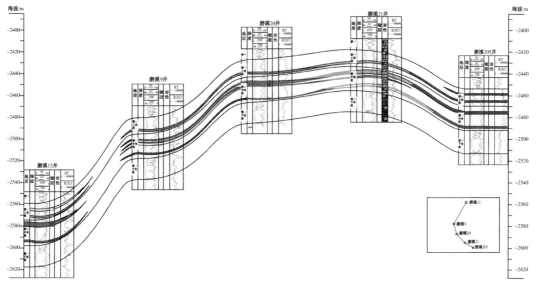

图 2-3-3　磨溪 12-磨溪 9-磨溪 20-磨溪 21-磨溪 205 井雷一气藏剖面图

（3）西端东西向气藏剖面：磨溪 20-磨 47-磨 24 井（图 2-3-4）。

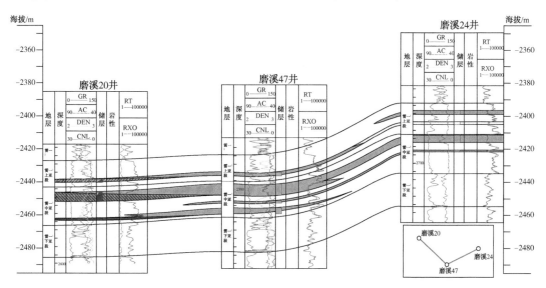

图 2-3-4　磨溪 20-磨溪 47-磨溪 24 井雷一气藏剖面图

由西向东由磨溪 20-磨 47-磨 24 井构造位置逐渐抬高，西端的磨溪 20 井（位于圈闭边界）测井解释为气水同层，磨 47 井、磨 24 井测井解释为明显气层，构造对气水分布的控制作用表现明显。

（4）构造北翼外围东西向气藏剖面：磨溪 101-磨溪 12-磨溪 10-磨溪 202 井（图 2-3-5）。

在构造北翼外围低部位区，除处于裙边状鼻状构造的磨溪 12 井测井解释为气层外，其余皆为明显水层。

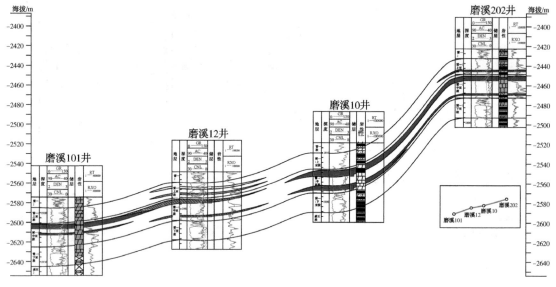

图 2-3-5　磨溪 101-磨溪 12-磨溪 10-磨溪 202 井雷一¹气藏剖面图

综上表明，构造圈闭对雷一¹气水分布控制作用明显，构造圈闭之外多为水层，仅局部构造有利的个别井表现为气层特征（磨溪 12 井）。

（二）以测井解释为基础，利用现场测试手段确定气水界面

磨溪气田雷一¹气藏属于同一压力系统，可利用气水边界井直接测定含水饱和度，以 50% 含水饱和度为界，确定气水边界。气藏中各井最低的一个气层底界和最高的一个水层顶界海拔，其间确定一个界面就是气水界面。

以岩芯含水饱和度、测井解释饱和度分析资料，结合气水相对渗透率曲线，将含水饱和度 50% 线作为气水界面；以测试或生产日产水大于 1m³，日产气低于 1000m³ 为水井。

以测井解释饱和度为依据、以水井、气水井、气井为控制点（表 2-3-1），确定出气藏最新的气水边界，西翼为 -2425m；北翼以 3 号断层为界，气水界面在断层以西为 -2425m，断层以东为 -2435m；气藏东端为 -2415m，南翼为 -2445m，其中南翼断层处气水界面 -2440m。气藏气水界面整体仍保持北高南低的特征（图 2-3-6）。

表 2-3-1　磨溪气田雷一¹气藏气水界面确定表

井　号	M22	M19	M100	M87	M25	M83	M98	M104	M93	M131	M135	M31
顶界海拔/m	-2429	-2429	-2413	-2412	-2418	-2441	-2431	-2436	-2401	-2416	-2423	-2429
S_w/%	41.7	45.4	44.7	45.9	68.5	63.8	53.9	43.9	40.1	64.4	57.1	52.2
测试产气/(10^4m³/d)		17.0	2.10	0.4	0		1.40	1.70		1.33	0.003	0.002
测试产水/m³					1.2	1.7	14.0	34.2		16.9	30.3	0.66
综合解释	气层	气层	气层	气层	水层	水层	气水层	气水层	气层	气水层	水层	水层
气水界面/m	-2445				-2415	-2435				-2415		-2425

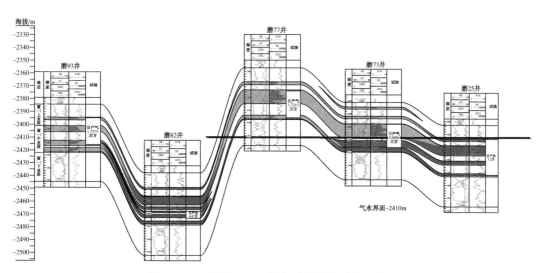

图 2-3-6　磨溪气田东端雷一¹潜伏构造气藏剖面

第三章
低渗碳酸盐岩气藏渗流机理及开发技术

第一节 低渗碳酸盐岩气藏渗流机理及数学描述

达西定律是油藏工程理论的基础。现有的试井测试分析、数值模拟以及油藏动态分析等方法基本上都是在达西渗流定律的基础上建立的。该定律体现了流体连续渗流过程，无论压差大小，只要存在压差，就会导致地层流体的流动，渗流速度与压力梯度在直角坐标系中呈现过坐标原点的直线等特征。

达西定律主要考虑了流体渗流过程中的内摩擦力，流体分子与多孔介质固体表面间的作用是次要的，流体的流动为分层流动。在具有工业产能的油气层中，大多数情况下地层流体的渗流规律与达西定律是相符的。但是，当液体渗流通过很小的喉道时，液体与孔隙和喉道的接触面积与喉道横截面间的壁纸较大时，液体表面的作用力有可能强于流体的内摩擦力，从而破坏了分层流动规律，引起低速渗流的非达西渗流效应。气体渗流时，无论孔隙喉道多大，气固表面的作用力都可以忽略。与液体渗流相比，孔隙喉道越小，气体渗流和液体渗流的差异就约明显。实验研究已表明，气体在低渗透岩石中表现出高于液体的滑脱效应；在压力较低时，滑脱效应就更加明显。由于低渗透气藏储层含水，特别是含水饱和度超过一定数值后，由于岩石孔喉细小导致毛管压力增高。同时由于气体黏度小和具有可压缩性，势必造成低渗气藏中气体渗流规律具有一定的特殊性。

一、低渗储层气体低速非达西渗流规律的数学描述

低渗透储层一般具有较高的含水饱和度，气体在低渗透储层中的流动阻力主要来自两个方面，一是水膜堵塞孔隙喉道效应，二是毛管力效应。水膜堵塞仅在初始状态阻碍气体通过，一旦气体冲破水膜束缚，气体通过这一喉道处就不再有堵塞效应；毛管水始终占据喉道空间，使得气体只能以气泡形式通过，对气体渗流产生持续的附加阻力，若流动压差无法克服这一附加阻力，气体将停止流动。为了描述这种特殊渗流现象的实质，本文提出气体低速非达西渗流归结为启动压差和临界压力梯度两种控制因素的观点。启动压差是使气体突破孔隙喉道处的水膜束缚从静止到流动时，需要在微观孔隙喉道两端形成的最小压

差；临界压力梯度是气体开始流动后，为了克服毛管水效应产生的附加阻力、保持连续流动所需的最小压力梯度。启动压差对气体低速非达西渗流的作用是一个瞬间过程，临界压力梯度对气体低速非达西渗流的作用是一个持续过程，两者是相互独立的因素。在此基础上，本文建立了描述气体低速非达西渗流规律的数学模型：

$$\begin{cases} \vec{v}=0 & (\Delta p<\Delta p_B，气体不流动) \\ \vec{v}=\dfrac{K}{\mu}\nabla p\left(1-\dfrac{\lambda_B}{|\nabla p|}\right) & (开始流动后：|\Delta p|>\lambda_B，保持流动) \\ \vec{v}=0 & (开始流动后：|\Delta p|\leq\lambda_B，停止流动) \end{cases} \quad (3-1-1)$$

式中，Δp_B 为启动压差；λ_B 为临界压力梯度。

低渗透储层气体非达西渗流数学模型，考虑了气体冲破水膜束缚从静止到流动的突变过程，描述出气体未开始流动、保持流动和停止流动三个阶段的特殊渗流现象和条件。

与国内外已有的关于液体低速非达西渗流规律数学描述相比，上述数学模型有以下两个特点：

（1）国内外关于低渗介质非达西渗流的研究针对液体低速非达西渗流规律开展而本文研究建立了描述气体低速非达西渗流的数学模型。

（2）除引入经实验证实的"启动压差"外，还引入了"临界压力梯度"这一概念，并强调"临界压力梯度"是气体保持连续流动的控制因素。

以此数学模型为基础，可以建立不同情况下低渗透气藏的试井分析模型和试井分析方法。不论是达西渗流还是低速非达西渗流，其试井模型都有一个共同之处，即单井压降漏斗的外边界距离随开井生产时间的延续而逐渐扩大，但两者的含义截然不同。

如图 3-1-1 所示，在达西渗流条件下，根据公式 $\vec{v}=\dfrac{k}{\mu}\nabla p$ 可知：只要压力梯度不为零，流速就不为零。即使在开井初期，远井区的气体也会流动，只是流速非常小，正因为流速的这种连续性传递变化，才使常规试井模型不依赖于时间变化的"无限大地层""有限封闭地层"、"有限定压地层"等边界条件成立。常规试井理论的探测半径概念来自扰动理论，某一时刻流速变化最大的位置就是此时刻压力波传播前缘边界，在压力扰动前缘之外，流体流速很小，但并非绝对不流动。

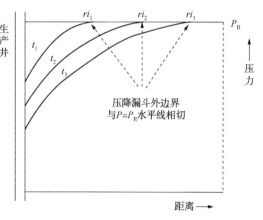

图 3-1-1　达西渗流条件下
生产井压力剖面示意图

然而，在气体低速非达西渗流的情况下，由于受启动压差因素影响，地层中气体的流速随位置的变化在压降漏斗传播前缘处不连续，在此前缘之外，地层中的气体不流动。这样，试井理论建立模型时常用的"无限大"边界条件不成立，在压降漏斗前缘没有传播到固定边界之前，采用固定边界条件也不合理。这实际上是一个移动边界数学问题，目前常规试井理论没有考虑这个问题(图 3-1-2)。

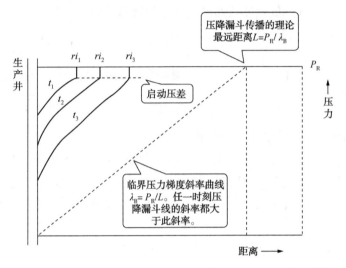

图 3-1-2　气体低速非达西渗流条件下生产井压力剖面示意图

考虑井筒储集和表皮效应，采用有效井径处理方式，经推导后建立起含启动压差效应的气井平面径向流试井模型：

$$\frac{\partial^2 p_D}{\partial r_D^2}+\frac{1}{r_D}\left(\frac{\partial p_D}{\partial r_D}+\lambda_D e^{-s}\right)=\frac{1}{C_D e^{2s}}\frac{\partial p_D}{\left(\frac{t_D}{C_D}\right)}\qquad\left[1<r_D<r_{CD}\left(\frac{t_D}{C_D}\right)\right] \qquad (3-1-2)$$

式中　p_D——无因次压力，$p_D=\dfrac{kh}{1.842\times10^{-3}qB\mu}(p_f-p_{wf})$；

　　　t_D——无因次时间，$t_D=\dfrac{3.6k}{\phi\mu C_t r_w^2}t$；

　　　C_D——无因次井筒储集常数，$C_D=\dfrac{c}{2\pi\phi C_t h r_w^2}$；

　　　r_D——无因次半径，$r_D=\dfrac{r}{r_w}$；

　　　s——表皮系数；

　　　λ_D——无因次临界压力梯度，$\lambda_D=\dfrac{khr_w\lambda_B}{1.842\times10^{-3}qB\mu}$；

　　　r_{eD}——地层中气体流动区域与静止区域交界面的无因次半径，$r_{eD}=\dfrac{r_e}{r_w}$；

　　　p——压力，MPa；

　　　p_f——原始地层压力，MPa；

p_{wf}——井底流动压力，MPa；

r——地层中任意点距井筒的距离，m；

t——时间，h；

K——地层渗透率，μm^2；

H——地层厚度，m；

μ——气体黏度，$mPa \cdot s$；

ϕ——地层孔隙度，无因次；

c——井筒储集常数，m^3/MPa；

q——气井地面产量，m^3/d；

B——天然气体积系数，无因次；

r_w——井半径，m；

C_t——地层综合压缩系数，MPa^{-1}；

λ_B——临界压力梯度，MPa/m。

模型的初始条件：

$$p_D(r_D, 0) = 0 \tag{3-1-3}$$

定产量生产内边界条件：

$$\frac{\mathrm{d}p_{wD}}{\mathrm{d}\left(\dfrac{t_D}{C_D}\right)} - \frac{\partial p_D}{\partial r_D}\bigg|_{r_D=1} = 1 + \lambda_D e^{-s} \tag{3-1-4}$$

$$p_{wD} = p_D\big|_{r_D=1} \tag{3-1-5}$$

外边界生产条件：

$$\frac{\partial p_D}{\partial r_D}\bigg|_{r_D=r_{eD}\left(\frac{t_D}{C_D}\right)} = -\lambda_D e^{-s} \tag{3-1-6}$$

对式（3-1-2）～式（3-1-6）做 Laplace 变换，得：

$$\frac{\mathrm{d}^2\bar{p}_D}{\mathrm{d}r_D^2} + \frac{1}{r_D}\frac{\mathrm{d}\bar{p}_D}{\mathrm{d}r_D} = \frac{z\bar{p}_D}{C_D e^{2s}} - \frac{\lambda_D e^{-s}}{zr_D} \quad \left[1 < r_D < r_{eD}\left(\frac{t_D}{C_D}\right)\right] \tag{3-1-7}$$

$$z\bar{p}_{wD} - \frac{\mathrm{d}\bar{p}_D}{\mathrm{d}r_D}\bigg|_{r_D=1} = \frac{1}{2}(1 + \lambda_D e^{-s}) \tag{3-1-8}$$

$$\bar{p}_{wD} = \bar{p}_D\big|_{r_D=1} \tag{3-1-9}$$

$$\frac{\mathrm{d}\bar{p}_D}{\mathrm{d}r_D}\bigg|_{r_D=r_{eD}\left(\frac{t_D}{C_D}\right)} = -\frac{\lambda_D e^{-s}}{z} \tag{3-1-10}$$

以上各式中 z 是 Laplace 空间变量，$\bar{p}_D$ 是作 Laplace 变换后的无因次压力。

式（3-1-7）与普通试井模型的不同之处在于虚宗量贝塞尔方程中增加了非齐次项，是一个非齐次常微分方程，不能按照现代试井理论中广泛应用的、齐次虚宗量贝塞耳方程通解公式的模式求解。结合考虑初始条件，我们用幂级数解法得到了非齐次虚宗量贝塞耳方程的通解公式：

$$\tilde{P}_D = (a+l)I_0\left(\sqrt{\frac{z}{C_D e^{2s}}}r_D\right) + bK_0\left(\sqrt{\frac{z}{C_D e^{2s}}}r_D\right) - \sum_{n=0}^{\infty}\frac{\left(\frac{z}{C_D e^{2s}}\right)^n \frac{\lambda_p e^{-s}}{z}}{(2n+1)^2(2n-1)^2\cdots1^2}r_D^{2n+1} \quad (3-1-11)$$

无论对油井的低速非达西渗流试井模型，还是对气井的低速非达西渗流试井模型，都可以用通解式(3-1-11)求解。推导通解公式过程中未附加其他假设条件，式(3-1-11)是严格数学意义的通解。

如前所述，由于受启动压差因素影响，含启动压差效应的试井模型的一个显著特点是单井供给区域的边界随开井生产时间的延长而逐渐向外扩展，这种动边界特性是其他试井模型所不具有的，也是目前的试井理论方法根本无法解决的。本文采用交替迭代数值逼近算法，实现了计算机动边界压力降落试井模型理论曲线的计算。

采用以上算法计算动边界效应试井模型取得了很好的效果。通过计算和分析大量的理论曲线分析，在移动供给边界条件下，低渗气藏气井具有与常规气藏气井不同的动态特点。

（一）气井试井曲线的后期段将上翘

低渗透气藏气井试井曲线的后期段将保持连续上翘的形状(图3-1-3)，主要由临界压力梯度的影响所致，而启动压差主要影响压力曲线的早期段。这是低渗储层气井与常规气井试井曲线形状上的最大差异。

（二）低渗气井开井初期的流动会滞后

如图3-1-4所示，当低渗透储层的启动压差较大时，气井开井初期流动边界暂时不向外扩展，达到稳定流动有一个滞后过程，即启动时间。充分认识这种特殊性，可以避免低渗透气层测试可能造成的产能低估或漏层。

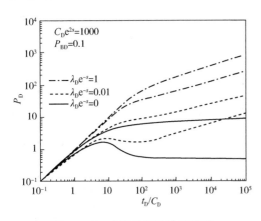

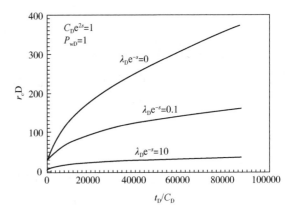

图3-1-3　含启动压差效应平面
径向流试井模型诊断图

图3-1-4　不同启动压差下时间
与流动区域半径的关系

（三）低渗气藏气井的有效控制范围小

与中高渗透气藏不同，低渗储层中即使不存在地质意义上的边界，气井生产时的控制

范围也是有限的，这是低渗储层含水饱和度
高、临界压力梯度大情况下出现的特殊现
象(图3-1-5)。上述认识有助于确定低渗透
气藏气井的合理井距，计算和评价气井单井
控制储量。

　　近一步研究变井储、圆形封闭地层和复
合地层低速非达西渗流模型，双对数图上压
力导数试井曲线出现类似于达西渗流试井模
型边界反应的上翘特征。由此可以认为，试
井双对数曲线的后期段出现连续上翘形状
是低渗透气藏气井的一个特殊现象和重要
特征。

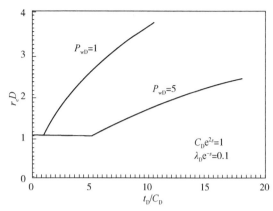

图3-1-5　不同临界压力梯度下
时间与流动区域半径的关系

二、低渗岩石中单相气体低速渗流特征

(一) 低渗岩石中单相气体低速渗流基本特征

　　根据前人在研究四川盆地低渗气藏时选取的28块低渗岩样进行的单相气体渗流实验结
果分析，得到了类似图3-1-6所示的渗流曲线。从图中可以看出，由于气体滑脱效应的影
响，该曲线具有以下特征：

　　(1) 在实验流速范围内，渗流曲线由平缓过渡的两段组成：①较低渗流速度下的下凹
型非线性渗流曲线段；②较高渗流速度下的线性渗流段。

　　(2) 渗流曲线呈现低速非达西渗流特征，其直线段的延伸在流速轴上有一正截距，即
存在一"拟初始流速 V_d"。

　　(3) 低速曲线段与直线段有一交点，即存在一个从非线性渗流段向拟线性渗流段过渡
的临界点，该点对应的压力平方梯度称为"临界压力平方梯度$(\Delta p^2/L)_c$"，对应的渗流速度
称为"临界流速 V_c"。

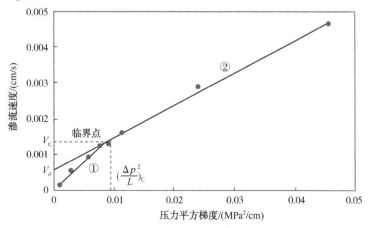

图3-1-6　低渗岩样中单相气体低速渗流曲线

将不同渗透率岩样的渗流曲线绘制在同一坐标系中(图3-1-7),可观察到以下一些特征:

(1) 曲线形态、位置均与岩样渗透率有直接关系,随渗透率不同而有规律地变化。

(2) 渗透率越低,非线性段越长,其临界压力平方梯度值越高,拟初始流速越大。

(3) 渗流曲线线性段的位置和斜率均与渗透率有关,随着渗透率增大,曲线斜率增大,渗流曲线远离压力平方梯度轴。

(4) 随渗透率增大,非达西型渗流特征明显减弱,非达西型渗流逐渐向达西渗流过渡。在本次研究的渗透率范围内,当储层岩石渗透率高于 $1.20 \times 10^{-3} \mu m^2$ 时,单相气体渗流规律基本符合达西渗流规律。

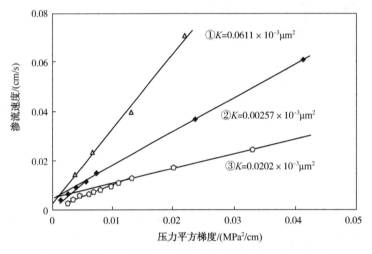

图3-1-7 不同渗透率低渗岩样中单相气体低速渗流曲线

实验结果表明,无论砂岩或碳酸盐岩,低渗岩样中均存在着气体低速非达西渗流现象。其主要渗流特征是由于滑脱效应造成的"拟初始流速",它使气体视渗透率变大,造成同一多孔介质的气体渗透率永远大于液体渗透率。与中渗、高渗岩样相比,低渗岩样中气体渗流时的滑脱效应影响加剧,而造成渗流直线段在流速轴上有一正截距。

(二) 残余水条件下低渗岩石中气体低速渗流特征

气藏形成期后滞留在岩石孔隙中的水,主要以水膜水、毛细管水以及充填在孔隙角落和弯曲处的水等几种形式存在于岩石中。水膜水靠分子引力滞留于孔隙壁上,毛管水则靠毛管力滞留于较小的孔道中。储层孔隙中水膜的作用主要是通过改变储层岩石的润湿性,对储层岩石中毛管压力、流体分布及渗流性质产生重要的影响。在亲水的多孔介质模型中,残余水主要是由于卡断和绕流现象形成的。

低渗气层通常具有较高的含水饱和度。宏观上,这些水在开采初期或酸化、压裂等作业措施前几乎是不流动的。因此,在模拟实验中考虑岩样含残余水时的情况,才能比较真实地反映低渗储层中的气体渗流特征和规律。为保证含水低渗岩样中气体的单相流动,实验中严格控制了压差和含水饱和度的变化。具体方法是:根据岩样渗透性的不同,采用尽可能低的实验压差，同时在实验前后对岩样称重，控制其含水饱和度变化不超过3%，以保证气体处于单相渗流状态。

在残余水状态下，根据前人选取的30余块低渗岩样进行的气体渗流实验结果。实验结果表明，岩样渗透率不同、含水饱和度不同，其渗流特征也不同。

1. 孔隙水膜使低渗岩样低速非线性特征加剧

图3-1-8、图3-1-9所示分别为14号碳酸盐岩岩样在100%饱和气和残余水状态下的气体渗流曲线以及克氏回归曲线。图3-1-8中的渗流曲线具有以下特征：

（1）两条渗流曲线规律相同，均由平缓过渡的非线性渗流曲线段和拟线性段两段组成。

（2）岩样中残余水的存在使渗流曲线非线性特征更明显，非线性渗流段延长，渗流曲线直线段的延伸在流速轴上的截距增大。

（3）岩样中残余水的存在影响到渗流曲线位置。当存在残余水时，渗流曲线位置降低，靠近压力平方梯度轴。

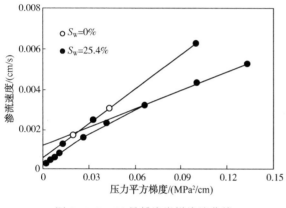

图3-1-8   14号低渗岩样渗流曲线

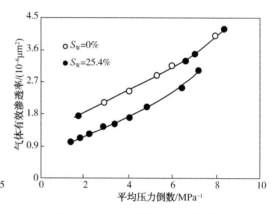

图3-1-9   14号岩样克氏回归曲线

图3-1-9所示为岩样含水饱和度不同时，气体有效渗透率与平均压力之间的关系曲线，图中的两条曲线与图3-1-8中的两条曲线分别对应。可以看出14号岩样在100%饱和气体和在残余水状态下的克氏回归曲线趋势一致，既压力较低时，气体有效渗透率与平均压力倒数之间表现出非线性关系，在压力较高时，气体有效渗透率随平均压力的增加而呈线性降低。但在平均压力相同时，含水饱和度大于零时岩样的气体渗透率高于含水饱和度为零时的岩样饱和度。

2. 含水状态下岩样渗流显现"启动压差"

图3-1-10、图3-1-11为364号碳酸盐岩岩样在100%饱和气体和含水时的渗流曲线以及克氏回归曲线。可以看出，图3-1-10所示渗流曲线表现出以下特征。

（1）两条渗流曲线的趋势不同。当岩样含水时，渗流曲线总趋势为上凹型曲线。曲线形态与低渗油藏中液体低速非达西渗流曲线形态相似。

（2）岩样含水时的渗流曲线同样由平缓过渡的两段曲线组成，即低速渗流下的上凹型曲线和较高渗流速度下的拟线性渗流直线段。与单相气体渗流结果相反，含水岩样渗流曲线直线段的延伸与压力平方梯度轴相交于点$(\Delta p^2/L)_d$，即岩样渗流显现"启动压差"效应。

（3）两条曲线的位置不同。岩样含水时的渗流曲线位置更低，靠近压力平方梯度轴。

图3-1-11表明，当岩样含水时，在实验压力范围内，气体（视）有效渗透率随实验压力的增加而不断增大，与单相气体渗流实验结果相反。

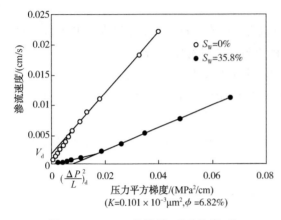

图3-1-10　364号岩样（碳酸盐岩）的
气体渗透率曲线

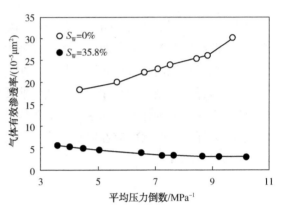

图3-1-11　364号岩样（碳酸盐岩）
含水时的克氏回归曲线

3. 不同压力范围内含水岩样表现出不同的渗流特征

图3-1-12、图3-1-13为6号岩样在残余水状态下的气体渗流曲线和克氏回归曲线。可以看出，它们与图3-1-11的渗流特征有所区别，表现为：

（1）在实验流速范围内，渗流曲线由两段组成：①低速渗流下的上凹型非线性渗流曲线段；②较高渗流速度下的拟线性渗流段。两段曲线存在一交点，即存在一个从非线性渗流段向拟线性渗流段过渡的临界点。

（2）渗流直线段的延伸与流速轴相交，即存在"拟初始流速V_d"。

（3）上凹型曲线段的切线延伸与压力平方梯度轴相交于点$(\Delta p^2/L)_1$。

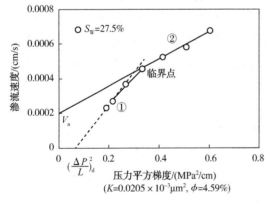

图3-1-12　残余水条件下6号岩样的
气体渗流曲线

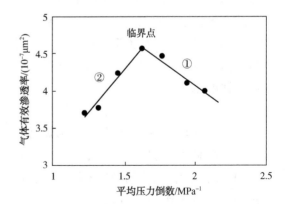

图3-1-13　残余水条件下6号岩样的
克氏回归曲线

图 3-1-12 中可以更清晰地观察到 6 号岩样渗流曲线中两段渗流区域的存在。图 3-1-13 中的①段对应于图 3-1-12 中的低速上凹型非线性段，②段对应于图 3-1-12 中的拟线性段。图 3-1-13 中可清楚观察到截然不同的两段气体（视）有效渗透率变化特征和临界点的存在。临界点右端的①段显示：随实验压力的增加，气体（视）有效渗透率增大；临界点左端的②段显示：随实验压力的增加，气体（视）有效渗透率减小。显然，造成这两段曲线特征的作用机理是不同的。

三、低渗岩石特殊渗流机理

造成含水岩石呈现上述三种特征的原因主要有三个方面：其一是由于气体在岩石中的滑脱效应，其二是由于含水岩石中水堵塞了孔隙喉道，其三是由于毛管力的影响。研究发现：多孔介质中存在着三种毛细管力，第一种是毛细管管径变化造成的，方向与毛细管本身的延伸方向平行；第二种是非润湿相运动所产生的润湿滞后造成的，方向也与毛细管本身的延伸方向平行；第三种方向垂直于毛细管壁指向非润湿相。第二种毛细管力总是阻碍非润湿相的运动，但当运移速率极其缓慢时可以忽略。第三种毛细管力总是起到增大非润湿相运动的摩擦力的作用，而且毛细管越细，该毛管力越大，因而造成的阻力也越大。因此，当岩样含残余水时，由于孔喉壁上束缚水膜的存在，低渗岩样的孔喉近一步减小，从而使岩样非达西渗流特征更加明显，降低了岩样的气体渗透率。当岩石孔隙喉道较大、含水饱和度较低时，低渗含水岩石中的气体滑脱效应占主导地位，表现在渗流曲线直线段在流速轴上的截距为正，在实验压差为零时，气体渗流速度不为零（图 3-1-8），同时，随平均压力的增加，气体密度增加，气体分子的平均自由程减小，气体的有效渗透率降低（图 3-1-9）。

而当含水岩样孔隙喉道较小、含水饱和度较高时，水膜水可能完全堵塞孔隙喉道，气体渗流必须首先突破水膜的束缚，表现在只有当压差达到一定值后，气体才会开始流动（即存在启动压差），同时由于第三种毛管力产生的附加阻力的影响，气体有效渗透率随平均压力的增加而增加（图 3-1-10、图 3-1-11）。对 6 号岩样，气体渗流曲线则同时表现出了上述两个方面的特征，即在气体渗流曲线上存在一"临界点"，当平均压力低于临界点压力时，水对孔隙喉道的堵塞作用和第三种毛管力的影响居于主导地位，表现在气体渗流存在启动压差，且气体有效渗透率随平均压力的增加而增加。而当平均压力大于临界点压力后，压力较高，气体滑脱效应占主导地位，表现在气体渗流曲线的直线段在流速轴上的截距为正，且气体有效渗透率随平均压力的增加而降低（图 3-1-12、图 3-1-13）。可见，该临界点具有明确的意义，它区分了毛管力和滑脱效应两种不同作用机理对气体渗流特征的影响。临界点压力的高低，反映两种不同的作用机理影响的程度。

分析认为，图 3-1-8～图 3-1-11 反映的渗流特征实际是图 3-1-12、图 3-1-13 反映的渗流特征的两个特例。图 3-1-8、图 3-1-9 所示渗流特征表示实验所用岩样的临界压力太低，以至于在渗流曲线中无法观察到低速上凹型曲线段的存在的情况。而图 3-1-10、图 3-1-11 所示渗流特征表示实验所用岩样的临界压力较高，实验所用压力未达到其临界压力，气体滑脱效应并未占主导作用的情况。

第二节　低渗气藏试井分析方法及实践

试井分析方法是低渗气藏开发动态监测和储层改造前期诊断及评层选井的重要技术手段之一。运用试井分析方法再在结合测井解释等其他技术方法，可以对相关层位和相关气井的完井效率、井底污染情况、地层物性参数、地层压力、气井控制范围、气藏井间连通情况等参数进行计算，对储层是否需要进行储层改造、措施增产效果等进行估计和评价。自 20 世纪 70~80 年代以来，取名为"现代试井"的油气井动态研究方法在国际石油业界逐渐形成并完善。所谓现代试井分析，主要包括以图版为中心的一套压力资料分析方法和理论、高精度电子压力计录取的压力资料和试井解释软件的编制和应用。正是图版法的产生，奠定了现代试井的基础，图版的特征充分反映了储层动态模型的特征。

一、典型的特征图像——试井分析模式图

图版分析是现代试井的核心。在充分考虑储层边界条件以后，针对特定储层所做出的双对数特征曲线，集中反映出储层中天然气(油、水)的流动特征，称为"模式图"。决定模式图的参数有以下几个方面：

(1) 储层的基本介质类型：均质地层，双重介质地层，双渗介质地质。

(2) 储层的外边界条件：①不同的边界形状，如直线形、组合直线形、圆形、矩形及复杂形状等；②不同的边界性质，如不渗透边界、定压边界(对于油井)、半渗透边界等。

(3) 储层的平面分布状态：①储层的 K_h 值分布状态；②储层内部流体(气、油、水)分布状态。

(4) 不同的井底条件：①井底具有井储 C 和表皮系数 S 的影响；②井底连通无限导流垂直压裂裂缝；③井底连通有限导流垂直压裂裂缝；④井底有水平压裂裂缝；⑤井底连通天然裂缝系统；⑥井底部分射开等。

(5) 不同的井身结构：①直井；②水平井；③大斜度井和分支井等。

在做出模式图时，选择了一些典型的条件，这些典型条件也是气田现场已经见过的。特别指出的是，一些复杂地层的曲线，其理论上的导数特征线存在多次转折，若要完整地地显示这样的特征曲线，有的要达到 10 个以上的对数周期。按目前的仪表性能，第一个测试点以 1s 录取，整个测试时间需 300 年以上。显然这样的理论曲线只能具有理论价值，在现场应用中毫无意义。表 3-2-1 为目前气田开发现场经常可以遇到响应实测的模式图形。

表 3-2-1　气井试井常见模式图形及特征分析

模式图编号	地层及边界条件	地层条件图示	模式图	参数特征
M-1	均质地层 C 井筒储集系数 表皮系数 S 无限边界	◉		a-b-c 续流段 c-d 径向流段

模式图编号	地层及边界条件	地层条件图示	模式图	参数特征
M-2	双重介质地层 井筒储集系数 C 表皮系数 S 裂缝和总系统两个径向流			a-b 续流段 b-c 裂缝径向流段 c-d 过渡流段 d-e 总系统径向流段
M-3	双重介质地层 井筒储集系数 C 表皮系数 S 只有总系统径向流			a-b-c 续流段 c-d 过渡流段 d-e 总系统径向流段
M-4	均质地层 井筒储集系数 C 裂缝表皮系数 S_r 无限导流垂直裂缝			a-b 续流段 b-c 线性流段 c-d 过渡流段 d-e 拟径向流段
M-5	均质地层 井筒储集系数 C 裂缝表皮系数 S_r 有限导流垂直裂缝			a-b 续流段 b-c 双线性流段 c-d 过渡流段 d-e 拟径向流段
M-6	均质地层 井筒储集系数 C 表皮系数 S 地层部分射开			a-b 续流段 b-c 部分径流段 c-d 过渡流段 d-e 地层径向流段
M-7	均质地层 井筒储集系数 C 表皮系数 S 复合地层(内好、外差)			a-b 续流段 b-c 内区径向流段 c-d 过渡流段 d-e 外区径向流段
M-8	均质地层 井筒储集系数 C 表皮系数 S 复合地层(内好、外好)			a-b 续流段 b-c 内区径向流段 c-d 过渡流段 d-e 外区径向流段
M-9	均质地层 井筒储集系数 C 表皮系数 S 单一直线不渗透边界			a-b 续流段 b-c 径向流段 c-d 过渡流段 d-e 断层反映段
M-10	均质地层 井筒储集系数 C 表皮系数 S 直线夹角不渗透边界			a-b 续流段 b-c 径向流段 c-d 过渡流段 d-e 断层反映段

续表

模式图编号	地层及边界条件	地层条件图示	模式图	参数特征
M-11	均质地层 井筒储集系数 C 表皮系数 S 近方形封闭边界			a-b-c 续流段 c-d 径向流段 d-e_1 压降曲线边界反映段 d-e_2 压力恢复曲线边界反映段
M-12	均质地层 井筒储集系数 C 表皮系数 S 条带形不渗透边界			a-b-c 续流段 c-d 径向流段 d-e 边界线性流段
M-13	均质地层 井筒储集系数 C 压裂井 条带形不渗透边界			a-b 续流段 b-c 线性流段 c-d 拟径向流显示段 e-f 边界反映线性流段
M-14	井筒储集系数 C 表皮系数 S 区带状组系性裂缝			a-b A 区径向流段 b-c A 区边界反映及过渡段 c-d-e C 区流动段
M-15	井筒储集系数 C 表皮系数 S 复杂组系性裂缝			a-b 续流段 b-c A 径向流段 c-d 边界反映段 d-e B、C 等外区供气段
M-16	均质地层 井筒储集系数 C 表皮系数 S 水平井			a-b 续流段 b-c 垂向径向流段 c-d 线性流段 d-e 拟径向流段

二、均质地层试井模型及曲线特征

(一) 均质地层的渗流特征图

1. 气田中的均质地层

均质地层的气田不但单个储集体规模不大，而且储集条件差异也是非常大。这无疑对开发工作带来了许多困难。但对储层的动态特征深入研究后不难发现，虽然从地质上看研究对象千差万别，但它们有一个共同的特点，即在有限的区域内，多数储层的分布形态仍然是大体均一的。

基于上述认识,在试井研究中提出了"均质地层"的概念。虽然截至目前,有关均质地层并没有严格的定义,但这一概念仍为油藏工程师普遍接收和应用。若要对均质地层加以描述的话,有如下几点人们已取得共识:

(1)不管是孔隙型的或是裂缝型的,在井控的有效范围内,储层参数(K、ϕ 等)从宏观上看都是接近均一的。

(2)从试井曲线上反映出来的流动特征看,在有限区域内表现为径向流动(或拟径向流动),没有出现明显的流动受阻或变畅的现象。

尽管自然界不可想象会存在均质的地质条件,但是,动态特征中的"均质介质现象"在气田现场却是屡见不鲜:

(1)在台南、涩北气田中,屡屡测到均质特征曲线,而且多表现为大范围的均质特征。

(2)在克拉2气田,虽然白垩系巨厚砂岩横向差异很大,气藏内又分布着大量的小落差断层,但在测试时间内的不稳定试井曲线中,却显现出均质特征。

(3)靖边气田打开的是奥陶系的灰岩裂缝性储层,地质家描述为双重介质甚至多重介质。但除个别井区外,多数井并未表现出双重介质特征。而且是在数百米,甚至一千米的范围以外才表现出储层参数的变化。

(4)四川盆地的气井,所处的地质条件复杂,作为碳酸盐岩储层,不但裂缝、孔、洞很发育,同时受到复杂构造运动的影响,但仍有相当数量的气井表现出均质地层的特征。

因此,分析均质地层的渗流曲线特征,成为气田动态研究中的重要内容。

2. 定位分析

如果从气田现场录取到两条压力恢复曲线,一条见图3-2-1(a),另一条见图3-2-1(b),有的人可能会认为这反应的是两个完全不同的地层。

但实际上这是同一口井的测试资料。所不同的是,图3-2-1(a)曲线在测试是采用井口关井的方法,对于井深超过3000m的气井,井储系数 C 可达 $1\sim3m^3/MPa$,当地层渗透率 K 较小时,续流段会很长,测得的是一条没有实用价值的曲线。而图3-2-1(b)则采用了井下关井阀关井测压,因而取得了续流段很短,但径向流很长的曲线。通过后面这样一条曲线,可以准确地计算地层参数 K、S 等。

(a)　　　　　　　　　　　　(b)

图3-2-1　同一口井不同测试条件下的压力恢复曲线图

图3-2-2画出了一条完整录取的压力恢复曲线,它包含了续流段,过渡段和径向流段。图3-2-2所示的曲线是画在无量纲坐标下的,它以 $C_D e^{2s}$ 为参变量。

当把这些曲线返回到有量纲坐标下时,曲线长度是有限制的,原因:

（1）录取时间具有下限。初期点，或者说第一点只能以秒计（电子压力计）或者以分计（机械式压力计）。

（2）录取时间有上限。机械式压力计连续工作只有数小时或数十小时，电子压力计虽可大大延长，但受现场条件限制。

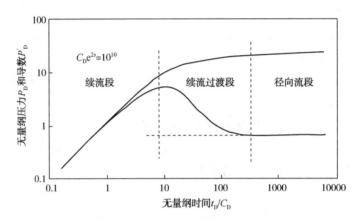

图 3-2-2　完整录取的均质地层压力恢复曲线图

（3）压力录取有下限。电子压力计约 0.0001MPa，机械压力计约 0.001~0.01MPa。

这样在图 3-2-2 上，实测曲线的首、尾时间为：

$$\left(\frac{t_D}{C_D}\right)_{首或尾} = 2.262 \times 10^{-2} \frac{Kh}{\mu C} \cdot \Delta t_{首或尾} \tag{3-2-1}$$

压力下限为：

$$p_D = 0.54287 \frac{K\mu}{qB\mu} \cdot \Delta p_{首} \tag{3-2-2}$$

若取 $\Delta t_{首} = 1\text{min}$，$\Delta t_{尾} = 4\text{h}$，$\Delta p_{首} = 0.01\text{MPa}$，可以在图 3-2-2 中找出实测曲线所处的位置。表 3-2-2 举出几个例子，列出相应参数，曲线定位情况见图 3-2-3。

表 3-2-2　定位分析举例

实例序号	实例参数							曲线位置		
	$(K/\mu)/\left(\dfrac{10^{-3}\mu m^2}{MPa \cdot m}\right)$	H/m	$C/\left(\dfrac{m^3}{MPa}\right)$	$\Delta t_{首}$ /min	$\Delta t_{尾}$/h	$\Delta p_{首}$ /MPa	$qB/\left(\dfrac{m^3}{d}\right)$	$\left(\dfrac{t_D}{C_D}\right)_{首}$	$\left(\dfrac{t_D}{C_D}\right)_{尾}$	p_D
1	100	10	0.1	1	4	0.01	10	3.8	905	0.453
2	1500	30	0.5	1	4	0.01	100	33.9	8140	2.44
3	50	1	0.1	1	4	0.01	10	0.19	45.2	0.027

从图 3-2-3 中可以看出，例 1 可测到一条既有续流段（b-c），又有径向流（d-e）的完整曲线；例 2 只有经向流段（d-e-f），缺失续流段；例 3 则只有续流段及过渡段（a-b-c），缺失径向流。

这样的定位分析同样可以应用于半对数曲线（图 3-2-4）。

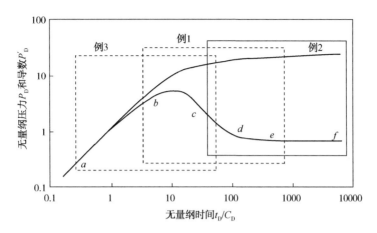

图 3-2-3 定位分析举例(双对数)示意图

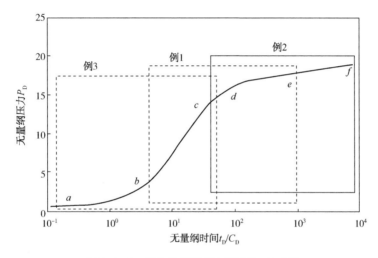

图 3-2-4 定位分析举例(单对数)示意图

3. 均质地层定位分类模式图

(1) $C_D e^{2s}$：图形参数，无量纲；

(2) K_h/μ_c：位置参数，$[10^{-3}\mu m^2 \cdot m/(mPa \cdot s)]/(m^3/MPa)$。

并且把上述参数组个分成 7 个档次：

(1) 对图形参数 $C_D e^{2s}$，分成 0.1、1、10、10^4、10^{10}、10^{20}、10^{30} 等间隔；

(2) 对于位置参数 K_h/μ_c，分成 100、300、800、2000、6000、20000、70000 等间隔。

对图版所示的标准曲线进行定位分析后，得到 49 幅模式图，其分类情况见表 3-2-3。

表 3-2-3 中用粗实线把模式图分为左右两个区域：

(1) 右方一类在一般情况下，用机械式压力计或电子压力计都可以测到具有径向流直线段的曲线，顺利地用来进行图形分析并可用试井软件解释参数；

(2) 在分隔线的左方，用小时时间测压，得不到径向流直线段。

从表 3-2-3 中可以看出，如果一口井从井口关井的测试中得到了一条压力恢复曲线，其双对数图如表 3-2-3 中 M-1-11 所示，也就是说大致有如下参数：$C_D e^{2s} = 10^4$，$K_h/\mu_C =$ 300。这样的曲线只测到续流段，是无法用来进行参数解释的。

对于一口采用井口关井进行测试的气井，其井储系数大约为 $3m^3/MPa$，可以推算，该井流动系数值大致为 $K_h/\mu_C \approx 900 \times 10^{-3} \mu m^2 \cdot m/(mPa \cdot s)$。如果采用井下关井阀关井测压，可以使井储系数变小，预计达到 $C = 0.05 m^3/MPa$。此时位置参数变化为：$K_h/\mu_C = 1800$ $[10^{-3} \mu m^2 \cdot m/(mPa \cdot s)]/(m^3/MPa)$。

表 3-2-3 地质地层定位分析模式图分类表

$C_D e^{2s}$ ＼ K_h/μ_C	100 (很低)	300 (低)	800 (较低)	200 (中等)	600 (较高)	20000 (高)	70000 (很高)
0.1(很低)	M-1-1	M-1-8	M-1-15	M-1-22	M-1-29	M-1-36	M-1-43
1(低)	M-1-2	M-1-9	M-1-16	M-1-23	M-1-30	M-1-37	M-1-44
10(较低)	M-1-3	M-1-10	M-1-17	M-1-24	M-1-31	M-1-38	M-1-45
10^4(中等)	M-1-4	M-1-11	M-1-18	M-1-25	M-1-32	M-1-39	M-1-46
10^{10}(较高)	M-1-5	M-1-12	M-1-19	M-1-26	M-1-33	M-1-40	M-1-47
10^{20}(高)	M-1-6	M-1-13	M-1-20	M-1-27	M-1-34	M-1-41	M-1-48
10^{30}(很高)	M-1-7	M-1-14	M-1-21	M-1-28	M-1-35	M-1-42	M-1-49

从上面得到的定位参数值可看到，改变测试方法后，曲线将接近模式图 M-1-39 的模式。此时曲线形态大大改观，虽然续流段稍有缺失，但具有完整的径流段，可以用来准确地计算地层参数。

（二）现场实测例

在气藏试采初期共开展了 48 口直井的压力恢复试井，每条压力恢复曲线均采用《DHC 现代试井解释软件》处理。2009 年 3 月利用磨溪净化厂检修时机，开展了 3 口直井的压力恢复试井，其中磨 77 井采用高精度的井底电子压力计进行测压，另外两口井磨 65 井和磨 137 井采用井口测压，主要采用法国 Kappa 公司研制的试井解释软件 Ecrin V4.10 Saphir 软件进行分析，同时融入了研究所在长期的试井实践和理论研究过程中积累的成果和认识。

直井恢复曲线表现为均质储层有 8 口井，双重介质储层的有 28 口井(包括双孔隙介质和双渗透介质)，表现井底垂直压裂裂缝有 3 口井。

如磨 53 井压力恢复曲线(图 3-2-5)，这类井地层储集空间和渗流通道均为单一孔隙介质，且各处物性基本相等。其压力恢复曲线的双对数曲线可以拟合均质模型的一条样板曲线，双对数和压力导数曲线早期由于井筒储存的影响，

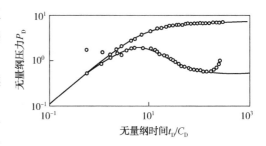

图 3-2-5　磨 53 井压力恢复曲线图

表现为斜率为 1 的直线段，然后导数曲线过渡到水平线段，达到径向流，双对数曲线变为平缓。

三、双重介质地层试井模型及曲线特征

(一)双重介质地层低速非达西渗流试井理论模型

地层中的裂缝发育是低渗透气藏具备工业产能的必要条件，地层裂缝是网状分布，采用双孔单渗模型描述低渗透气藏中气体渗流规律，符合实际情况。考虑水平、等厚的双孔单渗介质地层，裂缝系统内存在低速非达西渗流临界压力梯度效应，但忽略启动压差效应，这时的平面径向流数学模型为：

$$\begin{cases} \dfrac{\partial^2 p_{Df}}{\partial r_D^2}+\dfrac{1}{r_D}\dfrac{\partial p_{Df}}{\partial r_D}+\dfrac{\lambda_D e^{-s}}{r_D}+\lambda e^{-2s}(p_{Dm}-p_{Df})=\dfrac{\omega}{C_D e^{2s}}\dfrac{\partial p_{Df}}{\partial(t_D/C_D)} \\ \dfrac{1-\omega}{C_D}\cdot\dfrac{\partial p_{Dm}}{\partial t_D}+\lambda(p_{Dm}-p_{Df})=0 \end{cases} \tag{3-2-3}$$

式中，m 代表基岩；f 代表裂缝；λ 为窜流系数；ω 为裂缝弹性储能比。定解条件为：

$$p_{Df}(r_D,\ 0)=p_{Dm}(r_D,\ 0)=0 \tag{3-2-4}$$

$$\lim_{r_D\to\infty}p_{Df}(r_D,\ t_D/C_D)=0 \tag{3-2-5}$$

$$C_D\cdot\dfrac{dp_{wD}}{dt_D}-\dfrac{\partial p_D}{\partial r_D}\bigg|_{r_D=1}=1+\lambda_D e^{-s} \tag{3-2-6}$$

若考虑变井储内边界条件，则有：

$$C_D\left(\dfrac{dp_{wD}}{dt_D}-\dfrac{dp_{wD}}{dt_D}\right)-\dfrac{\partial p_D}{\partial r_D}\bigg|_{r_D=1}=1+\lambda_D e^{-s} \tag{3-2-7}$$

经拉普拉斯(Laplace)变换，可求得以上试井模型在拉普拉斯(Laplace)空间中的井底压力解：

$$\bar{p}_{wD}=\dfrac{K_0[f(z)]}{zK_0[f(z)]+f(z)K_1[f(z)]}\left\{\dfrac{1+\lambda_D e^{-s}}{z}+\dfrac{\pi\lambda_D e^{-s}}{2z}I_1[f(z)]-\dfrac{\pi\lambda_D e^{-s}}{2f(z)}I_0[f(z)]+z\bar{p}_{\phi D}\right\}+$$

$$\dfrac{\pi\lambda_D e^{-s}}{2zf(z)}I_0[f(z)] \tag{3-2-8}$$

对于拟稳定窜流：

$$f(z) = \left\{ u \left[\frac{\omega(1-\omega) \cdot u + \lambda e^{-2s}}{(1-\omega) \cdot u + \lambda e^{-2s}} \right] \right\}^{\frac{1}{2}} \qquad (3-2-9)$$

其中：

$$u = z / C_D e^{2s}$$

令 $\omega = 0$ 这时式(3-2-9)变为：

$$f(z) = \frac{\lambda e^{-2s} z}{z + \lambda C_D} \qquad (3-2-10)$$

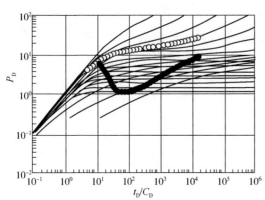

图 3-2-6　双孔单渗拟稳定窜流低速
非达西渗流试井曲线图版

由于在窜流段 $z \geqslant \lambda C_D$ 则：

$$f(z) = \sqrt{\lambda e^{-2s}} \qquad (3-2-11)$$

将式(3-2-11)代入式(3-2-8)可计算拟稳定窜流段理论曲线。

图 3-2-6 是双孔单渗拟稳定窜流低速非达西渗流试井理论曲线图版，它由一组均质地层试井模型样板曲线簇和一组窜流段样板曲线族构成。图版中窜流段曲线参数 λe^{-2s} 分别为：$8×10^{-11}$、$5×10^{-9}$、10^{-6}、$3×10^{-5}$、$2×10^{-4}$、0.001、0.005、0.0125、0.035、0.09、0.2、0.25，低速非达西渗流参数 $\lambda_D e^{-s} = 10^{-6}$。

对于非稳定窜流：

$$\begin{cases} \text{球状基质：} f(z) = \left\{ \frac{z}{C_D e^{2s}} \left[\omega + \frac{1}{5} \frac{\lambda C_D}{z} \left(\sqrt{\frac{15(1-\omega)z}{\lambda C_D}} coth \sqrt{\frac{15(1-\omega)z}{\lambda C_D}} - 1 \right) \right] \right\}^{\frac{1}{2}} \\ \\ \text{层状基质：} f(z) = \left\{ \frac{z}{C_D e^{2s}} \left[\omega + \left(\sqrt{\frac{\lambda C_D (1-\omega)}{3z}} tanh \sqrt{\frac{3(1-\omega)z}{\lambda C_D}} \right) \right] \right\}^{\frac{1}{2}} \end{cases}$$

$$(3-2-12)$$

利用式(3-2-12)，令 $\omega = 0$，可得：

$$\begin{cases} \text{球状基质：} f(z) = \left(\frac{1}{5} \sqrt{\frac{15z}{\beta}} \right)^{\frac{1}{2}}, & \beta' = \frac{C_D e^{2s}}{\lambda e^{-2s}} \\ \\ \text{层状基质：} f(z) = \left(\sqrt{\frac{z}{3\beta}} \right), & \beta' = \frac{C_D e^{2s}}{\lambda e^{-2s}} \end{cases} \qquad (3-2-13)$$

将式(3-2-13)代入式(3-2-8)，可计算不稳定窜流段曲线。

（二）双重介质地层试井特征图

就碳酸盐岩气藏储层而言，多数储层的储集空间为孔隙、裂缝及溶洞的组合类型，很少为单一的孔隙型或单一的裂缝型，多数表现为双重介质的储渗空间。双重介质的储层具有裂缝和总系统径向流的双重介质特征（图3-2-7、图3-2-8）。

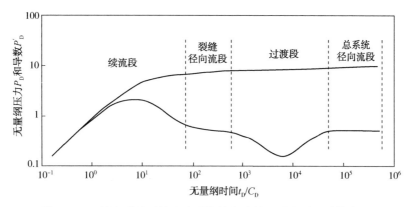

图 3-2-7　具有裂缝系统和总系统径向流的双重介质地层模式图

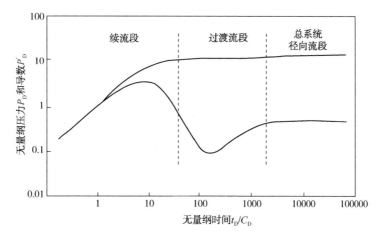

图 3-2-8　具有裂缝系统和总系统径向流的双重介质地层模式图

（1）从图 3-2-7 中可以看出：

① 在裂缝流动段将会产生裂缝径向流。

② 裂缝径向流之后，由于基质岩块开始向裂缝供给油气流，平抑了裂缝中压力的下降，以致使压力导数向下凹，表现为过渡流。压力导数的过渡段是双重介质地层模式图形的最为重要的特征。

③ 当裂缝压力与基质压力达到某种动态平衡后，裂缝以基质一同参与压力下降，形成总系统径向流，压力导数再一次呈现水平直线段。

这就是具有两个径向流段的双重介质地层流动特征。

（2）从图 3-2-8 中可以看出，缺失裂缝径向流段是这种双重介质曲线的特征：

① 原本对应裂缝流动段的裂缝经向流水平线，由于测试井具有较大的井储系数 C，使续流段右移；或者是由于地层具有较大的串流系数 λ，使过渡段向早期（左方）移动，一致掩盖了这一段曲线。致使裂缝径向流的导数水平线缺失。

图 3-2-9 反映了这种蜕变过程。原本无量纲井储系数值为 $C_D = 10^3$，曲线表现为具有两个径向流段。但井储系数增大为 $C_D = 10^5$ 以后，井储系数影响掩盖了裂缝径向流段，使得曲线只剩下总系统径流段。

② 作为双重介质地层特征的过渡流导数曲线下凹段，仍然是这类曲线的主要特征。

③ 在过渡段以后，呈现总系统径向流段。

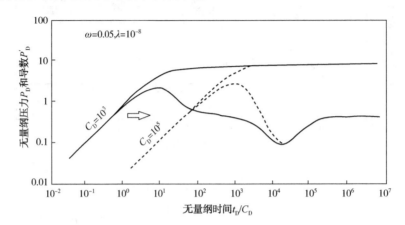

图 3-2-9　井储系数影响双重介质地层曲线特征示意图

（三）现场实例

双重介质试井主要包括双孔隙和双渗透介质模型。

1. 双孔隙介质型

如磨 63 井、磨 108 井、磨 65 井和磨 137 井压力恢复曲线（图 3-2-10～图 3-2-13）。这类井地层储集空间存在两种不同量级的孔隙介质（如孔隙、裂缝），其中一种孔隙介质为主要储集空间，另一种孔隙介质作为主要流动通道，它又分为介质间拟稳定窜流和介质间不稳定窜流两种。

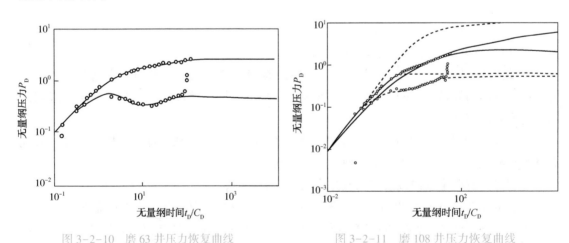

图 3-2-10　磨 63 井压力恢复曲线　　　　　图 3-2-11　磨 108 井压力恢复曲线

磨 63 井为介质间拟稳定窜流型，磨 108 井为介质间不稳定窜流型，它们的压力恢复曲线在早期裂缝系统（高渗系统）流动和晚期整个系统流动分别拟合窜流图版的一条样板曲线。早期裂缝系统的流动往往被井筒储存影响所掩盖，双对数及导数曲线均表现为斜率为 1 的直线段。在过渡段，若曲线表现为拟稳定窜流，则双对数窜流段可以拟合稳定窜流图版的一条样板曲线，压力由原本上升变为平缓，然后又上升，导数曲线上出现一个明显的"凹子"。最后达到整个系统的径向流阶段，压力导数曲线沿0.5直线变化，当过渡段表现为介质间不稳定窜流时，其双对数窜流段拟合不稳定窜流图版，若这一阶段达到径向流，其导数曲线呈现0.25的水平直线，然后达到整个系统的径向流阶段，曲线上升到0.5水平段。

磨137井关井后压力恢复曲线出现3个明显的变化阶段，其原因主要是由于井下存在杂物以及$MgCl_2$等黏稠物，使得井筒内气体不连续流动。本次解释采用的是第一个压力恢复段，解释效果较好，压力导数曲线呈现双重介质的"凹子"特征(图3-2-12)，弹性储容比为0.0365，窜流系数7.43×10^{-5}，储容比较小说明地层流动以基质为主，裂缝主要起导流作用；试井解释的总表皮系数较小(-3.28)，说明井底未受到污染。

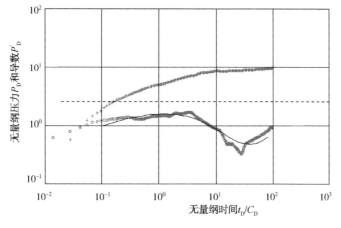

图3-2-12　磨137井双对数拟合曲线

磨65井此次试井录取数据质量较好，试井分析诊断图上双重介质特征，解释结果有效，达到了预期的试井目的；从压力恢复双对数诊断曲线分析(图3-2-13)，早期压力与压力导数曲线重合是由于井筒储集效应的影响；压力导数曲线呈现双重介质的"凹子"特征，弹性储容比为0.0118，窜流系数2.72×10^{-6}，储容比较小说明地层流动以基质为主，裂缝主要起导流作用；本次试井解释的总表皮系数较小(-5.49)，说明井底未受到污染。

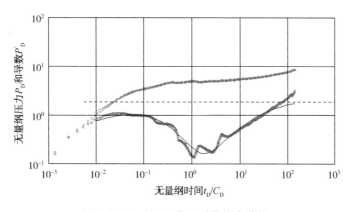

图3-2-13　磨65井双对数拟合曲线

2. 双重渗透率型

有两个以上生产层段，层间有窜流，如磨 93 井压力恢复曲线（图 3-2-14、图 3-2-15）。这类井压力恢复曲线特征为：双对数出现两个平缓段，导数曲线出现两个明显的"凹子"，单对数出现"台阶状"表现出多层段生产井压力恢复曲线特征。

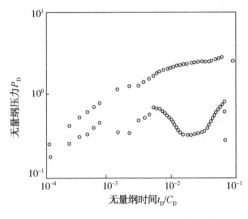

图 3-2-14　磨 93 井双对数拟合曲线　　　　图 3-2-15　磨 93 井半对数拟合曲线

根据该井钻井录井资料，在 2726.8~2733.0m 井段为针孔云岩，在 2738.0~2742.0m 井段为泥晶云岩，均解释为气层，试油时两段均射开。可见试井解释结果与钻试结果是一致的。

另外，部分压力恢复曲线导数曲线末端出现上翘现象，一般应认为是边界反映，但气藏渗透率特别低，测试多是在试油期间进行的，其关井前生产时间不够长，或关井压力恢复时间不够长，是不可能见到边界反映的，认为是由于远离井筒地区储层物性发生变化，使得导压系数发生改变而引起的，这也应当是气藏非均质性在平面上的一种表现。

四、低渗储层水平井试井模型及曲线特征

（一）地质工程背景

用水平井开发薄气田已被世界著名石油公司宣布为主打的手段。目前钻水平井技术上的发展，也已使针对特殊目标区的中的概率不断提高。但是针对水平井的试井资料录取和分析，却开展得还不够理想。究其原因，大致有以下几个方面：

（1）在水平井进行压力资料录取时，压力计一般都下到造斜段上方的直井末端位置。这一位置距离目的层不论在垂向距离上或是在井筒中的线性距离，均相距甚远。而这一段内的井流物成分很复杂，积水、积液难以排出，水平段内的起伏又造成一些气体的死区，因而难以录取到的压力更正确地反应地层情况。

（2）储层的起伏变化，加上井眼的实际穿行轨迹难以控制和规范，因此水平井钻遇的地层，常常起伏不定、断断续续，甚至重复穿过多个层段，难以建立相应的解析模型。

（3）影响试井曲线的参数较多，如果要全面确定这些参数的影响，即使针对一些简单

的地层模型，也要长达 8~10 个对数周期的录取时间，这在现场难以做到。

鉴于上述原因，虽然油田现场已实际完钻了大量的水平油气井，却难以见到比较典型的实测分析例子。但是，随着钻井技术的提高和测试手段的更新，会由更多的水平井试井资料用于现场动态分析。若果水平井按下述条件完井，这已为研究者提供了典型的特征图。

（1）地层是水平无限的、等厚的均质地层，水平渗透率为 K_x、K_y，垂向渗透率为 K_z。

（2）水平井穿入地层后，其水平段穿行轨迹是水平的，水平段长 L_e，井筒距离气层底部的距离为常数 Z_w。

井对地层的相对位置如图 3-2-16 所示。

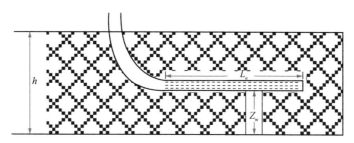

图 3-2-16 水平井穿行地层相对位置示意图

（二）典型的试井模式图

1. 所谓的典型参数

（1）水平段足够长，例如 $L_e = 300\text{m}$；

（2）钻穿的气层较厚，例如 $h = 20\text{m}$；

（3）水平段大致位于地层的中间位置；

（4）水平段未收到很大的污染伤害。

这时的压力恢复双对数图如图 3-2-17 所示，从图中可以见到如下特征：

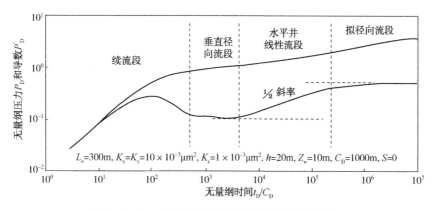

图 3-2-17 水平井压力恢复曲线典型流动特征图

（1）续流段。

（2）垂向径流段。对于较厚的地层，当水平井穿过其中时，会产生垂向径流段，但当地层较薄时，或井的续流影响较大时，这一流动段将消失或被淹没。

（3）水平井线流性流段。

这是水平井试井曲线的重要特征线段，对于具有较长水平井段的井，这一流动段将更为明显。导数表现为 1/2 斜率的上升直线。

（4）拟径向流段。

压力导数在这一段为水平直线，只有分布面积较大的地层，才能出现这一流动段。

2. 储层较薄时演变为类似压裂井的图形

当储层较薄时，垂向径向流段将消失，关井后立即显示水平段线性流段，这将类似于一般压裂井的图形特征[图 3-2-18（a）]。如果水平井段在钻完井中受到污染损害，则演化为类似存在裂缝表皮污染的压裂井的特征[图 3-2-18（b）]。

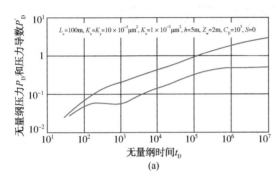
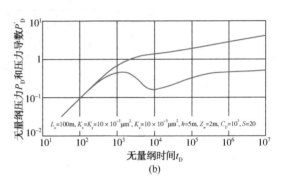

图 3-2-18　类似压裂井特征曲线的水平井试井特征曲线图

（三）现场实践

1. 磨 030-H26 井

2012 年 5 月 10 日关井后压力恢复较快，井筒内测点 2500m 处至井口无积液，实测压力曲线无异常变化，末期呈现继续上升趋势。压力与压力导数双对数曲线反映储层渗流特征，即：

（1）早期变井筒储集反映段，压力与压力双对数曲线重合，且斜率为 1。

（2）水平井早期径向流段，压力导数曲线表现为水平直线，时间段较短。

（3）水平井线性流动段，压力导数曲线表现为斜率 0.5 的直线段。

（4）近井筒附近径向流动段，压力导数曲线表现为水平直线特征。酸化对近井地带储层改造效果较好，有效改善近井地带渗流能力，但储层垂厚度较小，仅为 4.5m。

（5）曲线末端出现逐渐上升趋势，储层厚度较小且远井地带储层物性变差，呈现过渡段线性流特征，无边界反映特征（图 3-2-19、表 3-2-4）。因此选择水平井均质地层模型作为试井解释模型。

关井初期压力恢复迅速，后期曲线呈低角度持续上升状态，压力与压力导数曲线呈现井筒储集段、早期径向流段、线性流段、过渡流段等特征，酸化有效改善近井地带储层渗流能力。解释的有效渗透率为 $1.6×10^{-3} μm^2$，储层类型为孔隙型；表皮系数-2.9，酸化改造效果好，生产至今储层未受到伤害；远井地带储层物性差，压力导数曲线呈现过渡段线性流特征，无边界反映特征。

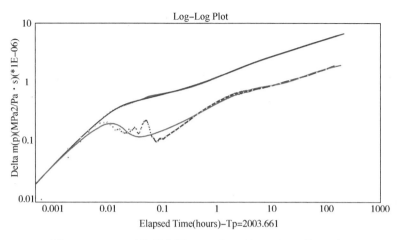

图 3-2-19 双对数拟合图(2012 年 5 月 10 日~5 月 14 日)

表 3-2-4 试井解释结果表

参 数	水平井+均质+无穷大外边界(2012 年 5 月 10 日~5 月 14 日)	单 位
井筒储集系数 C_s	1.0252	m^3/MPa
表皮系数 S	-2.9293	无因次
径向渗透率 k	1.5993	$10^{-3}\mu m^2$
垂向渗透率 k_z	0.0051	$10^{-3}\mu m^2$
地层系数 k_h	7.1969	$10^{-3}\mu m^2 \cdot m$
外推地层压力 P_i	24.3579	MPa

2. 磨 032-H1 井

磨 032-H1 井于 2017 年 8 月 2 日~8 月 17 日进行压力恢复试井测试(表 3-2-5)。磨 032-H1 井双对数曲线早期表现出水平井线性流特征,垂直径向流段消失,表现出类似压裂井特征(图 3-2-20);储层整体具有低渗特征,储层渗透率 $0.724\times10^{-3}\mu m^2$,纵向渗透率 $9.19\times10^{-3}\mu m^2$,有效水平井段 155m,与磨溪气田雷一^{1}气藏其他气井试井解释结果相比,总体物性较好。

表 3-2-5 磨 032-H1 井试井解释结果表

磨 032-H1 井	水平井+径向复合模型	磨 032-H1 井	水平井+径向复合模型
测试时间	2017 年 8 月 2 日~8 月 17 日	复合半径/m	80
井筒储集系数 C_s/(m³/MPa)	1.54	远井区渗透率/$10^{-3}\mu m^2$	0.42
表皮系数	-6.73	地层系数/($10^{-3}\mu m^2 \cdot m$)	12.7
渗透率/$10^{-3}\mu m^2$	0.724	地层压力/MPa(4500m)	25.261
纵向渗透率/$10^{-3}\mu m^2$	9.19	外推地层压力/MPa(5450.5m)	25.667
有效水平井段/m	155		

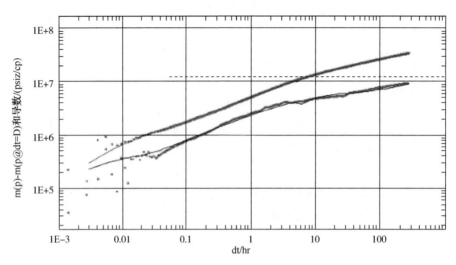

图 3-2-20 磨 032-H1 井压力恢复双对数曲线拟合图

3. 磨 38H 井

磨 38H 井先后进行了二次压力恢复试井，均表现出明显的井筒储集效应、早期径向流、线性流特征，采用均质油藏水平井模型进行解释，无边界反映(图 3-2-21)。

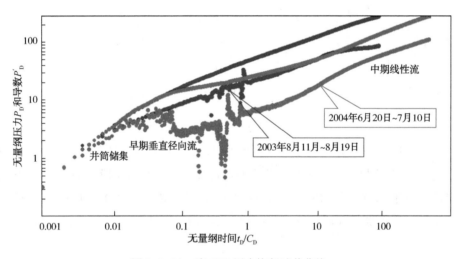

图 3-2-21 磨 38H 压力恢复试井曲线

4. 磨 75H 井

磨 75-H 井先后完成三次压力恢复试井，第一次是投产后的 2003 年 2 月 20 日~3 月 7 日，表现出水平井井筒储集效应和拟径向流特征，无径向流与边界反映。第二次是 2003 年 10 月 7 日~10 月 21 日，表现出水平井井筒储集效应和拟径向流特征，无径向流与边界反映。第三次是 2004 年 8 月 8 日~8 月 24 日，表现出明显的井筒储集效应、拟径向流与线性流特征，末期压力导数曲线呈底角上升趋势，表明远井区储层渗透性较差，无径向流与边界反映特征(图 3-2-22)。

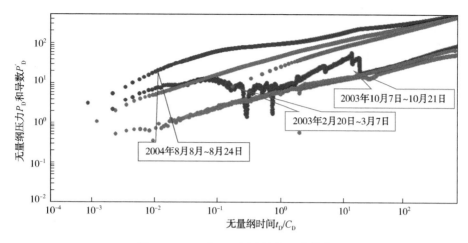

图 3-2-22 磨 75H 压力恢复试井曲线

第三节 低渗气井产能跟踪评价技术

一、气井产能测试方法

(一) 稳定试井

气井以某一稳定产量生产，直到井底流压
达到稳定，然后改变工作制度，以另一稳定产
量生产，待井底流压达到稳定后再改变工作制
度继续生产，这样重复 3～4 次（图 3-3-1），测
量每个工作制度下的产量和稳定流压，改变工
作制度的顺序一般是由低产量开始逐步加大。
在测最后一个工作制度下的流压后常常关井测
压恢复，以取得地层压力。

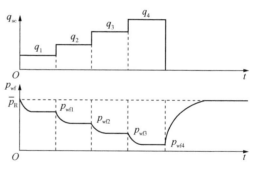

图 3-3-1 气井稳定试井示意图

本试井方法的缺陷在于测试周期较长，测试过程容易受井下事故的影响，造成产量波
动较大，需不断调产以稳定产量。

(二) 一点法测试

一点法试井测试是测试一个工作制度下的稳定压力及产量。

优点是缩短测试时间，减少气体防控，节约测试费用，降低资源浪费；缺点是测试资
料的分析带有一定的经验性和统计性，分析结果有一定的偏差。经验表明，利用该方法测
试，当测试产量为地层无阻流量的 0.36 倍时，测试结果最可靠。

(三) 等时试井

等时试井，首先以一个较小的产量开井，生产一段时间后关井恢复地层压力，待恢复
到地层压力后，再以一个稍大的产量开井生产相同的时间，然后又关井恢复，如此进行 4

个工作制度。最后以一个小的产量生产到稳定。

等时试井与系统试井相比，缩短了开井时间，但由于每个工作制度都要求关井恢复到原始压力，使得关井恢复时间较长，整个测试时间较长，测试费用较高。

确定等时试井流动时间，一般要求开井生产时间必须大于井筒效应结束时间，并且要求开井流动结束时，探测半径必须达到距井 30m 的范围，以便在流动期能够反映地层的特性，流动期时间必须要大于井筒储存效应结束的时间。确定关井时间，要求关井压力恢复到原始地层压力，便可进行下一个工作制度的测试。

（四）修正等时试井

修正等时试井（Modified Isochronal Well Testing）能够缩短低渗气井的产能测试时间，对于低渗透、致密气藏的产能测试具有较强适用性，由 Katz 等（1959）提出。修正等时试井是在等时试井的基础上发展形成的，与等时试井的区别仅是每一个工作制度生产后的关井时间与生产时间相同，而不要求关井至稳定的压力（图 3-3-2）。

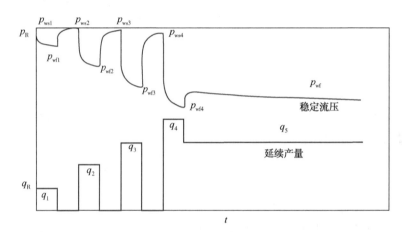

图 3-3-2　修正等时试井产量和压力序列图

由此分析可知，修正等时试井具有以下特点：

优点：每个流动期结束后无须恢复至地层压力，最后一个测点仍以小流量试气，且达到稳定流动状态。修正等时试井较常规回压试井和等时试井，缩短了测试时间，其结果与等时试井相差甚微。

缺点：严格地讲，修正等时试井仅是等时试井的近似，在资料的分析方法上存在一定的缺陷，特别在等时关井阶段压力恢复程度较低时，将会造成产能曲线反转的异常现象。

对于低渗透气藏来说，在进行修正等时试井的过程中，会出现试采瞬时测试产量大于绝对无阻流量的异常现象。其原因是：气井瞬时测试产量对生产时间没有要求，可能是生产数小时、数天的测试产量，但绝对无阻流量的获得则要求气井的流动必须达到稳定状态或拟稳态，即对气井的生产时间有较严格的要求。

修正等时试井作为适合低渗气井的产能试井方法，在国内外气田得到广泛应用。国内在实践和研究的基础上，使修正等时试井得到了进一步的发展。但在进行修正等时试井时，应该注重等时间隔的确定、产量序列的选择及延续生产时间的确定这三个方面的设计。

在气田开发初期，为了寻求适合雷一¹气藏的产能测试方法，了解气藏产能，求得气井产气方程，为气井合理配产，在试井期间进行了 2 井次系统试井和 6 口井的修正等时试井（表 3-3-1、表 3-3-2）。磨 20 井前后 2 次试井（其间累计产气 $766.00 \times 10^4 \mathrm{m}^3$）建立的产气方程有较大的差别，绝对无阻流量降低一半。主要原因是低渗气藏测试阶段的生产时间未达到试井要求的稳定条件。根据理论计算，本井若压力恢复达到稳定需要 2 个月以上的时间。

表 3-3-1　磨 20 井稳定试井成果表

井　号	测试日期	二项式			指数式		
		A	B	Q_{AOF}	C	n	Q_{AF}
磨 20	1983 年 3 月 29 日~4 月 21 日	28.9	0.71	23.34	0.0498	0.904	27.05
磨 20	1991 年 10 月 9 日~10 月 30 日	6.733	6.46	11.80	0.2379	0.5787	12.80

表 3-3-2　修正等时试井产气方程

井　号	测试日期	等时周期/h	二项式			指数式		
			A	B	Q_{AOF}	C	n	Q_{AF}
磨 21	1992 年 1 月 24 日~2 月 9 日	48	36.14	5.62	10.98	0.0736	0.7303	12.04
磨 53	1993 年 8 月 28 日~9 月 13 日	24	70.32	5.15	9.11	0.0216	0.8889	10.68
磨 64	1993 年 10 月 12 日~10 月 28 日	48	101.64	7.61	6.93	0.0161	0.8824	7.59
磨 91	1993 年 11 月 9 日~11 月 29 日	48	35.39	4.23	11.45	0.0818	0.7245	11.84
磨 95	1992 年 11 月 26 日~12 月 16 日	24	15.70	1.90	19.38	0.1621	0.6941	19.72
磨 96	1993 年 11 月 8 日~11 月 29 日	48	53.57	8.12	8.25	0.0577	0.7200	8.31

在总结磨 20 井试井经验的基础上，选择"修正等时试井"求产气方程，此方法无需要求每一测点生产制度的稳定，只要确定恰当的"等时周期""产量序列"和完好的测试工艺，避免了低渗气藏难于达到生产稳定的条件。

二、气井产能分析方法

（一）二项式

气井产能评价中我们通常采用二项式产能公式：

$$p_{\mathrm{R}}^2 - p_{\mathrm{wf}}^2 = A q_{\mathrm{sc}} + B q_{\mathrm{sc}}^2 \qquad (3-3-1)$$

式中，A 为层流系数，是气体流动过程中的黏滞力所引起的压力损失；B 为紊流系数，是气体渗流惯性力所引起的压力损失。当生产压差较小，气井产量较小时，地层中气体流速较低，主要是第一项在起作用，气体流动表现为线性流动，气井产量与压差之间成直线关系。当气井产量增大，随着气体流速增大，第二项逐渐起着主要作用，气体流动表现为非线性流动，气井产量和压差之间不成直线关系，而是抛物线关系。

李颖川等（2010）在直井、水平井（Joshi、Borisov 和 Giger 等）产能公式的基础上，考虑气体的紊流效应，明确了不同井型系数 A 和 B 的意义：

$$A = \frac{12.7T\overline{\mu Z}}{kh}F \qquad (3-3-2)$$

$$B = \frac{12.7T\overline{\mu Z}}{kh}D \qquad (3-3-3)$$

$$D = \frac{2.21 \times 10^{-14}\gamma_g\beta k}{hr_w\mu} \qquad (3-3-4)$$

F 为与井型、表皮系数和井眼及气藏几何参数相关的函数（表 3-3-3）。

表 3-3-3 不同井型及方法对应 F 函数

井型及方法	F 函数	井型及方法	F 函数
直井	$\ln\frac{0.472r_e}{r_w} + s$	水平井 Borisov 法	$\ln\frac{4r_e}{L} + \frac{h}{L}\ln\frac{h}{2\pi r_w} + S$
水平井 Joshi 法	$\ln\frac{\gamma + \sqrt{\gamma^2 - L^2/4}}{L/2} + \frac{h}{L}\ln\frac{h}{2r_w} + S$	水平井 Giger 法	$\ln\frac{1 + \sqrt{1-(L/2r_w)^2/4}}{L/2} + \frac{h}{L}\ln\frac{h}{2\pi r_w} + S$

注：表中 γ 为椭球体长半轴，m。

$$\gamma = \frac{L}{2}\left[0.5 + \sqrt{(2r_e/L)^4 + 0.25}\right]^{0.5} \qquad (3-3-5)$$

远离井底区域气体流速较低，而在井底附近，由于汇流现象，流量不断增大，而高速非达西流动则只出现在井底附近一定范围内。

康晓东（2006）根据雷诺数判断将直井流动区域划分为两个区域，外部的线性流动区域和内部的高速非达西流动区域。

$$A = \frac{12.7T\overline{\mu Z}}{kh}\left(\ln\frac{0.472r_e}{r_w} + s - \frac{9.738 \times 10^{9.5}\mu h\phi^{1.5}p}{ZTk^{0.5}}\right) \qquad (3-3-6)$$

$$B' = \frac{12.7T\overline{\mu Z}}{kh}D' \qquad (3-3-7)$$

$$D' = D - \frac{8.263 \times 10^{1.5}\phi^{1.2}p}{ZTk^{0.7}}\frac{1}{q_{sc}} \qquad (3-3-8)$$

张黔川（2004）认为高速非达西流动仅发生在井底附近 10 倍井径的区域，并对水平井二项式产能公式进行研究，明确了水平井二项式产能公式系数 A、B 的意义。

$$A = \frac{12.7T\overline{\mu Z}}{2kh}\left[\ln\frac{H^2}{2r_w^2\ln(2L/r_n)} + s\right] \qquad (3-3-9)$$

$$B = \frac{2.974 \times 10^{-15}\beta\gamma_g T\overline{Z}}{L^2}\left(\frac{1}{r_w} - \frac{1}{r_b}\right) \qquad (3-3-10)$$

式中，A 为层流系数，$MPa^2 \cdot d/10^4 m^3$；B 为紊流系数，$(MPa \cdot d/10^4 m^3)^2$；q_{sc} 为标准状态下的产气量，$10^4 m^3/d$；D 为非达西系数，$10^4 d/m^3$；k 为渗透率，$10^{-3} \mu m^2$；μ 为气体黏度，$mPa \cdot s$；Z 为气体偏差系数；T 为气层温度，K；h 为气层有效厚度，m；r_w 为井底半径，m；r_e 为泄气半径，m；S 为表皮系数，无量纲；p_r 为地层压力，MPa；p_{wf} 为井底流压，MPa；H 为水平井泄流区短轴长度，m；L 为水平井长度，m；r_n 为非达西流旋转椭球区域的短半轴，通常取 $10r_w$，m；β 是影响惯性阻力的空隙结构参数，$1/m$，目前存在很多基于实验得到的经验公式。

对于单相流，岩石惯性阻力系数常用相关式估算：

$$\beta = 7.64 \times 10^{10}/k^{1.2} \tag{3-3-11}$$

对于多相流，Kutasov 利用半理论的方法得到了 β 的计算公式：

$$\beta = \frac{0.005}{\phi^{5.5}(kk_r)^{0.5}(1-s_{wr})^{5.5}} \tag{3-3-12}$$

气井的绝对无阻流量为：

$$q_{AOF} = \frac{-A+\sqrt{A^2+4Bp_R^2}}{2B} \tag{3-3-13}$$

由式(3-3-13)可知：气井产能受产能方程系数 A、B 及地层压力的影响，影响产能方程参数 A、B 的因素便是影响气井产能的影响因素。

（二）指数式

Rawlins 和 Schelhardt 通过研究总结出了一种指数式气井经验产能方程。它描述在一定的平均地层压力时，产量与井底流压之间的关系写为：

$$q_{sc} = C(p_R^2 - p_{wf}^2)^n \tag{3-3-14}$$

式中，q_{sc} 为日产气量，$10^4 m^3/d$；p_R 为平均地层压力，MPa；p_{wf} 为井底流动压力，MPa；C 为系数，$(10^4 m^3/d)(MPa)^{-2n}$；n 为指数。

正确试井所取得的 n 值，通常在 0.5~1.0。

$n=1$，气流入井相当于层流，说明井底附近没有发生与流量相关的表皮效应，完全符合达西渗流规律。

$n=0.5$，表示气流入井完全符合非达西渗流规律。

n 由 1.0 向 0.5 减小，说明井底附近的视表皮系数可能增大。在测试过程中，如果井下积液随流量的增大而喷净，或者其他工艺等原因。

可能出现 $n>1$ 的情况，$n>1$ 说明试井存在问题，需查明原因，重新进行试井。

当压力流量未达稳定时，C 是时间的函数。

气井的绝对无阻流量 Q_{AOF}，即：

$$q_{AOF} = C(p_R^2)^n \tag{3-3-15}$$

（三）一点法公式

一点法产能方程，其理论源自二项式产能方程。

在计算无阻流量时，取 $p_{wf} = 0.101$，与二项式产能方程相除可得：

$$\frac{p_R^2 - p_{wf}^2}{p_R^2} = \alpha \frac{q_g}{q_{AOF}} + (1-\alpha)\left(\frac{q_g}{q_{AOF}}\right)^2 \qquad (3-3-16)$$

$$\alpha = \frac{A}{A + Bq_{AOF}} = \frac{F}{F + Dq_{AOF}} \qquad (3-3-17)$$

式中，A、B、F 物理意义与李颖川（2010）产能公式中意义相同。

求解式(3-3-17)得一点法产能公式：

$$q_{AOF} = \frac{2(1-\alpha)q_g}{\alpha\left(\sqrt{1 + 4\frac{1-\alpha}{\alpha^2}p_D} - 1\right)} \qquad (3-3-18)$$

$$p_D = \frac{p_R^2 - p_{wf}^2}{p_R^2} \qquad (3-3-19)$$

陈元千教授根据国内 10 余个气田的气井系统试井结果，取 α 值 0.25，根据式(3-3-19)得到单点法经验产能公式为：

$$q_{AOF} = \frac{6q_g}{\sqrt{1 + 48p_D} - 1} \qquad (3-3-20)$$

根据 α 定义，其大小取决于 q_{AOF}、A、B 等值的大小。储层厚度、物性、井型等因素都会影响到 α 的取值。

对于同一地区、同一类型气田(气藏)地质特征差异不大，特定井型的 α 值也相差不大，而不同类型气田(气藏)地质特征差异大，其 α 值差异大。因此，若要建立一个气田的单点产能计算公式，必须要在丰富的多点稳定试井的基础上，方可获得具有代表性的计算公式。

三、现代产量递减分析法

Arps 法、Fetkovich 法及 Blasingame 法本质上都属于经验做法，后两者都是基于 Arps 法推导来的；若从本质上区分 Fetkovich 法及 Blasingame 法，那就是 Fetkovich 法在非稳态阶段的递减规律服从指数递减，而 Blasingame 法在非稳态阶段的递减规律服从调和递减。Arps 和 Fetkovich 方法假设以定井底流压生产，且须在油气藏到达边界流后才能使用该图版，存在很大的局限性；另外，主要分析产量数据，未考虑气体随压力的变化。

Blasingame 方法引入了拟压力规整化产量($q/\Delta P_p$)和物质平衡拟时间函数 t_{ca} 建立了典型递减曲线图版，拟压力处理数据方法考虑了随地层压力变化的气体 PVT 性质，物质平衡时间处理时间数据方法考虑了变井底流压生产情况，在一定程度上改善了 Fetkovich 的缺点。

因此，雷一¹地区的气井产能分析方法可直接采用 Blasingame 法。

(一) 物质平衡时间

Blasingame 和他的学生在 20 世纪 90 年代引入物质平衡时间，推出专门分析变产量和变井底流动压力生产条件下的油气井数据的 Blasingame 典型曲线分析方法。其中物质平衡时间公式如下：

$$t_c = \frac{N_p}{q_0} \tag{3-3-21}$$

式中，N_p 为累计产气量，q_0 为当前产量。

该公式的目的是为了建立变产量生产与定产量生产之间的等效关系(图3-3-3)。

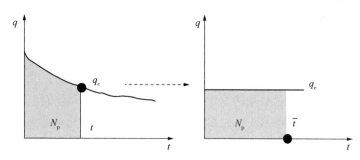

图3-3-3　物质平衡时间与实际时间的关系示意图

1. 综合压缩系数

$$C_t^* = \left[c_g (S_{gi} - c_{wip} - c_{ep}) - \frac{\partial c_{wip}}{\partial p} - \frac{\partial c_{ep}}{\partial p} \right] \tag{3-3-22}$$

水侵油气藏中：

$$c_{wip} = \frac{5.615(W_e - W_p B_w)}{GB_{gi}/S_{gi}} \tag{3-3-23}$$

$$\frac{\partial c_{wip}}{\partial p} = \frac{5.615}{GB_{gi}/S_{gi}} \frac{\partial W_e}{\partial p} \tag{3-3-24}$$

$$c_{ep} = (c_g + c_w S_{wi} + c_o S_{oi})(p_i - p) = c_e(p_i - p) \tag{3-3-25}$$

式中　P——地层压力，MPa；

P_i——原始地层压力，MPa；

S_{gi}——原始含气饱和度,%；

B_{gi}——原始气体体积系数；

ρ_B——气体密度，g/cm^3；

ϕ——孔隙度；

G——原始动态地质储量

W_p——累计产水体积；

C_t——综合压缩系数；

c_w——水体压缩系数；

c_{ep}——地层及流体弹性膨胀造成的体积变化；

c_o——油压缩系数；

c_g——气体压缩系数；

W_e——水侵体积；

c_{wip}——水侵及产水造成的体积变化。

2. 垂直井 Blasingame 产量递减模型与分析

Arps 方法和 Fetkovich 方法是最简单也是最传统的方法，但是这些方法的应用受到一定条件的约束，如油气井的生产必须以不变的井底流动压力（P_{wf} 为常数）生产。换句话说，若油气井的生产是在变井底流动压力下（实际生产中绝大多数油气井的生产都是如此），则利用其生产数据分析求取地层参数就不能再使用已介绍的方法。另外，对于单相气井，由于气体本身的压缩性，它的性质参数（如压缩系数 C_t、黏度 u 等）都将随生产压力变化而变化。

现代产量递减法中的 Blasingame、Agarwal-Gardner、NPI 三种图版拟合分析方法是极其类似的三种方法：①三种方法都是根据动态物质平衡方程推导而来；②用物质平衡时间代替实际生产时间，消除了传统 Arps 方法、典型 Fetkovich 方法不能应用于变井底流压的井。其中 Blasingame 方法、Agarwal-Gardner 方法是利用拟压力规整化产量（$q/\Delta P_p$）和物质平衡拟时间函数 t_{ca}，建立了典型递减曲线图版，而 NPI 方法则是利用产量规整化压力的积分形式。前人常把三种方法放在一起进行研究。

Frai 磨和 Wattenberger 通过引入拟时间的概念来解决气体的性质参数随压力变化的问题。具体公式如下：

$$t_a = \int_0^t \frac{\mu_i C_{ti}}{\mu C_t} dt \tag{3-3-26}$$

式中，μ_i、C_{ti} 分别为原始的黏度、压缩系数。若式（3-3-26）用在页岩气上，那么压缩系数需要使用式（3-3-22）所示的压缩系数。

（1）Blasingame 典型曲线推导原理如下所示：

气井达到拟稳态流动状态后，总压降（从原始地层压力到井底流压）由两部分组成：①一部分是衰竭开采形成的压降；②另一部分是气体从地层流向井底过程中的压力损失。可以由下式表述：

$$\frac{P_{pi} - P_{pwf}}{q} = \frac{t_c}{GC_{ti}^*} + \frac{(\mu B)_i}{2\pi Kh} \left[\frac{1}{2} \ln \left(\frac{4A}{C_A e^y r_w^2} \right) \right] \tag{3-3-27}$$

式中，P_{pi} 为拟原始压力，MPa；P_{pwf} 为拟井底压力，MPa。

若令：

$$m = \frac{1}{GC_{ti}^*} \tag{3-3-28}$$

$$b_{pss} = \frac{\mu B}{2\pi Kh} \left[\frac{1}{2} \ln \left(\frac{4A}{C_A e^y r_w^2} \right) \right] \tag{3-3-29}$$

则式（3-3-27）可变形为：

$$\frac{q}{\Delta P_p} b_{pss} = \frac{1}{1 + \frac{m}{b_{pss}} t_c} \tag{3-3-30}$$

令：

$$q_{Dd} = q \cdot \frac{b_{pss}}{\Delta P_p} \tag{3-3-31}$$

$$t_{Dd} = \frac{m}{b_{pss}} t_c \qquad (3-3-32)$$

则气井产量的递减将成为 Arps 调和递减，如下式所示：

$$q_{Dd} = \frac{1}{1 + t_{Dd}} \qquad (3-3-33)$$

其中：

$$q_{Dd} = q \cdot \frac{b_{pss}}{\Delta P_p} = \frac{q}{P_i - p_{wf}} \frac{\mu B}{2\pi Kh} \left[\frac{1}{2} \ln\left(\frac{4A}{C_A e^y r_{2w}} \right) \right] \qquad (3-3-34)$$

$$t_{Dd} = \frac{B}{\phi A h C_t^*} \times \frac{1}{\dfrac{\mu B}{2\pi Kh} \left[\dfrac{1}{2} \ln\left(\dfrac{4A}{C_A e^y r_w^2} \right) \right]} t_c = \frac{1}{G C_{ti}^*} \times \frac{1}{\dfrac{\mu B}{2\pi Kh} \left[\dfrac{1}{2} \ln\left(\dfrac{4A}{C_A e^y r_w^2} \right) \right]} t_c \qquad (3-3-35)$$

式中，t_c 是物质平衡时间；A 为储层面积；C_A 为 Dietz 形状因子；γ 为形状参数，不同形状，γ 取值不同；r_w 为井口半径。用物质平衡时间代替实际的时间，就能解决传统方法不适用于变井底流压的情况。

（2）Blasingame 规整化产量曲线制作如下：

将公式（3-3-34）变为无因次产量公式为：

$$q_{Dd} = q \cdot \frac{b_{pss}}{\Delta P_p} \approx q_D \left(\ln r_{eD} - \frac{1}{2} \right) \qquad (3-3-36)$$

将公式（3-3-35）整理成无因次时间公式为：

$$t_{Dd} = \frac{m}{b_{pss}} t_c = \frac{t_{cD}}{\dfrac{1}{2} (r_{eD}^2 - 1) \left(\ln r_{eD} - \dfrac{1}{2} \right)} \qquad (3-3-37)$$

将不同值的 r_{eD} 代入，无因次产量 q_{Dd} 与无因次时间 t_{Dd} 的关系式，将会得到 Blasingame 规整化产量曲线标准图版（图 3-3-4）。

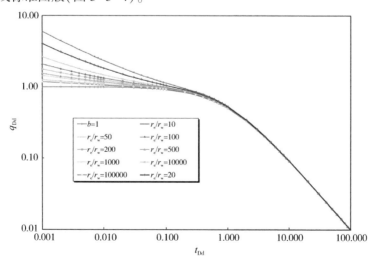

图 3-3-4　Blasingame 规整化产量曲线

（二）水平井 Blasingame 法产量递减模型与分析

基于 Blasingame 法的水平气井解析模型是在垂直井的基础上，对公式分母部分的泄流区域体积做一些相似处理，即式（3-3-27）第二部分做相似处理，处理公式分别如图 3-3-5 所示。

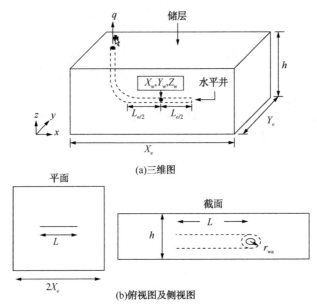

(a)三维图

(b)俯视图及侧视图

图 3-3-5　水平气井水平段所处储层示意图

假设该封闭储层长为 X_e，宽为 Y_e，高为 h，储层中一口水平段段长为 L 的水平气井以恒定产量 q 进行生产，井筒半径为 r_w，有效半径为 r_{wa}，那么式（3-3-27）可以变为：

$$q_{Dd} = \frac{q}{\Delta p_p}\left[\frac{(1.417\times10^6)B\mu}{kh}\right]b_{Dpss} \tag{3-3-38}$$

其中：

$$b_{Dpss} = \frac{1}{2}\ln\left[\frac{16}{e^y}\frac{1}{C_{Ah}}\frac{4A}{\left(\frac{L}{2Xe}\right)^2}\right] \tag{3-3-39}$$

$$b_{pss} = \frac{1}{2}\left[\frac{(1.417\times10^6)B\mu}{kh}\right]\ln\left[\frac{16}{e^y}\frac{1}{C_{Ah}}\frac{4A}{\left(\frac{L}{2Xe}\right)^2}\right] \tag{3-3-40}$$

上式中欧拉参数值为 $\gamma = 0.57721$；另外，对于水平井的无因次渗流半径为：

$$r_{wD} = \frac{2r_{wa}}{L} \tag{3-3-41}$$

无因次水平段长度定义为：

$$L_p = \frac{L}{2\beta h} \tag{3-3-42}$$

参数 β 为水平方向的渗透率与垂直方向的渗透率的比值：

$$\beta=\sqrt{\frac{k_{\mathrm{h}}}{k_{\mathrm{v}}}} \tag{3-3-43}$$

渗透率可以由上式获得的递减图版拟合实际参数得到，具体如下：

$$k=\left(\frac{\dfrac{q}{\Delta p_{\mathrm{p}}}}{q_{\mathrm{Dd}}}\right)_{\mathrm{match}}\left[\frac{(1.417\times10^{6})B\mu}{h}\right]b_{\mathrm{Dpss}} \tag{3-3-44}$$

四、现场实例

理论上，产能测试能够准确获取当前条件下气井产能。对于低渗气藏通产采用修正等时试井、等时回压试井或一点法测试进行产能测试。

雷一[1]气藏共进行了8次修正等时试井，直井6井次，水平井2井次。根据修正等时试井数据解释法方法，得到工区各测试井的指数式、二项式产能公式及无阻流量（表3-3-4）。

表3-3-4 修正等时试井成果表

井 号	产气方程		无阻流量/($10^4\mathrm{m}^3$/d)	
	指数式	二项式	指数式	二项式
磨21	$Q=0.07359(\Delta P^2)^{0.7303}$	$\Delta P^2=36.14q+5.62q^2$	12.04	10.98
磨53	$Q=0.0216(\Delta P^2)^{0.8889}$	$\Delta P^2=70.32q+5.15q^2$	10.68	9.11
磨64	$Q=0.0161(\Delta P^2)^{0.8824}$	$\Delta P^2=101.64q+7.610q^2$	7.59	6.93
磨91	$Q=0.0818(\Delta P^2)^{0.7245}$	$\Delta P^2=35.39q+4.23q^2$	11.84	11.45
磨95	$Q=0.01612(\Delta P^2)^{0.6941}$	$\Delta P^2=15.703q+1.897q^2$	19.72	19.38
磨96	$Q=0.0577(\Delta P^2)^{0.7200}$	$\Delta P^2=53.565q+8.121q^2$	8.31	8.25

注：ΔP单位为MPa，q单位为$10^4\mathrm{m}^3$/d。

理论研究表明，由于水平井井眼泄流面积增大，改变了地层内油气向井眼流动的流态，变径向流为线形流，可有效降低近井地带的渗流阻力，使单井产能成倍增长。根据磨75-H产能方程与直井产能方程对比分析可见，磨75-H二项式产能方程的B值很低，仅为0.047，指数式产能方程的n值接近1，达到0.943，表现为近层流状态。而磨溪气田雷一[1]气藏高产直井磨95井二项式产能方程的B值也达到1.9，指数式产能方程的n值仅为0.6941（表3-3-5），表明水平井大大降低了近井地带因紊流效应而产生的附加惯性阻力。

一点法公式预测产能不稳定的本质是α会随着地质条件、地层压力及工况特征不同有所变化。要提高一点法产能试井预测准确性，需要在工区多组稳定试井的基础上，获得具有代表性一点法产能公式。应将计算所得的地层压力带入表3-3-5二项式产能公式，利用式（3-3-17）可得各井对应的系数α值（表3-3-6）。根据对工区8口井修整等时试井解释结果分析，得到α分布在0.738~0.994，平均值为0.843。其中，直井的α分布在0.745~0.905，平均值为0.835；水平井的α分布在0.738~0.994，平均值为0.866。

本次产能评价所涉及点一点法计算α取0.835，井底流压和产量取2018年8月中旬关井前一周平均井底流压和平均产量。

表 3-3-5　磨溪气田雷一¹气藏气井产能方程、无阻流量对比表

井　号	测试方法	气井产能方程		静压/MPa	无阻流量/($10^4 \mathrm{m}^3/\mathrm{d}$)	
		指数式	二项式		指数式	二项式
磨 21	修正等时	$q=0.0736(\Delta p^2)^{0.7303}$	$\Delta p^2=36.14q+5.62q^2$	10.33	2.23	2.20
磨 53	修正等时	$q=0.0216(\Delta p^2)^{0.8889}$	$\Delta p^2=70.32q+5.15q^2$	9.40	1.16	1.16
磨 64	修正等时	$q=0.0161(\Delta p^2)^{0.8824}$	$\Delta p^2=101.64q+7.61q^2$	12.55	1.40	1.40
磨 91	修正等时	$q=0.0818(\Delta p^2)^{0.7245}$	$\Delta p^2=35.39q+4.23q^2$	7.40	1.49	1.34
磨 95	修正等时	$q=0.0161(\Delta p^2)^{0.6941}$	$\Delta p^2=15.70q+1.90q^2$	5.36	1.65	1.54
磨 96	修正等时	$q=0.0577(\Delta p^2)^{0.7200}$	$\Delta p^2=53.57q+8.12q^2$	8.92	1.35	1.25
磨 75-H	修正等时	$q=0.0549(\Delta p^2)^{0.943}$	$\Delta p^2=24.53q+0.047q^2$	12.18	6.12	5.98
磨 030-H26	修正等时	$q=0.3473(\Delta p^2)^{0.7114}$	$\Delta p^2=6.9428q+0.4014q^2$	11.83	11.67	11.92

表 3-3-6　工区修正等时试井结果分析

井　号	A	B	压力/MPa	q_{AOF}	α	α 平均值
磨 21	36.14	5.62	10.33	2.20	0.745	
磨 53	70.32	5.15	9.40	1.16	0.861	
磨 64	101.64	7.61	12.55	1.40	0.905	0.835
磨 91	35.39	4.23	7.40	1.34	0.862	
磨 95	15.7	1.9	5.36	1.54	0.798	
磨 96	53.57	8.12	8.92	1.25	0.841	
磨 75-H	24.53	0.047	12.18	5.98	0.994	0.866
磨 030-H26	7.6984	0.5388	10.27	8.75	0.738	

　　一点法产能公式是在气井二项式产能方程基础之上通过简化并利用统计规律而得，对二项式产能方程进行推导整理得：

$$\frac{P_R^2-P_{wf}^2}{P_R^2}=\frac{A}{A+Bq_{AOE}}\frac{q_g}{q_{AOE}}+\frac{Bq_{AOE}}{A+Bq_{AOE}}\left(\frac{q_g}{q_{AOE}}\right)^2 \qquad (3-3-45)$$

令 $P_D=(P_R^2-P_{wf}^2)/P_R^2$，$q_D=q_g/q_{AOE}$，$\alpha=A/(A+Bq_{AOE})$，则式(3-3-45)变为：

$$P_D=\alpha q_D+(1-\alpha)q_D^2 \qquad (3-3-46)$$

　　求解式(3-3-46)得：

$$q_{AOE}=2q_g(1-\alpha)/\left[\sqrt{\alpha^2+4(1-\alpha)p_D}-\alpha\right] \qquad (3-3-47)$$

　　利用工区磨 21 井、磨 53 井、磨 64 井、磨 91 井、磨 95 井、磨 96 井的等试井数据进行回归拟合得到一点法系数 $\alpha=0.2134$（图 3-3-6），其对应一点法产能回归公式为 $y=-0.4889x^2+1.2167x+0.1024$（图 3-3-7）。

　　回归一点法和系数平均法得到的 α 分别为 0.837 和 0.2134。产生差别的原因是系数 α 是压力的函数，8 口井产能测试数据均来自 2002 年前，与目前平均压力差异较大。另外，

从两种方法评价产能的结果来看，回归一点法高估了高速非达西的影响，预测产能偏低。故推荐采用系数平均法得到的一点法产能公式进行后期产能评价。

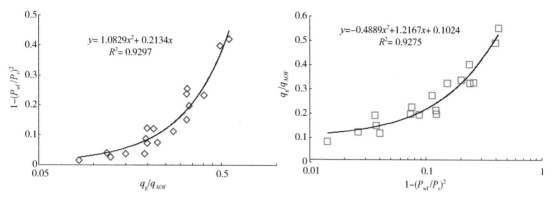

图 3-3-6　一点法产能系数 α 回归　　　　图 3-3-7　回归一点法产能公式拟合

根据各井测试前后几个月实测的井底流压，用计算出的二项式产气方程计算了产能（表3-3-7）。计算的产能同实测产能比较吻合，最大误差仅为 9.5%，产气方程能客观地反映各井地下流情况，效果比较理想，对生产有较大的指导意义，利用修正等时试井对雷一[1]气藏进行产能测试是可行的。

表 3-3-7　产气方程检验数据表

井　号	时　间	实测压力/MPa	实测产量	计算产量	误　差
磨 21	1991 年 9 月	29.28	2.5	2.33	6.8%
	1991 年 10 月	29.58	1.9	2.02	6.3%
	1991 年 12 月	29.54	2.0	2.06	3.0%
磨 53	1993 年 5 月	25.02	2.1	1.90	9.5%
	1993 年 10 月	23.90	2.3	2.32	0.8%
磨 64	1993 年 6 月	23.37	1.7	1.72	1.2%
	1993 年 11 月	20.53	3.4	3.32	2.4%
磨 95	1993 年 10 月	29.14	2.3	2.13	7.4%
	1993 年 11 月	27.47	6.4	6.25	2.3%
磨 91	1993 年 5 月	29.37	1.8	1.68	6.7%
磨 96	1993 年 5 月	28.36	2.0	1.94	3.0%

本次产能跟踪评价对 2018 年 9 月 20 日雷一[1]气藏产能进行跟踪评价，主要二项式产能公式、指数式产能公式法、一点法产能公式及产量递减法（图版法和解析模型法）等方法，这些方法基于目前的生产数据，能够准确跟踪评价目前的产能分布情况。

其中二项式产能公式和指数式产能公式中的系数均采用气井历史产能测试解释结果，预测产能较目前产能普遍偏高。一点法产能公式中的系数 α 通过工区产能测试结果拟合而来，能够代表工区的产能特征。但由于缺乏准确的井底流压和产量测试资料，在产能跟踪评价中采用关井前30日平均产量和平均井底流压(油压折算),造成产能评价结果准确性下降。产量递减法中的解析模型法通常在图版法拟合结果的基础上进一步对解析模型进行自动拟合,这提高了模型解释的准确性。

综上,在具有当前产能测试资料的条件下,优先推荐采用产能公式法;在缺乏测试数据时,可先采用Blasingame法估算初始基本参数、动态储量及初始产能,然后将这些数值代入Blasingam解析模型法进行优化分析,并估算最终的产能;Blasingame解析法拟合效果都较差时,可用最近的月平均日产量和平均井底流压(油压折算)代入一点法产能公式评价目前产能。

第四节　低渗储量动用程度评价技术

一、早期储量可动性评价技术

(一)利用孔隙度下限法,计算气藏的地质储量

容积法储量计算的关键是孔隙度下限的确定。孔隙度下限确定的传统方法是建立在二次运移的机理上,从天然气聚集的角度确定地下储集天然气的容积。对低渗透气藏,尤其是像磨溪气田雷一¹这种低渗具有过渡带特征的孔隙中含水气藏,储集空间可能较大。但在现有的开采技术条件下开采低孔隙中的气是相当困难的,甚至无法完成。

对四川盆地孔隙型碳酸盐岩储层而言,一般以孔隙度3%作为有效厚度下限的物性标准,在实际开发过程中也证实了3%的下限对雷一¹气藏是适应的。根据雷一¹气藏储层的岩性、物性、试油成果、孔隙结构等参数确定有效储层截止值为Ⅲ类储层的下限值(表3-4-1),即孔隙度≥3%,渗透率≥0.01×10⁻³μm²,含气饱和度≥50%。

表3-4-1　雷一¹气藏储量分类标准

分　类	Φ/%	K/10^{-3}μm³	P_D/MPa	P_{o50}/MPa	S_{min}/%	M/Φ	岩　性
Ⅰ类	≥12	≥0.25	≤0.5	≤1.0	<20	≤10	针孔状白云岩、针孔状灰岩、云岩、砂屑或鲕粒灰岩
Ⅱ类	6~12	0.025~0.25	0.5~1.7	1.0~3.0	20~25	10~12	
Ⅲ类	3~6	0.01~0.025	1.7~3.5	3.0~10.0	25~40	12~14	灰岩、云岩和膏质云岩
Ⅳ类	<3	<0.01	>3.5	>10.0	>40	>14	

1988年上报天然气地质储量为253.87×10⁸m³,1993年经过储量复算后开发区的探明储量由在253.87×10⁸m³减少到202.22×10⁸m³,减少了51.65×10⁸m³(表3-4-2)。经过储量复算后,全气藏探明储量为252.192×10⁸m³(表3-4-3)。

根据Ⅰ类、Ⅱ类储层下限截取值(孔隙度不低于6%,渗透率不低于0.025×10⁻³μm²,饱和度中值压力不小于0.015μm,含水饱和度小于50%),分别计算出各类储层对储量贡献程度(表3-4-4)。可以看成,雷一¹气藏的Ⅰ类和Ⅱ类储层对储量的贡献程度为67.75%,Ⅲ类储层的贡献程度为32.25%。

表 3-4-2　雷一¹气藏开发主体储量对照表

时　间	含气面积 /km²	有效厚度 /m	有效孔隙度 /%	含气饱和度 /%	B_g/10^{-3}	储量/10^8m³	储量丰度 /(10^8m³/km²)
1988 年	120	13.13	8.40	70	3.6465	253.87	2.116
1993 年	121.25	10.20	8.50	70	—	202.22	1.668
对比	+1.25	-2.93	+0.10	0	0	-51.65	-0.449

表 3-4-3　雷一¹气藏储量复算表

区　块	含气面积 /km²	有效厚度 /m	有效孔隙度 /%	含气饱和度 /%	B_g/10^{-3}	储量/10^8m³	储量丰度 /(10^8m³/km²)
开发区主体	112.25	10.5	8.60	70	3.6465	194.582	1.733
32 井区	9.0	7.0	68.0	—	—	7.636	0.848
小计					—	202.218	1.668
西端	66.75	6.5	6.0	70	3.6465	49.974	0.749
全气藏	188.0					252.192	1.841

表 3-4-4　雷一¹气藏容积法处理复核结果表

储量类型	开发区储量/10^8m³	西端储量/10^8m³	全气藏储量/10^8m³	百分数/%
Ⅰ类、Ⅱ类、Ⅲ类	202.22	49.97	252.192	100
Ⅰ类、Ⅱ类	143.936	26.931	170.867	67.75
Ⅲ类	58.282	23.043	81.325	32.25

（二）利用试油测试资料，分析可动用储量（拟开发储量）

早期评价勘探阶段获得的探明储量为 $253.87×10^8$m³（表 3-4-2），所计算的储量包含孔隙度大于 3% 的全部储层（包括Ⅲ类储层）。Ⅲ类储层的孔隙度介于 3%~6% 之间，渗透率小于 $0.025×10^{-3}$μm²。通过对磨 18 井Ⅲ类储层的单独试油（射孔 2.6m，平均孔隙度 5.6%，渗透率 $0.021×10^{-3}$μm²），经测试日产气 1500m³，说明Ⅲ类储层在雷一¹气藏具有一定的产能。

尽管Ⅲ类储层对产气层有一定的产量，但不能单独形成工业气流，因此在计算可动用储量（拟开发储量）时，只考虑了中孔层上部主产层（针孔状砂屑白云岩）中物性参数在划定的下限以上的储层。对于次产层段而言，虽然也有一些储层符合有效储层标准，但因其厚度小，且空间分布不稳定，也不能纳入可动用的储量中。

为此，从物性测试、测井解释等方面对可动储量进行标定：

（1）孔隙度≥6%，渗透率≥$0.025×10^{-3}$μm²，饱和度中值半径≥0.15μm；

（2）除满足孔隙度、渗透率和力度中值参数外，在测井要求 GR 值小于 40API，RLLD 小于 500Ω·m。

以此标准，雷一¹气藏早期可动用储量为 $155.00×10^8$m³（表 3-4-5）。

表 3-4-5 雷—¹气藏可动用储量(拟开发储量)参数表

储量面积/km²	有效厚度/m	孔隙度/%	含气饱和度/%	天然气体积压缩系数	可动用储量/10⁸m³
120.0	5.74	11.05	74.28	$3.6465×10^{-3}$	155

(三) 采用数值模拟方法,研究井网与井型适应性

磨溪气田雷—¹气藏属于典型中孔低渗有水气藏,储层横向分布较为连续稳定,气藏非均质性较弱,低渗特征明显。目前,全气藏井网结构分析基本采用沿长轴均匀布井方式,气藏历年投产井 118 口,控制全气藏含气面积 197km²,平均井控面积 1.67km²/口,单井控制半径 730m 左右,折算成井距为 1460m。

在气藏开发早期,开发井网基本按照《气藏评价方案》进行部署。截至 1994 年底,气藏全面投产的井 76 口,其中配产井 71 口,调节井 5 口。由于雷—¹气藏具有低渗、单井产能低的特点,为保证气藏具有一定的开采速度,须用这种相对较密的井网。根据国内外具有相似地质条件的开发井网分析,认为气藏 1km 左右的井距是适宜的。

根据气藏目前开采现状结合数值模拟研究,气井单井控制储量低,控制范围为 0.8km² 左右,直井控制半径在 500m 左右,合理井距在 1000m 左右较为适宜,水平井合理井距在 1500m 左右较适宜。

利用气藏西区经生产史拟合后的局部区块作为模拟区域开展不同井型组合条件下开采效果研究(图 3-4-1),研究中设计了 3 种井型组合结构(直井、直井+水平井、水平井),每种井型组合结构中均设计为 4 口井,井距设计为 2000m,通过数值模拟研究表明采用水平井井网开发该类低渗气藏具有明显优势(图 3-4-2~图 3-4-4、表 3-4-6)。

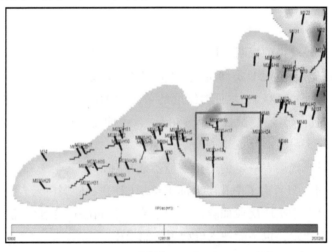

图 3-4-1 磨溪气田雷—¹气藏西区模拟区块目前储量分布图

针对模拟区而言,利用水平井组合成的井网结构,稳产期末的采出程度为 16.09%,预测期末的采出程度达 46.77%;由直井组成的井网结构,采出程度均最低,稳产期末的采出程度仅为 7.26%,预测期末的采出程度仅为 19.78%;由直井+水平井组成的井网结构,其预测指标介于全为直井和全为水平井组成的井网结构之间。对比可见研究区适宜水平井开发。

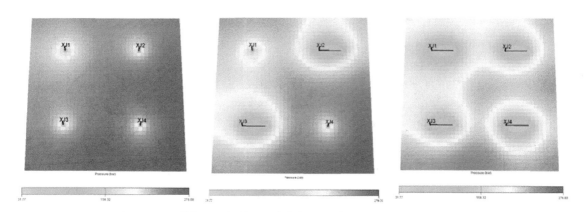

图 3-4-2 模拟区不同井型组合条件下开采 10 年后地层压力分布图

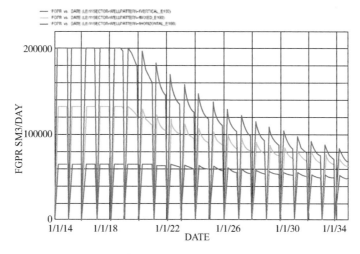

图 3-4-3 模拟区不同井网结构日产气预测图

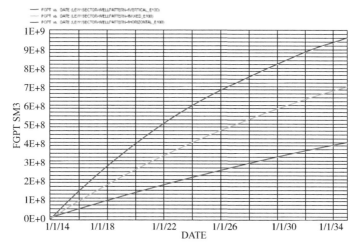

图 3-4-4 模拟区不同井网结构累产气预测图

表 3-4-6 气藏西端模拟区不同井型组合条件下预测情况统计表

井型组合		全直井	直井+水平井	全水平井
井数(直井/水平井)		4(4/0)	4(2/2)	4(0/4)
日产气/(10^4m³/d)		6.4	13.2	20
模拟储量/10^8m³		19.83	19.83	19.83
稳产期末开发指标	稳产年限/年	6.8	4.8	4.8
	稳产期末累产气/10^8m³	1.44	2.1	3.19
	稳产期末采出程度/%	7.26	10.59	16.09
预测期末开发指标	预测期末日产气/10^4m³	4.84	6.48	7.09
	预测期末累产气/10^8m³	3.92	6.73	9.27
	预测期末采出程度/%	19.78	33.96	46.77

在研究水平井开发的基础上，针对模拟区仍采用 4 口水平井井的组合方式，通过对水平井不同井距进行研究，研究中设计了 1000m、1500m、2000m、2500m、3000m 共 5 种井网结构，通过数值模拟预测表明采用水平井井距在 1500～2000m 开发能够取得显著开采效果(图 3-4-5、图 3-4-6、表 3-4-7)。

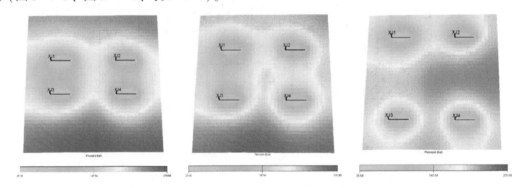

图 3-4-5 模拟区水平井不同井距条件下预测 10 年后地层压力分布图(1000m、1500m、2500m)

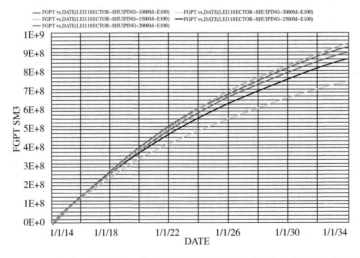

图 3-4-6 气藏西端模拟区水平井不同井距条件下累产气量预测对比图

表 3-4-7 气藏西端模拟区水平井不同井距条件下预测情况统计表

井距/m		1000	1500	2000	2500	3000
井数(水平井)		4	4	4	4	4
日产气/(10^4m^3/d)		24	24	24	24	24
模拟储量/10^8m^3		19.83	19.83	19.83	19.83	19.83
稳产期末开发指标	稳产年限/年	2.5	4.3	4.8	3.3	1.3
	稳产期末累产气量/10^8m^3	1.68	2.82	3.19	2.16	1.84
	稳产期末采出程度/%	8.47	14.22	16.09	10.89	9.28
预测期末开发指标	预测期末日产气量/10^4m^3	6.57	7.05	7.09	6.66	5.80
	预测期末累产气量/10^8m^3	8.94	9.40	9.27	8.58	7.39
	预测期末采出程度/%	45.08	47.43	46.77	43.29	37.27

当水平井井距在 1000m 时,预测时井间干扰明显,累产气量效果不佳。当水平井井距大于 2000m 后,预测水平井累产气量的增量效果不明显,对比可见水平井井距在 1500m 左右较为适宜。

气藏中区为最早正式投入开发的区块,主要以直井开发为主,现有井网分析该区采用沿长轴基本均匀布井方式,井距 800~1200m,气藏中区东部井网相对较密,井距 800~1000m,而中区西部井网相对较稀,井距 1000~1200m。

截至 2013 年 11 月底,该区完钻井 100 口,历年投产井 85 口,累产气 74.99×10^8m^3,目前能够正常生产井 57 口,控制含气面积 106.65km²,历年投产井的井控范围为 1.25km²/口,平均井控距离 1118m,根据气藏历次关井测压资料绘制的等压图和 20 余年生产动态特征分析,各井之间无明显井间干扰,仅在磨 52、磨 53、磨 56、磨 137 井区形成了正常压降漏斗,整体分析随着气井的生产,地层压力基本同步下降,表明该区主体现有井网基本适应气藏的开发,井网井距较为合理,仅在该区西北部边翼区存在少量井控程度较低区,地层压力相对较高,但在西北部边翼区目前有嘉二的完钻井,可考虑上试雷一¹以弥补目前井控的不足,最终形成"水平井+直井(老井)"的开发井网。

气藏西区为 2008 年之后正式投入开采的区块,而且以水平井开发为主,目前该区完钻井 30 口,生产井 29 口,其中生产井中 27 口为水平井,控制含气面积 70.21km²,按目前生产井计算井控范围为 2.42km²/口,如果考虑所有完钻井,则井控范围为 2.34km²/口。根据该区地质特征及生产动态特征分析结合数值模拟研究,直井合理井距为 1000~1200m,单井控制面积 1.13km²,水平井合理井距为 1400~1600m,单井控制面积 2.00km²左右,同时通过数值模拟研究当水平井长度为 600m 时,水平井的产能可达到直井的 3.0 倍左右。鉴于该区目前以水平井为主的开采井网结构,主体部位井网较密,井距 1500m 左右,各井之间基本无明显干扰,井网井距较为合理,结合关井测压资料及生产动态分析,目前仅在边翼部地层压力相对较高,井控程度略低,可适当优化边翼部井网结构。

气藏东区完钻井 5 口(1 口水井),历年投产井 4 口,目前生产井 1 口,控制面积 20.14km²,分析 4 口投产井的井控程度为 5.29km²/口,控制半径 1300m 左右,换算成井距 2600m,根据该区地质特征类比于中区、西区,直井合理井距为 1000~1200m,水平井合理井距为 1400~1600m，可见，目前井网不能满足开发需要，有待进一步调整。

通过数值模拟建立机理模型对磨溪气田雷一¹气藏井型适应性进行研究，利用气藏东区经生产史拟合后的局部区块作为模拟区域(图 3-4-7)，生产史拟合后的地质参数见表 3-4-8，模拟区块面积 2.86km²，模拟储量 $1.816\times10^8m^3$，其中上亚段储量 $0.042\times10^8m^3$，中亚段储量 $1.774\times10^8m^3$。

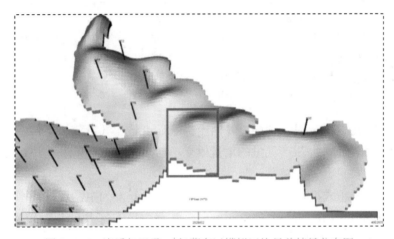

图 3-4-7　磨溪气田雷一¹气藏东区模拟区块目前储量分布图

表 3-4-8　磨溪气田雷一¹气藏东区模拟区块地质参数统计表

层　段	孔隙度/%	含气饱和度/%	有效厚度/m	模拟储量/10^8m^3
上亚段	3.19~5.54	56.15~67.02	0.10~1.31	0.042
中亚段	4.90~10.04	61.65~76.20	2.34~10.19	1.774

通过对不同井型不同产量进行预测(表 3-4-9)。结果表明水平井(水平段长度设计为 600m)开采效果明显优于直井，在同等地质条件下，采用水平井开采比采用直井开采采出程度可提高 20%左右，预测 2020 年末水平井在不同配产下最终采出程度均在 72%以上，最高达 75.61%，而直井在不同配产下预测 2020 年末最终采出程度均在 56%以下，最低只有 36.29%，可见采用水平井开采的采出程度远高于直井；就稳产效果分析，水平井稳产效果强于直井，同样配产 $3\times10^4m^3/d$ 情况下(图 3-4-8)，水平井能稳产 8.3 年，稳产期末采出程度达 45.65%，而直井仅能稳产 1.3 年，稳产期末采出程度仅 7.49%，直井仅在配产低于 $3\times10^4m^3/d$ 情况下才能获得一定稳产期，但稳产期末采出程度均较低，预测期末累采气量少，采出程度低。

对比直井与水平井开采效果分析，磨溪气田雷一¹气藏低渗区块适宜水平井开发。水平井在配产 $3\times10^4m^3/d$ 时稳产期最长，为 8.3 年。而在配产超过 $7\times10^4m^3/d$ 以后，稳产期不足 1 年，可见从稳产角度分析，水平井合理配产应在 $(3\sim7)\times10^4m^3/d$ 之间；结合最终采出程度分析，水平井配产越高，预测 2020 年末最终采出程度越高，但其增幅不断减小；当水平井配产高于 $6\times10^4m^3/d$ 以后，最终采出程度增幅趋于零，$7\times10^4m^3/d$ 配产的最终采出程度仅比 $6\times10^4m^3/d$ 配产的增加 0.17%(图 3-4-9)。因此，综合分析水平井合理配产介于 $(4\sim6)\times10^4m^3/d$ 为宜。

表 3-4-9　模拟区块不同井型不同配产情况下预测结果统计表

井型	日产气 /10^4m^3	模拟储量 /10^8m^3	稳产期末开发指标			预测 2020 年开发指标		
			稳产年限 /年	累产气 /10^8m^3	采出程度 /%	日产气 /10^4m^3	累产气 /10^8m^3	采出程度 /%
直井	1	1.816	18.3	0.607	33.43	0.850	0.659	36.29
	2	1.816	6.3	0.421	23.18	0.730	0.975	53.69
	3	1.816	1.3	0.136	7.49	0.678	1.007	55.45
	4	1.816	0.1	0.013	0.72	0.672	1.011	55.67
水平井	3	1.816	8.3	0.829	45.65	0.578	1.319	72.63
	4	1.816	4.6	0.614	33.81	0.501	1.349	74.28
	5	1.816	3.3	0.557	30.67	0.469	1.362	75.00
	6	1.816	2.1	0.415	22.85	0.454	1.368	75.33
	7	1.816	1.3	0.316	17.40	0.447	1.371	75.50
	8	1.816	0.6	0.17	9.36	0.442	1.373	75.61

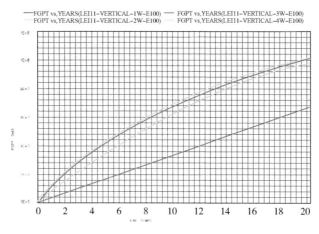

图 3-4-8　模拟区直井不同配产下累产气预测图

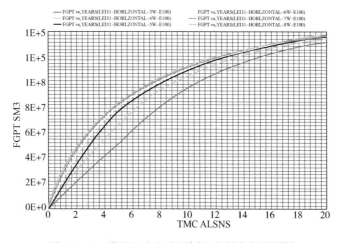

图 3-4-9　模拟区水平井不同配产累产气预测图

通过实际测试及生产动态特征分析进一步证实了磨溪气田雷一¹气藏实施水平井具有明显可行的开发效果。近年来在气藏中区、西区利用水平井开发整体效果好，水平井有效提高了气井单井产量，其测试产量及井口油压单位压降采气量都明显高于邻近直井。对比分析，水平井相对邻近直井测试产量增加倍数在 2.05~28.8 倍，测试采气指数增加倍数在 4.05~57.47 倍，近期稳产同期井口油压单位压降采气量增加倍数在 1.48~32.32 倍(图 3-4-10)。从目前生产现状分析，水平井日产气量占整个气藏日产气量的 79.43%，气藏产气量主要来自于近几年投产的水平井(图 3-4-11)。可见，水平井作为气藏开采的主要技术手段，有效提高了气藏的开发效果。

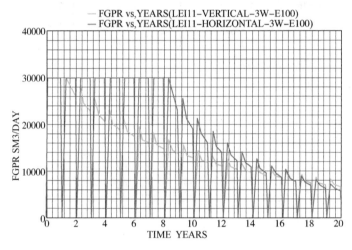

图 3-4-10　直井、水平井产量预测图

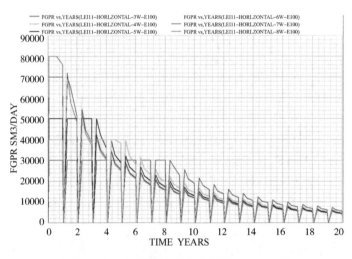

图 3-4-11　模拟区水平井产日产气量预测图

针对磨溪气田雷一¹气藏低渗且储层具有层状连续稳定分布的特征，满足了水平井开发的地质条件，同时，伴随着钻完井工艺及储层改造技术的进步，有效发挥了水平井的开发潜力，为此，新增补充的开发井均可采用水平井井型，同时应充分考虑到水平井受到水平

段长度、储层钻遇率、地层水侵、地层压力等诸多因素影响，优选水平井的井位目标，合理设计水平井巷道方位，优化设计水平段长度等。

（四）利用数值模拟技术，探究水平井段的合理长度

利用气藏东区模拟区块针对不同水平段长度进行水平井开采效果研究，设计水平段长度分别为200m、400m、600m、800m、1000m共5种模型，模拟结果表明水平井的累产气量随着水平段长度的增加而增加(图3-4-12)，但水平段长度在小于600m时的累产气量随着长度的增加而增产气量较大，而水平段长度在大于600m之后的累产气量随着长度的增加而增产气量相对较小，由此类推磨溪气田雷一¹气藏的水平井水平段长度设计为600m较为适宜。同时，结合水平井不同长度下预测稳产期末每米累产气量图(图3-4-13)分析，进一步证实水平井水平段长度为600m较为合理。

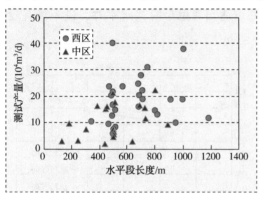

图3-4-12 水平井不同水平段
长度累产气量预测图

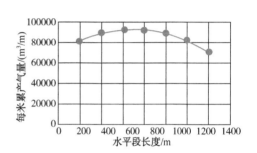

图3-4-13 不同长度水平井
稳产期末每米累产图

通过实钻水平井测试产量与水平段长度、储层钻遇率等受控因素分析，水平井测试产量随水平段长度、储层钻遇率等增加而增加(图3-4-14、图3-4-15)，针对磨溪气田雷一¹气藏的地质特征，完钻水平井测试产量与水平段长度关系图中可见水平井水平段长度在500~700m就可获得较高的测试产量。

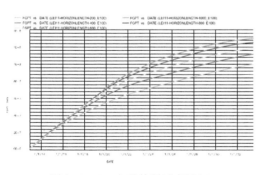

图3-4-14 水平井测试产量与
水平段长度关系图

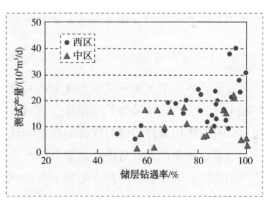

图3-4-15 水平井测试产量与
储层钻遇率关系图

水平井巷道方位设计及模拟分析表明(图3-4-16),沿构造轴部方向实施水平井开采效果好于其他方位水平井(图3-4-17)。由于构造轴部微细裂缝发育,渗流能力较强,加之构造轴部水平井储层易于压裂及分段改造所致,为此水平井巷道方位优选构造轴向。

气藏中区以直井开发为主,近年加密补充了部分水平井,形成了水平井+直井开发的井网结构,针对磨溪气田雷一¹气藏纵向上分布有三套储层的特征,中区直井均完全打开三套储层,有效动用了各套储层储量,加之加密补充的水平井有效动用了中亚段主储层储量,进一步提高了剩余储量动用率。目前除在该区西北部边翼区井距相对较大外,总体井型配置及井网结构均较适宜气藏的开发。

气藏西区以水平井开发为主,主要目的层为雷一¹中亚段的主储层,借鉴中区部分直井生产测井成果分析,气井的产气量90%以上均来自中亚段主储层贡献。为此,西区目前的井型总体能够满足气藏的开发,针对新补充开发井可适当考虑台阶式水平井,进一步有效动用各套储层的剩余储量。

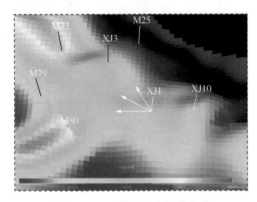

图3-4-16 模拟区水平井巷道方位设计示意图

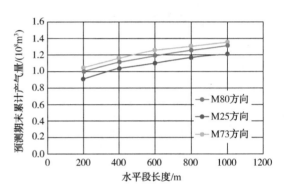

图3-4-17 不同巷道方位水平井开采效果对比图

气藏东区目前完钻的井均为直井,受水侵影响而停产的井均在该区边翼部,目前的井网及井型均不能满足开发需要,为此,针对该区受水侵影响等开发难点,结合井网分析,进一步在构造及储层有利区实施水平井开发,有效提高剩余储量的动用率及采收率。

二、储量动态管理技术

气藏开发早期主要利用压力恢复不稳定早期阶段资料进行动态储量计算,随着资料的不断丰度,后期逐渐采用了压降法、弹性二项、产量递减法、生产动态方法等。每种方法均有自身的使用条件、储量计算的有点和缺点。

压降法主要优点是与单井供给区域形态、边界类型、储层渗流特征等因素无直接关系,适用范围广,适合于采出程度达到10%的气藏。相比较而言,压降法计算储量准确性较高。

弹性二相法适合小型定容封闭的弹性气驱气藏或单井裂缝系统、小断块气藏。但对生产数据有比较严格的要求:一是要求高质量的压力降落数据,必须出现拟稳态特征;二是气井产量选择要恰当,既能反映出一定的压力降,又要保持产量在一定时间内稳定。

（一）利用压力恢复不稳定早期阶段资料，计算气藏的动态储量

在雷一¹试气阶段，各测试井都有关井复压测压压力恢复曲线。针对低渗气藏的特殊性和大量的压力恢复资料，充分利用早期动态资料计算气藏储量，即利用压力恢复不稳定早期阶段计算单井储量丰度，在全气藏储层丰度等值线图中计算气藏的平均储量丰度，并进行全气藏储量计算。开发区为 $132.769×10^8 m^3$，西端为 $32.811×10^8 m^3$，全气藏为 $165.58×10^8 m^3$。此结果与 Ⅰ+Ⅱ 类容积法储量很接近（表3-4-4）。

（二）利用开发中期压力测试资料，计算气藏动态储量

对于雷一¹气藏中部已开发区而言，自1994年气藏全面投入开发以来，截至2009年4月已取得了各个阶段10余次的关井测压数据，历次计算获得中部开发区压降储量（表3-4-10）。

截至2009年3月，气藏西端、东端暂不具备计算压降储量的条件。究其原因，西端储层物性较差，非均质性较强，投入开发时间较短。从1995年申报探明储量以来，截至2009年4月底，仅有生产井9口，累计产气量仅为 $2.62×10^8 m^3$，采出程度仅为3.30%，没有达到对于低渗透气藏规定的计算压降储量的采出程度需达到10%的要求。因此，西端暂不具备计算压降储量的条件。气藏东端目前只有一口生产井，储量基本未动用，不具备计算压降储量的条件。截至2017年12月底，除东端外，中端和西端均满足压降法计算动态储量。

表3-4-10　雷一¹气藏中部区域历次压降储量核实汇总表

序号	时间	累产气/$10^8 m^3$	地层压力/MPa	视地层压力/MPa	压降储量/$10^8 m^3$
1	1991年01月	0	31.61	31.81	
2	1994年04月	8.33	30.14	29.87	136.58
3	1995年10月	10.84	29.34	29.25	135.21
4	1996年11月	15.02	28.43	28.58	144.92
5	1998年01月	19.9	26.87	27.36	144.16
6	1999年03月	24.11	25.38	26.0	136.48
7	2000年06月	28.85	24.36	25.14	136.20
8	2001年06月	32.60	23.34	24.19	136.04
9	2002年08月	36.70	22.81	23.60	137.08
10	2003年05月	40.39	21.76	22.65	137.75
11	2004年08月	46.01	20.34	21.31	137.40
12	2009年04月	63.44	15.83	16.71	136.23

中部共有测压资料14个数据点（表3-4-11），采出程度较高，已有丰富的动态资料。不管是从井网、还是采出程度来看，气藏属于完全已开发，储量已全部动用。利用压降法复核其储量为 $133.78×10^8 m^3$（图3-4-18），与历次动态监测资料计算中部已开发区压降储量相吻合。压降曲线具有较好的线性关系，进一步验证了中部区域压降储量的可靠性，同时表明气藏开发的物质基础可靠。

表 3-4-11　磨溪雷一¹气藏中部历年测压数据汇总表

序号	时间	累产气/$10^8 m^3$	地层压力/MPa	视地层压力/MPa
1	1987 年 11 月	0	32.61	31.81
2	1994 年 04 月	5.87	30.14	29.87
3	1995 年 10 月	9.26	29.34	29.25
4	1996 年 11 月	13.09	28.43	28.58
5	1998 年 01 月	20.54	26.87	27.36
6	1999 年 03 月	24.04	25.38	26.00
7	2000 年 06 月	27.63	24.36	25.14
8	2001 年 06 月	31.35	23.34	24.19
9	2002 年 08 月	35.17	22.81	23.6
10	2003 年 05 月	38.97	21.76	22.65
11	2004 年 08 月	43.11	20.34	21.31
12	2009 年 04 月	60.72	15.83	16.71
13	2013 年 05 月	73.30	12.95	13.70
14	2017 年 06 月	79.99	12.56	13.29

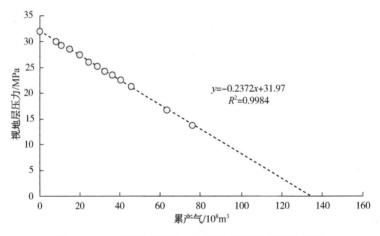

图 3-4-18　磨溪气田雷一¹气藏中部压降储量分析图

气藏西端目前的采出程度较高，形成了明显的"边高中低"的压降漏斗。该井区的动态资料较为丰富，可以满足压降储量的计算条件，历次计算得中部开发区地层压力如表 3-4-12 中所示。本次计算的西端已开发区压降储量 $49.01×10^8 m^3$（图 3-4-19），压降曲线具有较好的线性关系。

气藏东端由于气水关系复杂，气井受产水影响较大，累计投产井数仅 6 口，开井 3 口。东端整体测压资料少，不满足井区压降储量的计算条件。考虑到井区投产井数少，井控程度较低，各气井井控范围叠合面积小，采用单井集合法计算井区动态储量误差相对较小，计算气藏东端井区动态储量为 $12.33×10^8 m^3$。

表 3-4-12 磨溪气田雷一¹气藏西端历次压力测试汇总表

序号	时间	累产气/10⁸m³	地层压力/MPa	视地层压力/MPa
1	1993 年 02 月	0	32.74	31.81
2	2004 年 02 月	0.53	30.94	30.45
3	2007 年 09 月	1.24	30.87	30.4
4	2008 年 01 月	1.64	29.61	29.36
5	2009 年 03 月	2.56	28.24	28.24
6	2011 年 04 月	6.33	24.96	25.45
7	2013 年 06 月	12.01	21.42	22.25
8	2017 年 06 月	20.53	17.78	18.69

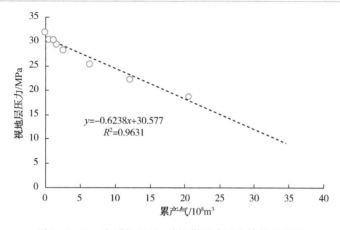

图 3-4-19 磨溪气田雷一¹气藏西端压降储量分析图

（三）利用生产动态及测试分析技术，计算单井动态储量

截至 2019 年底，根据磨溪气田雷一¹气藏生产动态特征，利用了弹性二相法（图 3-4-20）、产量递减分析法（RTA 软件）（图 3-4-21）、单井压降法（图 3-4-22）计算了各气井动态储量。通过相互验证，各方法的计算结果合理可靠，磨溪气田雷一¹气藏单井控制范围小，平均 0.79km²；单井控制储量低，平均 1.34×10⁸m³（表 3-4-13）。

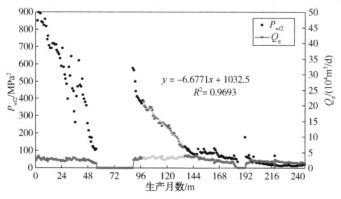

图 3-4-20 磨溪气田雷一¹气藏单井弹性二相法储量计算图

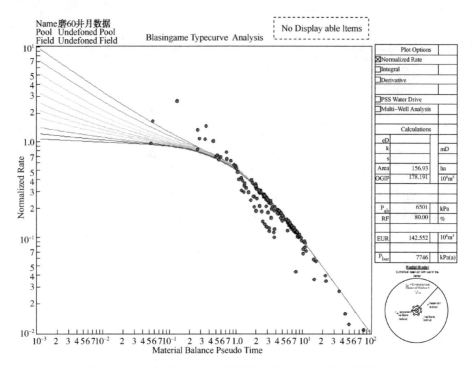

图 3-4-21　磨溪气田雷一¹气藏单井产量递减法储量计算图

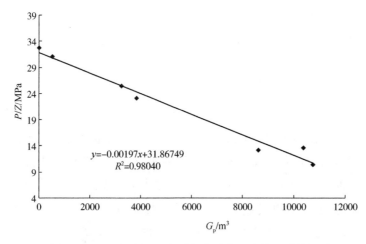

图 3-4-22　磨溪气田雷一¹气藏单井压降储量计算图

表 3-4-13　磨溪气田雷一¹气藏各气井单井控制储量及控制范围统计表

区域	井号	单井控制储量 /10^8m³	井控范围 /km²	区域	井号	单井控制储量 /10^8m³	井控范围 /km²
东区	磨 77	1.96	0.70	东区平均		1.43	0.62
	磨 35	0.27	0.14	中区	磨 56	2.04	0.72
	磨 32	2.37	1.28		磨 58	1.85	1.38
	磨 73	1.11	0.37		磨 10	1.43	0.92

续表

区域	井号	单井控制储量/$10^8 m^3$	井控范围/km^2	区域	井号	单井控制储量/$10^8 m^3$	井控范围/km^2
	磨108	1.77	2.15		磨126	1.67	0.79
	磨114	0.94	0.33		磨128	1.16	1.67
	磨19	0.94	0.42		磨133	2.27	0.74
	磨20	2.67	0.60		磨137	0.97	0.69
	磨21	2.06	0.39		磨139	1.92	0.73
	磨27	1.65	1.02		磨18	1.53	1.09
	磨53	1.57	0.80		磨4	1.18	0.56
	磨54	2.09	1.44		磨57	0.93	1.11
	磨55	1.18	1.12		磨62	1.14	0.66
	磨59	1.38	0.85		磨86	1.55	0.71
	磨60	1.77	1.11		磨87	1.94	1.19
	磨70	1.90	0.68		磨89	2.38	0.93
	磨75-1	1.70	0.76		磨93	0.98	1.31
	磨80	1.82	0.32		磨94	1.14	0.60
	磨85	1.58	0.89		磨深2	1.54	0.95
	磨63	1.47	0.49		磨66	1.90	0.60
	磨64	1.09	0.53		磨132	2.19	0.69
中区	磨71	2.04	1.05	中区	磨117	1.80	2.39
	磨99	1.17	0.98		磨127	1.35	0.62
	磨144	1.56	1.57		磨52	1.72	0.54
	磨84	1.64	0.52		磨125	0.91	0.24
	磨65	1.07	0.62		磨148	0.58	0.83
	磨67	0.40	0.21		磨120	1.45	0.85
	磨96	1.79	0.42		磨79	1.82	0.68
	磨100	1.11	0.99		磨140	1.96	0.92
	磨91	2.17	0.85		磨14	2.33	0.98
	磨95	2.22	0.51		磨75-H	2.36	0.78
	磨61	1.53	0.85		磨119	1.17	0.61
	磨90	0.81	0.44		磨50H	1.17	0.87
	磨113	1.44	0.47		磨91H	2.42	1.23
	磨101	0.79	0.49		磨004-H4	0.56	0.43
	磨105	1.13	0.81		磨004-H2	0.60	0.50
	磨111	1.90	0.53		磨017-H3	1.25	0.98
	磨112	0.99	0.59		磨55H	2.41	1.38
	磨123	1.12	0.80		磨120-C1	0.63	0.92

续表

区域	井号	单井控制储量 /$10^8 m^3$	井控范围 /km^2	区域	井号	单井控制储量 /$10^8 m^3$	井控范围 /km^2
中区	磨 113-C1	1.20	0.51	西区	磨 030-H4	2.92	1.90
	磨 90-C1	0.85	0.51		磨 030-H2	0.81	0.97
	磨 017-H6	0.43	0.10		磨 030-H11	1.50	0.74
	磨 004-H8	0.77	0.72		磨 030-H5	1.41	0.98
	磨 004-H9	1.07	1.49		磨 030-H9	1.14	0.49
	磨 017-H9	0.33	0.18		磨 030-H6	1.44	0.68
	磨 004-H5	1.20	0.76		磨 030-H8	0.91	0.68
	磨 030-H23	1.40	2.46		磨 030-H12	1.59	0.91
	磨 017-H10	0.56	0.36		磨 030-H10	1.11	0.81
中区平均		1.44	0.88		磨 030-H7	0.55	0.31
西区	磨 13	0.48	0.57		磨 030-H14	0.85	0.54
	磨 30	1.01	0.69		磨 030-H13	0.82	0.63
	磨 38-H	1.02	0.66		磨 030-H26	1.03	0.91
	磨 030-H1	2.67	1.34		磨 030-H29	1.76	1.36
	磨 030-H3	1.83	1.10	西区平均		1.31	0.86
气藏	合计动态储量 153.48×$10^8 m^3$，单井控制储量 1.34×$10^8 m^3$，单井控制范围 0.79km^2						

三、剩余储量精细描述技术

雷一¹气藏开采早期主要利用等压图分析剩余油分布特征，目前主要采用地质建模数模一体化技术，探究剩余储量的分布特征，为气藏稳产高效开发提供理论支撑。

（一）开发早期阶段，利用等压图分析剩余储量分布

雷一¹气藏中部自1994年气藏全面投入开发，开发过程中不断取得多个阶段的关井测压数据。截至2009年12月底，中部区域不管是从井网、还是采出程度来看，气藏属于完全已开发，储量已全部动用。已取得了多个测压数据（表3-4-11），可以从压降图上用压降法计算出其储量为136.23×$10^8 m^3$，与中部Ⅰ+Ⅱ类容积法储量145.091×$10^8 m^3$，与中部数值模拟储量149.35×$10^8 m^3$十分接近。按照1988年上报天然气地质储量为253.87×$10^8 m^3$，剩余地质储量为117.64×$10^8 m^3$。

气藏西端投入开发时间较晚，从1995年申报探明储量以来，截至2009年4月底，仅有生产井9口，累计产气量仅为2.62×$10^8 m^3$，采出程度仅为3.30%。因不满足压降法计算储量条件，无法从压降图中计算其储量。

（二）开发中后期阶段，主要采用建模数模一体化技术评价剩余储量分布

进入开发中后期后，弄清气藏地层压力及剩余储量分布，是评价气藏开发潜力，指导气藏下步挖潜的重要前提。数值模拟成为地层压力、剩余储量分布研究的重要技术手段。

为提高数值模拟研究精度，采用了精细地质建模与高精度数值模拟一体化技术，该项技术主要包括地质建模与数值模拟一体化技术与高精度数值模拟技术两个主要的技术点。地质建模与数值模拟一体化技术提高模型质量及历史拟合精度。高精度数值模拟技术省去地质模型粗化过程，地质模型即为数模模型，更精细地刻画气藏特征，提高数值模拟质量。

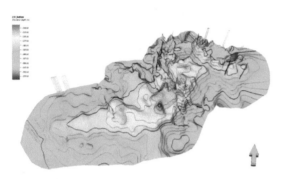

图 3-4-23 磨溪气田雷一¹气藏断层模型

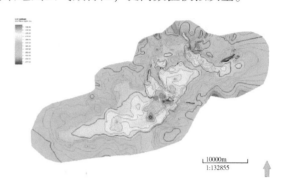

图 3-4-24 磨溪气田雷一¹气藏
上亚段顶面构造模型

通过对构造、断层和井分层的质量控制（资料截至 2019 年 12 月底），按照设计网格进行构造建模。从模拟的层面、断面和三维构造可见，所建模型与地震解释完全一致，构造细节清楚，地层展布正确、断层切割合理（3-4-23~图 3-4-28）。

在对全区单井孔隙度解释基础上，统计区域化变量的空间变差函数，来描述储层物性等参数的空间分布特征；求取各参数的实验变差函数，选择合适的理论变差模型，拟合理论变差模型的各项参数；确定储层发育的方位、延伸长宽度、控制因素确定主方向、最大和最小变程。利用以上地质统计学的统计和分析，采用高斯随机法分别建立了磨溪气田雷一¹气藏上亚段、中亚段、下亚段孔隙度、渗透率、含气饱和度等模型（图 3-4-29~图 3-4-37）。

根据磨溪气田雷一¹气藏地质特征、储层性质、流体类型，模拟模型选用气水两相黑油模型。分别对数模区域进行单井生产的历史拟合，模拟其剩余地质储量。

图 3-4-25 磨溪气田雷一¹气藏
中亚段顶面构造模型

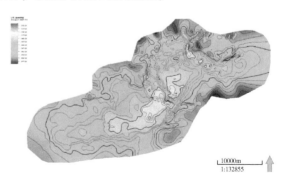

图 3-4-26 磨溪气田雷一¹气藏
下亚段顶面构造模型

图 3-4-27　磨溪气田雷一¹气藏
底面构造模型

图 3-4-28　磨溪气田雷一¹气藏
构造模型

图 3-4-29　磨溪气田雷一¹气藏
上亚段孔隙度模型

图 3-4-30　磨溪气田雷一¹气藏
中亚段孔隙度模型

图 3-4-31　磨溪气田雷一¹气藏
下亚段孔隙度模型

图 3-4-32　磨溪气田雷一¹气藏
孔隙度模型栅状图

图 3-4-33　磨溪气田雷一¹气藏
上亚段渗透率模型

图 3-4-34　磨溪气田雷一¹气藏
中亚段渗透率模型

图 3-4-35　磨溪气田雷一¹气藏
下亚段渗透率模型

图 3-4-36　磨溪气田雷一¹气藏
渗透率模型栅状图

图 3-4-37　磨溪气田雷一¹气藏饱和度模型

磨溪气田雷一¹气藏基于三维地质模型计算的地质储量总体为 $284.10 \times 10^8 \mathrm{m}^3$，其中中部地质储量 $159.76 \times 10^8 \mathrm{m}^3$，西端地质储量 $96.40 \times 10^8 \mathrm{m}^3$，东端地质储量 $27.94 \times 10^8 \mathrm{m}^3$。基于区域压降法计算气藏动态储量为 $195.21 \times 10^8 \mathrm{m}^3$，其中中部动态储量 $133.78 \times 10^8 \mathrm{m}^3$，西端动态储量 $49.10 \times 10^8 \mathrm{m}^3$，东端动态储量 $12.33 \times 10^8 \mathrm{m}^3$。基于物质平衡法标定气藏可采储量 $171.87 \times 10^8 \mathrm{m}^3$，其中中部可采储量 $118.30 \times 10^8 \mathrm{m}^3$，西端可采储量 $42.75 \times 10^8 \mathrm{m}^3$，东端动态储量 $10.82 \times 10^8 \mathrm{m}^3$。

截至 2019 年 6 月，气藏累计采气量 $111.34 \times 10^8 \mathrm{m}^3$，目前整个气藏剩余地质储量 $172.76 \times 10^8 \mathrm{m}^3$，剩余动态储量 $83.87 \times 10^8 \mathrm{m}^3$，剩余可采储量 $60.53 \times 10^8 \mathrm{m}^3$；其中，东端剩余地质储量 $22.76 \times 10^8 \mathrm{m}^3$，剩余动态储量 $7.15 \times 10^8 \mathrm{m}^3$，剩余可采储量 $5.64 \times 10^8 \mathrm{m}^3$；中部剩余地质储量 $77.24 \times 10^8 \mathrm{m}^3$，剩余动态储量 $51.26 \times 10^8 \mathrm{m}^3$，剩余可采储量 $35.78 \times 10^8 \mathrm{m}^3$；西端剩余地质储量 $72.76 \times 10^8 \mathrm{m}^3$，剩余动态储量 $25.46 \times 10^8 \mathrm{m}^3$，剩余可采储量 $19.11 \times 10^8 \mathrm{m}^3$。

根据气藏剩余储量的计算结果，气藏剩余储量分布特征为：总体上看气藏剩余储量仍然较大，储量动用程度不均衡。气藏中部经过近三十年的开发，储量动用程度高，地质储量采出程度达到 51.65%，可采储量采出程度已经达到 69.75%。气藏西端自 2006 年起开始上产，通过水平井的大规模使用有效动用了该井区的低渗储量。目前气藏西端可采储量动用程度较高，采出程度 55.30%，但受其储层低渗条件以及水平井纵向上对储量动用不充分的限制，地质储量采出程度仍然较低，仅为 24.52%。气藏东端储量动用少，地质储量采出程度 18.54%，可采储量采出程度 47.87%，气藏东端具有较大的潜力（表 3-4-14）。

表 3-4-14　磨溪气田雷一¹气藏剩余储量统计表（2019 年 6 月）

区域	地质储量 /10^8m³	动态储量 /10^8m³	可采储量 /10^8m³	累计采出 /10^8m³	剩余储量/10^8m³			采出程度/%		
					地质储量	动态储量	可采储量	地质储量	动态储量	可采储量
东端	27.94	12.33	10.82	5.18	22.76	7.15	5.64	18.54	42.01	47.87
中部	159.76	133.78	118.3	82.52	77.24	51.26	35.78	51.65	61.68	69.75
西端	96.4	49.1	42.75	23.64	72.76	25.46	19.11	24.52	48.15	55.30
合计	284.1	195.21	171.87	111.34	172.76	83.87	60.53	39.19	57.04	64.78

第五节　水平井开发技术

雷一¹气藏在后期稳产增产开发过程中，通过水平井开发技术的实施及水平井储层改造工艺的研究，提高了低渗储层气井产量，实现了老气藏低渗剩余储量的有效动用，弄清了雷一¹气藏高效开发机理。

一、水平井井位目标优选

（一）确定水平井位部署原则，优选井位目标

在 2003 年以前，针对研究区雷一¹气藏做过一次精细描述研究。研究结果显示该气藏具有较好的开发潜力。从 1994 年投入开发以来，气藏生产稳定，开发指标与气藏的《开发方案》设计吻合度较高，气藏储量可靠，剩余储量丰富。多种方法计算气藏中部已开发区可动储量为 149.40×10^8m³，累计产气 38.70×10^8m³，剩余可动储量 110.70×10^8m³；气藏西端 83.96km² 含气面积探明天然气储量 95.60×10^8m³ 未动用；气藏东部已获天然气控制储量 42.68×10^8m³，已表明研究区雷一¹段气藏具有较好的勘探潜力。

根据水平井先导试验目的，结合气藏储层分布规律，开发动态及现状，确定了"先中部、后西端、先成功、后完善"的水平井总体部署方案，井位目标选择则依据下述原则：①地覆构造清楚，变化相对较小；②储层物性相对较好；③目标区储层分布稳定，主要储层厚度相对较大；④距气水边界较远；⑤目标区有较多实钻井控制，资料较齐全；⑥目标区现有井网井距相对较大，地层剩余能量和剩余储量较高；⑦尽量利用低小产报废井侧钻或利用现有井场新钻水平井，以节约先导试验投资费用。

气藏地质研究成果表明，磨溪气田雷一¹储层纵向上有效储层主要分布于中亚段上部，有效储层横向分布具有很好的对比性，仅有效储层发育程度存在差异，表现出弱度非均质性。平面上高孔区与低孔区、有效厚度大与有效厚度较薄的区域呈块、呈带分布。高孔与低孔、有效储层厚与薄的区块沿长轴相间分布。由 Ⅰ+Ⅱ 类储层的 $H×\phi$ 平面分布可知，有效储层发育区主要分布在气藏中部已开发区的磨 20~磨 53~磨 21 井区，$H×\phi$ 值 0.8~1.4，磨 113~磨 64 井区 $H×\phi$ 值 0.8~1.6，磨 75-1~磨 70~磨 119~深 2 井区 $H×\phi$ 值 0.8~1.4，磨 85~磨 89~磨 80 井区 $H×\phi$ 值 0.8~2.0，磨 32~磨 77 井区 $H×\phi$ 值 0.8~1.2；气藏西端 Ⅰ、Ⅱ 储层普遍较中部差，$H×\phi$ 值一般在 0.4 左右。

根据上述先导试验水平井地质目标选择原则和雷一¹气藏储层分布特点与开发现状，为了取得先导试验的成功，同时考察水平井在不同储层条件下的增产效果，达到以较少的成本投入获取最大效益的目的，经过储层横向对比，结合构造、剩余储量丰度、地层压力、气水边界及井身结构等因素综合分析，确定在中部已开发区内选择磨75井作为第一口加深先导试验水平井——磨75-H井，在气藏西端低渗区选择磨30井同井场钻第二口先导试验水平井——磨38H井，在中部磨64井原井场钻第三口水平井——磨50井，在已开发区东部磨85井区选择磨91井原井场钻第四口水平井——磨91H井。

磨75井钻至须四段获气而提前完井，然后在同井场以雷一¹为目的层钻磨75-1井获测试日产天然气3.16×10⁸m³，该井于1991年2月投产，日产气一直稳定在2.5×10⁴m³以上，累产气达6987.6×10⁴m³（截至2003年12月）。磨75井与磨75-1井相距3.3m，储层纵向分布清楚。该井区构造条件好，位于气藏中部构造主高点部位，距气水边界较远。中亚段在目标区内分布稳定，单层厚度3.8～7.7m，磨17井最厚7.7m、磨119井最薄3.8m，孔隙度在6.97%～10.78%之间，含水饱和度12.38%。在磨75-1井东南方向和北面各有1口雷一¹开发部署井在钻至须家河组获工业气流而提前先钻投产（磨72、76井），动态监测及分析表明该区块目前地层压力22MPa左右、剩余储量丰度1.5×10⁸m³左右。磨75井井身结构为：表层套φ340mm×200.24m，气层套管φ245mm×1656.25m，为加深钻雷一¹段中孔层水平巷道段创造了良好的工程条件。利用磨75井加深钻雷一¹水平井磨75-H，不仅可加快该区剩余储量的开采，还可节约大量钻前和钻井投资。

磨30井区位于气藏西端轴部，气藏西端储层物性相对较差，以Ⅱ、Ⅲ类储层为主。储层纵向上分布特点与中部一致，主产层段仍为中亚段上部的针孔白云岩，横向分布较为稳定。截至2003年底，该区只有磨13和磨30两口井投产，日产气1.5×10⁴m³左右，累计产气0.5188×10⁸m³，还有95.6×10⁸m³的探明储量基本未动用，区块压力仍保持在原始压力水平。磨30井东西南北四个方向分别有磨13井、磨31井、磨24井、磨22井钻过雷一¹层，可为水平井靶体设计提供地质资料。该井区在气藏西端属于储层中等发育区，中孔层上部一段储层厚5m作用，孔隙度7%～10%，在该区试验水平井可考察水平井在西端的开发效果。

磨50井与磨64井同井场，1990年磨64井钻至须四段时油气显示良好，中测获日产天然气13.58×10⁴m³。因此，磨50井原设计为须家河组气藏开发。但在设计时考虑到磨溪须家河组气藏裂缝十分复杂，钻遇裂缝是获得工业气流的必要条件，在须家河组气藏尚无有效增产改造的前提下，如果须家河组未钻遇裂缝不能投产，则考虑加深钻雷一¹水平井。该井区位于气藏中部，磨50井周围有6口以雷一¹为目的层的井，井距800～1000m，该水平井的目的在于试验短水平段和裸眼衬管完井的增产效果，为中部已开发区调整做好技术储备。

（二）实施有针对性的酸化措施，水平井测试效果较好

磨75-H井在射孔后于2002年9月23日用4.5mm油嘴测试，稳定16h，套压14.8MPa，油压17.2MPa，井底流压21.55MPa，折算日产气5.64×10⁴m³，关井实测井底静压24.21MPa。胶凝酸化后，于9月30日9：00～17：00采用8.1mm油嘴，25mm孔板进行

酸化后产量测试，历史 8h，稳产 7h，套压 16.6MPa，油压 16.4MPa，井底流压 20.10MPa，折算日产气 5.64×10⁴m³。

磨 38H 射孔后仅产微气，解堵酸化后，于 2003 年 7 月 26 日采用 5.5mm 油嘴测试，测试套压 15.6MPa，油压 14.5MPa，井底流压 18.65MPa，日产气 2.90×10⁴m³，实测井底静压 28.45MPa；该井在 197m³ 胶凝酸酸化后，于 2003 年 8 月 11 日进行第二次试油测试，稳产 9h，套压 20.80MPa，油压 20.3MPa，井底流压 23.96MPa，折算日产气 7.22×10⁴m³。

磨 50 井采用衬管完井，完井替喷后产微气。2003 年 9 月 17 日采用 35.6m³ 解堵酸化后测试，套压 12.0MPa，油压 12.5MPa，流压 14.91MPa，日产气 3.61×10⁴m³，实测井底静压 16.65MPa；10 月 1 日在 188m³ 胶凝酸大型酸化后进行第二次试油测试，稳产 4h，套压 12.0MPa，油压 10.9MPa，井底流压 13.83MPa，折算日产气 12.76×10⁴m³。

二、水平井目标靶体优化

根据气藏描述获得的目标气藏三维地质模型和目前地层压力、饱和度及剩余储量分布，综合考虑目标区现有井的分布、生产动态及井深结构，在磨 75-1 井区选择磨 75 井加深侧钻水平井磨 75-H 井，磨 30 井区则在磨 30 同场新钻水平井磨 38H 井。利用气藏数值模拟技术研究水平段穿越层段、入靶点水平位移、定向方位、水平段长度等因素对水平井增产效果及开发动态的影响，以优化水平井靶体参数，为水平井地质设计提供依据。

（一）依据储层发育及分布特征，优选靶体层段

磨 75-1 井区气藏描述雷一¹中亚段上部有一致密灰岩夹层将其分为上下两个储层段，第一储层段在目标区内孔隙发育、分布稳定，第二储层段孔隙度较低、平面分布不稳定、仅在磨 75-1 井附近较厚，向东南方向迅速减薄，至磨 17 井、磨 119 井、磨 70 井尖灭，因此设计 2 种方式打开水平段（图 3-5-1）：①沿第一储层段中部钻水平段；②台阶式水平井，即在入靶点处先沿第二储层段中部钻水平段，然后向上过渡钻开致密灰岩夹层，再沿第一储层段中部钻水平段。

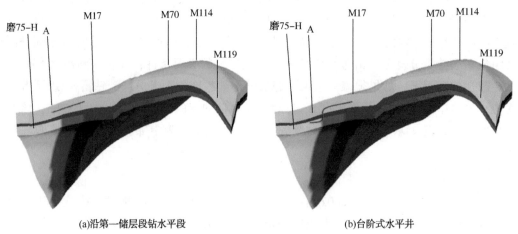

(a)沿第一储层段钻水平段　　　　　(b)台阶式水平井

图 3-5-1　磨 75-H 井水平段钻开层段示意图

经模拟计算，台阶式水平井无明显优势，分析其原因主要是由于第二储层段物性较差，并在磨70井和磨119井方向逐渐尖灭，因此相同水平段长度台阶式水平井与第一储层段水平井在同一生产制度下日产气较接近(表3-5-1)。由于台阶式水平井比在单层内钻水平巷道的技术难度大，而所能获得的产量又无明显增加，故选择磨75-H井沿第一储层段中部钻水平巷道。

表3-5-1　磨75-H井不同层段水平井产量对比表

钻开层段	水平段长度/m	井底流压/MPa	日产气/10⁴m³
第一储层段	400	15	7.25
	500	15	8.50
	600	15	9.34
台阶式水平井	下段125+过渡段75+上段400	15	9.66
	下段125+过渡段75+上段500	15	10.43
	下段125+过渡段75+上段600	15	10.25

(二)依据剩余油分布特征，优选水平井巷道方位

根据目标区储层和剩余储量的平面分布特征，综合考虑现有生产井分布及开采动态，设计磨75-H井在入靶点处分别向磨70井和磨119井方向钻水平巷道[图3-5-2(a)]，磨38H井由磨30井分别向东西南北四个方向钻水平巷道[图3-5-2(b)]。

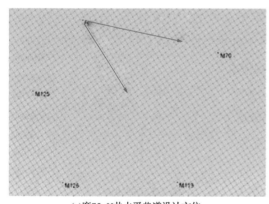

(a)磨75-H井水平巷道设计方位

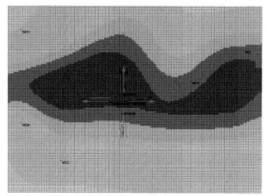

(b)磨38H井水平巷道设计方位

图3-5-2　水平巷道设计方位示意图

数值模拟计算结果表明，磨75-H井水平巷道沿磨70井方向优于磨119井方向，但考虑到增产优势不明显和磨119井方向井网尚不完善，剩余储量明显高于磨70井方向，故选择磨119井方向作为磨75-H井的水平巷道方位。磨38H井水平巷道向磨30井以西的磨24井方向最优(图3-5-3)，研究结果与目标区储层及剩余储量分布相吻合。

(三)利用数值模拟技术，探究入靶点水平位移

研究水平井入靶点位移的目的是考察现有井网密度及水平井投产后对邻井生产的干扰程度。根据目标区井网现状，结合磨75井井身结构及水平井钻井工艺技术要求，确定第一口侧钻先导试验水平井磨75-H井采用中曲率半径，入靶点距磨75井水平位移260m。

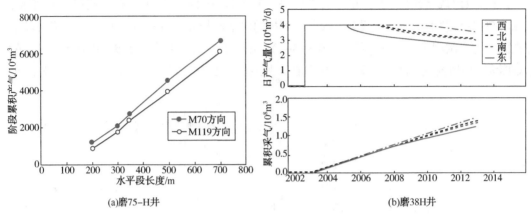

(a)磨75-H井   (b)磨38H井

图3-5-3   不同方位水平巷道开发动态对比图

根据数值模拟计算磨38H水平段方位向磨30井以西钻进为佳，为优化入靶点位移，设计水平井入靶点距磨30井250m、300m、350m、400m和450m共5套方案，在输压5.5MPa，配产 $4×10^4m^3/d$ 的生产约束条件下，模拟计算10年的开发指标进行对比分析。模拟计算结果表明，水平井稳产时间随水平井入靶点位移增长而增加，水平井与磨30井之间的干扰程度随入靶点位移增长而减小，但是从水平井稳产时间在单位空间步长变化的增加量分析，水平井入靶点在距磨30井350~400m时，水平井稳产时间能够获得最佳的增加量，时即获得最大的阶段累产气量(图3-5-4)。

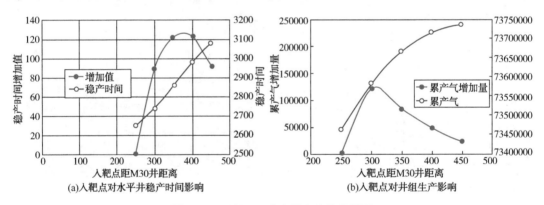

(a)入靶点对水平井稳产时间影响   (b)入靶点对井组生产影响

图3-5-4   磨38H井入靶点位移分析图

（四）利用数值模拟技术，优化水平段长度

水平段长度直接影响水平井的产量和开发效果，通过数值模拟预测不同水平段长度的日产气量、稳产时间、稳产期采气量及累计产气量等开发指标变化，以选择合适的水平段长度。

预测结果表明，在相同生产控制条件下，总体趋势是随着水平段长度的增加，水平井产量增加，相对应的稳产时间越长，稳产阶段累积产气量越多，但稳产时间和稳产阶段累产气量增加速度随水平段长度的增加呈先上升后下降的规律，且增长速度峰值与目标区井网密度、储层物性及剩余储量分布规律等因素有关。

磨75-1井区井网已较完善,现有井距1km左右,随水平段长度的增加,井间干扰增强。模拟计算磨75-H井水平段长度300m左右时产能增长速度最大,水平段长度大于600m后增速度变得极其平缓,说明磨75-H井水平段长度在300~600m范围内,可以获得较理想的开发效果[图3-5-5(a)]。

磨30井区目前只有2口井生产井,且产量低,水平井磨38H井的生产受其他井干扰小。模拟计算当水平段长度为450m左右时水平井产能增长速度最快,其后随水平段增长产能增长速度减缓,水平段长度达到800m以上时水平井产能增长速度明显降低[图3-5-5(b)]。

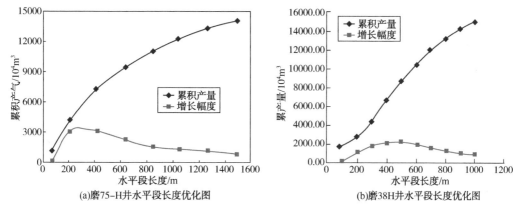

(a)磨75-H井水平段长度优化图　　　　(b)磨38H井水平段长度优化图

图3-5-5 水平段长度与累产气关系图

(五) 利用完善系数模拟生产动态技术,分析水平井完善程度

为了分析水平井完善程度对水平井产能的影响程度,采用不同的完善系数(表皮系数)模拟水平井的开发生产动态,对磨38H井计算了储层钻遇率对水平井产能的影响。

气井完善程度对水平井产量有一定影响,表3-5-2列出了完善井、污染井和酸化改善井的主要开发指标,由表可见水平井完善程度对产能影响较大,当污染系数达到2时,磨75-H气井无阻流量下降 $2.16 \times 10^4 m^3$,如果通过酸化等措施使表皮系数降至-2时,气井无阻流量将增加 $3.48 \times 10^4 m^3$。当污染系数达到2时,磨38H气井无阻流量下降 $1.7 \times 10^4 m^3$,通过酸化等措施使表皮系数降至-5时,气井无阻流量将增加 $5.45 \times 10^4 m^3$。因此,对先导试验水平井实施雷一[1]气藏行之有效的胶凝酸酸化,可进一步提高水平井的产能。

表3-5-2 不同完善程度水平井主要开发指标对比表

井 号	表皮系数	水平段长度 /m	井底流压 /MPa	无阻流量 /(10⁴m³/d)	稳定日产气 /10⁴m³	稳产时间 /d
磨75-H	+2	500	20.28	16.82	8.50	577
	0	500	20.67	18.98	8.50	638
	-2	500	21.09	22.46	8.50	730
磨38H	+2	500	19.59	8.73	6.00	394
	0	500	21.29	9.72	6.00	518
	-5	500	25.04	14.77	6.00	1186

基于前面的研究结果，磨38H水平井在距磨30井350m处向西钻进500m。由于该气藏储层薄，井眼轨迹易偏离储层，不同水平井钻遇率对气井动态影响不同，为此设计了几种水平井钻遇率，以研究不同钻遇率下的开发动态。气井控压5.5MPa，配产$6×10^4m^3/d$的生产约束条件下，模拟计算开发指标。

模拟计算表明（表3-5-3），水平井储层钻遇率对气井的产能影响非常大，钻遇率在80%以上对气井的生产影响相对较小，而钻遇率低于70%后，气井的产能快速下降，因此，现场施工中，应随时监测控制井眼轨迹的变化，确保钻遇率在80%以上。

表3-5-3　磨38H水平段钻遇率对动态指标影响对比表

钻遇率/%	井迹储层缺失/m	日产气量/10^4m^3	井底流压/MPa	无阻流量/(10^4m^3/d)
60	200	6.0	22.38	10.61
70	150	6.0	23.21	11.50
80	100	6.0	23.93	12.51
90	50	6.0	24.55	13.63
100	0	6.0	25.04	14.77

三、水平井开发效果评价

（一）水平井产量优于直井

2002~2004年雷一¹气藏开展了磨75-H井、磨38H井、磨50井、磨91H井四口水平井先导试验，均获得高产，酸化后测试产量达到$(7.22~21.8)×10^4m^3/d$，为同井场直井的3.45~5.6倍；水平井测试采气指数为同井场直井的4.09~17.51倍（表3-5-4），产能试井分析水平井无阻流量为同井场直井的5.5倍，水平井大幅度提高了单井产能，开发效果优于直井。

表3-5-4　雷一¹气藏先导试验水平井与直井测试产量对比表

井号	完井方式	静压/MPa	流压/MPa	测试压差/MPa	日产气/10^4m^3	采气指数/(10^4m^3/d·MPa^2)	水平井/直井 产量	水平井/直井 采气指数
磨75-1	射孔	31.75	29.58	2.17	3.2	0.024	5.6	4.09
磨75-H	射孔	24.21	20.1	4.11	17.93	0.098		
磨30	射孔	31.26	24.31	6.95	1.4	0.004	5.15	8.46
磨38H	射孔	28.45	23.96	4.49	7.22	0.031		
磨64	射孔	32.22	24.53	7.69	3.7	0.008	3.45	17.51
磨50	衬管	16.65	13.83	2.82	12.76	0.148		
磨91	射孔	31.99	30.3	1.69	2.9	0.027	7.48	—
磨91H	射孔	—	—	—	21.8	—		

磨030-H26井于2012年5月开展稳定试井，求得无阻流量为$23.73×10^4m^3$。利用不稳定试井资料确定气井二项式产能方程，求得该井理论无阻流量值为$16.65×10^4m^3$。同一地

层区域若是采用直井开采，利用磨030-H26井不稳定试井资料可以计算得出对比直井的无阻流量值为$7.62 \times 10^4 \mathrm{m}^3$。地层压力$P_R = 22.05 \mathrm{MPa}$条件下，计算可得磨030-H26井与对比直井无阻流量的比值为2.19倍(表3-5-5)。

表3-5-5 磨030-H26井无阻流量对比数据表

井 名	产能试井Q_{AOF} /$(10^4 \mathrm{m}^3/\mathrm{d})$	计算水平井Q_{hAOF} /$(10^4 \mathrm{m}^3/\mathrm{d})$	理论计算直井Q_{vAOF} /$(10^4 \mathrm{m}^3/\mathrm{d})$	Q_{hAOF}/Q_{vAOF}
磨030-H26	23.73	16.65	7.62	2.19

根据相关数据，分别绘制出磨030-H26井的理论与实际的流入动态曲线以及对比直井的流入动态曲线，如图3-5-6所示。

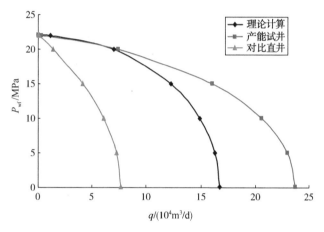

图3-5-6 磨030-H26井流入动态曲线对比图

此外，选取该区块水平井采用相同方法对水平井无阻流量与同地层区域理论直井进行对比，汇总如表3-5-6、图3-5-7所示，从理论上说明雷一¹气藏水平井较直井有更好的开发效果。

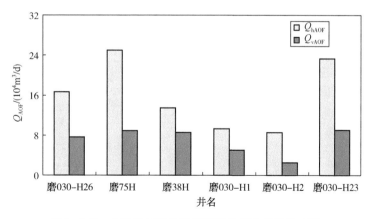

图3-5-7 水平井与同地层区域理论直井产能对比图

表 3-5-6　水平井与同地层区域理论直井产能对比表

井 号	实际产能试井 Q_{AOF} /($10^4 m^3$/d)	理论计算水平井 Q_{hAOF} /($10^4 m^3$/d)	理论直井 Q_{vAOF} /($10^4 m^3$/d)	Q_{hAOF}/Q_{vAOF}
磨 030-H26	23.73	16.65	7.62	2.19
磨 75H	—	24.96	8.91	2.8
磨 38H	—	13.5	8.62	1.57
磨 030-H1	—	9.27	4.99	1.86
磨 030-H2	—	8.53	2.53	3.36
磨 030-H23	—	23.3	9.1	2.56

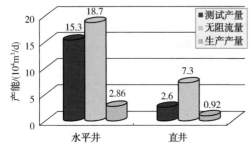

图 3-5-8　水平井、直井产能对比图

对气藏水平井邻近直井产能进行统计(表 3-5-7)。结果显示,气藏水平井无阻流量与邻井直井无阻流量比值 Q_{hAOF}/Q_{vAOF} 为 2.7 倍,与气藏直井无阻流量比值为 2.6 倍,开发效果较好。从水平井与邻井测试产量和生产情况来看,气藏水平井测试产量为直井测试产量的 5.9 倍,目前水平井井均日产气量为直井的 3.1 倍,水平井开采效果较好(图 3-5-8)。

表 3-5-7　水平井与邻近直井产能对比表

井型	井数/口	测试产量/$10^4 m^3$		无阻流量/($10^4 m^3$/d)		生产产量/($10^4 m^3$/d)		
		累计	井均	累计	井均	开井	日产	井均
水平井	47	720	15.3	896.33	19.07	40	99.32	2.86
直井	82	201.7	2.6	569.4	7.3	24	16.38	0.92
倍比	—	—	5.9	—	2.6	—	6.06	3.1

从单井来看,对比水平井与邻近直井测试产量、无阻流量以及实际生产可知(表 3-5-8):气藏水平井产能达到邻近直井产能的 1 倍以上。说明水平井开发能够有效地提高单井产能。

表 3-5-8　水平井与相邻直井产能对比表

井 号	测试产气/$10^4 m^3$	倍比	无阻流量/$10^4 m^3$	倍比	日产气/$10^4 m^3$	倍比
磨 030-H7	22.51	15.85	18.9	5.71	1.2	3
磨 30	1.42		3.31		0.4	
磨 017-H10	15.7	7.6	10	6.3	1.3	1.3
磨 18	2.06		1.6		1	

以气藏西端直井磨 30 井、磨 13 井以及其周边相邻水平井为例,这两口直井井均测试产量为 $1.37 \times 10^4 m^3$,井均最高产量为 $1.4 \times 10^4 m^3$,而周边水平井生产效果均较好,井均测试产量达 $18.89 \times 10^4 m^3$,为直井的 13.78 倍,井均最高产量为 $6.28 \times 10^4 m^3$,为直井的 4.48

倍，水平井生产产量明显高于直井。

同时对比气藏中部、西端的水平井与邻井直井动态储量及单位压降采气量发现（表3-5-9）：水平井动态储量高于邻井直井动态储量，单位压降采气量为邻近直井采气量的1倍多(图3-5-9)。

表 3-5-9   水平井与邻近直井动态储量、单位压降采气量对比表

区块	井号	投产日期	动态储量/$10^8 m^3$	储量倍比	单位压降采气量 /($10^4 m^3$/MPa)	倍比
中部	磨 030-H23	2011 年 1 月 26 日	1.91	2.65	689	1.41
	磨 126	1994 年 2 月 1 日	0.72		490	
	磨 91H	2004 年 9 月 23 日	2.16	2.16	798	1.21
	磨 91	1992 年 10 月 24 日	1.00		661	
西端	磨 030-H6	2009 年 8 月 7 日	1.48	5.92	434	1.3
	磨 30	1994 年 2 月 1 日	0.25		334	
	磨 030-H5	2009 年 2 月 24 日	1.17	3.44	544	5.28
	磨 13	1994 年 2 月 1 日	0.34		103	

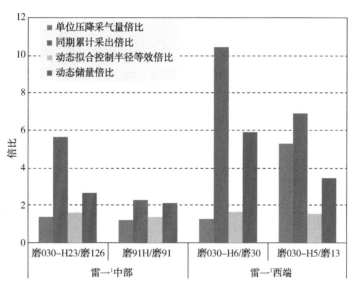

图 3-5-9   水平井与邻近直井动态储量、采气量对比图

（二）水平井可有效动用低渗储量

针对雷一[1]气藏储层厚度薄、上部易垮塌、大斜度井产量低、动用程度差的问题，采用水平井开发技术可提高其单井产量。水平井先导试验取得成功后，在气藏西端开展水平井整体部署及分步实施工作。从地质研究中得知，气藏西端储层为低渗、致密储层，且储层有效厚度小，平均仅为 4m，为薄储层，这必然导致直井产能低、控制储量小、采出气量少，对于水平井则可看作无限大导流能力的裂缝，它增加了井筒与产层之间的直接接触范围，扩大了泄流面积，提高了单井的可动用储量。

气藏西端低渗区受前期开发技术手段的局限，西端低渗区在水平井开发（磨 38H 井）之前有 5 口直井钻遇雷一¹储层，井均测试产量为 0.8×10⁴m³/d，投产井数仅 2 口井，日产气 0.3×10⁴m³，采气速度仅 0.034%，开发效果较差，而 1995 年提交探明储量 95.6×10⁸m³，一直未能有效动用该区低渗储量。

2003 年 5 月西端第一口水平井磨 38H 完钻测试获日产气 7.22×10⁴m³，取得较好效果，之后西端陆续开展水平井部署，整体开发。截至目前，气藏西端共完钻水平井 27 口，高产井成功率 100%，井均测试日产气达 18.4×10⁴m³，为直井的 23 倍。投产 27 口井，开井 24 口，日产气 64.08×10⁴m³，井均日产 2.67×10⁴m³，为直井的 8.9 倍，采气速度达到 2.88%，压降储量采出程度 36.58%，有效地动用了西端的低渗储量（表 3-5-10）。

表 3-5-10　气藏水平井与直井对比表

项　目	直井（磨 38H 井之前）	水平井	项　目	直井（磨 38H 井之前）	水平井
井数/口	5	27	开井数/口	2	24
测试产量/(10⁴m³/d)	3.9	497.60	井均日产/(10⁴m³/d)	0.3	2.67
井均测试/(10⁴m³/d)	0.8	18.40	累产/(10⁸m³/d)	0.9	11.28
日产气/(10⁴m³/d)	0.6	64.08	采气速度/%	0.034	2.88

（三）水平井已成为雷一¹主体开发技术

水平井先导试验的成功为水平井技术在低渗含硫气藏的推广应用奠定了基础。随着气藏开发深入，水平井井数及所占产量比例逐年增加，特别是 2009 年大规模应用水平井技术之后，水平井大幅度增加。截至 2003 年 6 月，雷一¹气藏水平井数达 47 口，具备日产气 134×10⁴m³ 的生产能力，占整个气藏 79%（图 3-5-10）。

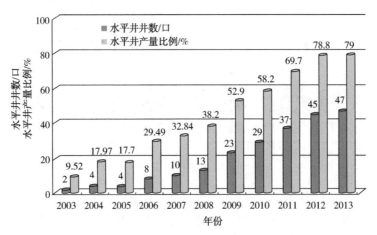

图 3-5-10　雷一¹气藏历年水平井井数、产量比例柱状图

第四章
低渗碳酸盐岩气藏高效开发配套技术

第一节 钻完井工艺技术

基于雷一^{1}气藏低渗、低丰度、低孔隙率等特征认识，对自然产能差、水平段长、跨度较大的气井进行了钻完井工艺技术探究，逐步形成了适合雷一^{1}气藏的开窗侧钻工艺技术、水平井钻井工艺技术和射孔完井技术。

一、直井钻井工艺技术

磨溪气田雷一^{1}气藏埋深2700m左右，前期气田开采主要以直井为主。直井采用二开或三开的井身结构方式，自开发以来经历了三次大的井身结构调整：

开发初期的井身结构（套管程序）为：$13\frac{3}{8}$in×30m+$9\frac{5}{8}$in×1000m+7in×2750m，由于当时钻井技术条件、工艺技术水平及钻井工具的限制，不能够很好地处理香六及以下井段的喷、卡、井壁垮塌等一系列问题，在多口井出现井下复杂处理困难的情况下。开发中期井身结构改变为：$13\frac{3}{8}$in×30m+$9\frac{5}{8}$in×1600m+7in×2750m（或尾管）。二期工程为节约钻井成本再次改变为：$13\frac{3}{8}$in×30m+$9\frac{5}{8}$in×1600m+$5\frac{1}{2}$in×2750m（或5in尾管）。

长期以来，由于受技术条件和地质目标选择的限制，磨溪气田所钻井95%以上属于直井井型，在直井钻井过程中采用的主要技术包括：

以喷射钻井为的配套工艺技术；

优选钻头和钻井参数，开展金刚石钻头试验和应用，在钻井参数上根据不同的井段地层岩性的不同和不同型号、规格的钻头及时调整钻井参数；

试验推广应用优质钻井液，提高钻井速度；

加强油气层保护，根据物性特点在钻井液中加入一定比例的屏蔽暂堵保护剂。

根据磨溪气田雷一^{1}气藏多年的开发史，由于油层套管被严重腐蚀造成井内堵塞或油管断落，严重影响气井正常生产甚至停产，只能通过侧钻修井来恢复气井产能，从磨溪气田雷一^{1}气藏现有井的井身结构分析，结合近年来开窗侧钻的实践，认识到ϕ177.8套管开窗侧钻的工艺技术比较成熟，速度较快，成本较低，而ϕ139.7小套管开窗侧钻工艺技术在目前还不是很成熟。川中虽然摸索着修过2口小套管井并取得了成功，但遇到井内腐蚀断落油管长，开窗位置太高的情况，无法进行长井段小井眼钻进，必须进行长时间的油管打捞作业，如果打捞效果不理想就面临着高位开窗的危险。

二、丛式井钻井工艺技术

（一）丛式井

在磨溪气田雷一¹气藏第二期产能建设时，成功地钻成了 1 个丛式井组(1 直 4 斜)，解决了地理条件(涪江)对气藏井网部署的限制。2002 年又在磨溪气田雷一¹成功地钻成了第一口先导试验水平井(磨 75-H 井)，平井段长 516m，创川渝地区水平井段长度之最，至今已投产水平井 4 口，水平井和丛式井采用的主要工艺技术有：

应用计算机软件设计技术，包括水平井、定向井的井场及井眼轨迹设计，实钻井眼轨迹跟踪及中靶预测，钻具下部结构受力计算和分析，都编成计算机程序，随时能够掌握井底钻具的受力情况，预测增斜、降斜和扭方位的效果。

利用地质构造的自然特性，掌握"右手"漂移技术。

采用单、双弯螺杆或弯接头造斜技术。

单点、电子多点测斜仪测斜技术。

有线、无线随钻测斜监控井眼轨迹的导航钻井技术，随钻测斜监控井眼轨迹，保证准确中靶，大大提高了钻水平井和定向井的质量和技术水平。

动力钻带转盘钻技术，在动力钻具(弯螺杆、或带弯接头)定向造斜到一定的井斜角后，改用动力钻带转盘钻进，辅以适当的钻井参数达到稳斜或降斜的目的。

磨 75-H 井是磨溪气田雷一¹第一口先导试验水平井，该井在经过近 2 个月的前期准备之后，于 2002 年 6 月 18 日自井深 1963m 开钻，至 8 月 6 日钻至井深 3278m 完钻，总进尺 1315m，其中水平段长 516m，钻井周期 48d14h30min，纯钻进时间 611h50min，平均机械钻速 2.15m/h。酸化后测试日产气 17.9316×10⁴m³，为同区直井 5 倍左右。

若新钻一口磨溪气田雷一¹气藏水平井的钻井周期在 90~100 天左右，产量为钻直井 5 倍左右，不仅具有明显的经济效益，而且对于磨溪气田雷一¹这种低渗透孔隙性气藏，采用基本均匀而较密的面积井网，无论从提高单井产能，还是从解决地形条件限制、降低钻前工程费用等方面考虑，都具有较好的使用性和经济效益。

（二）复产修井技术——小井眼侧钻技术

1. 开窗侧钻原因分析

雷一¹气藏投产开发以来，气井井下管柱腐蚀、堵塞严重，部分穿孔甚至断落，管柱失效情况频繁发生，气井产量大幅度下降，个别气井甚至失去了生产能力，严重制约着气藏稳产及效益开发。为维持气藏生产能力，修井成为弥补产能的主要手段，雷一¹气藏开采前期面临的主要问题如下。

气藏 1991 年开始试采，井下油套管采用了 AC80、AC90、NT80 和 SM80 等抗硫材质，一年后气井相继井口压力降低、产量大幅下滑甚至停产。部分气井投产不足 1 年便停产待修，平均两年半就需要修井。修井中发现井下油管大多在 2000m 以下腐蚀穿孔、结垢、堵塞和断落（图 4-1-1、图 4-1-2），统计发现 34.3% 的金属油管在 2600～2700m 断落，2000～2400m 及 2400～2600m 金属油管断落的比例同为 25.7%，大多数金属油管于 2400m 以下断落，井下腐蚀落物鱼长在 32～762m，一般在 200～400m 范围内。

图 4-1-1　磨 89 井油管腐蚀 　　　　　　　图 4-1-2　磨 89 井油管腐蚀堵塞

　　为解决直井产能低、管柱腐蚀、堵塞等问题，现场逐步形成了开窗侧钻工艺技术。开窗侧钻技术是指利用斜向器和开窗铣锥，在设计位置将套管磨穿而形成窗口，然后再用侧钻钻具钻出新井眼。在侧钻时侧钻点的位置要尽可能选择上层套管无变形、无断裂、固井质量较好、老井眼井径规则、全角变化率较小的井段，避开膨胀页岩、砾岩、盐岩及坚硬地层，最好是选择比较均质的砂岩层，便于钻头尽快吃入新地层，形成新井眼。小井眼开窗侧钻技术是在侧钻井、定向井、水平井及小井眼井时基础上发展起来的一项综合性钻井技术。

　　2. 开窗侧钻历程

　　1994 年首次对磨 63 井侧钻，成功后，对一批直井相继开展了侧钻修井。截至 2019 年 6 月，磨溪雷一^{1}气藏共进行了 46 口井侧钻修井，侧钻修井全部成功。对比分析侧钻前后气井的生产效果可知，侧钻后效果相对较好（图 4-1-3），侧钻前井均日产气 0.88×10^{4}m^3，侧钻后井均日产气 2.23×10^{4}m^3，侧钻后为侧钻前产量的 2.52 倍，侧钻修井有效恢复气井产能。

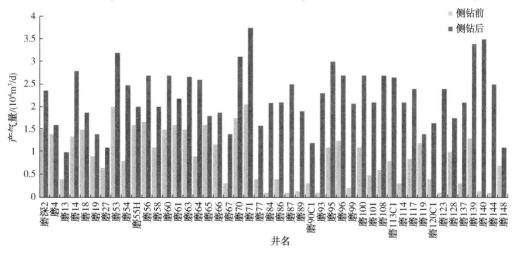

图 4-1-3　雷一^{1}气藏侧钻修井前后单井生产效果对比图

3. 开窗侧钻气井生产特征分析

（1）直井采用开窗侧钻工艺技术后，产量大幅提升、产能恢复明显。

1994 年首次对磨 63 井侧钻，成功后，一批直井相继开展了侧钻修井。截至目前，磨溪气田雷一¹气藏共进行了 46 口井侧钻修井，其中 5in 与 5½in 小井眼侧钻井 8 口（磨 89、磨 87、磨 84、磨 93、磨 95、磨 128、磨 100、磨 120），侧钻后雷一¹裸眼完井 2 口（磨 144、磨 65），侧钻水平井 1 口（磨 55H），侧钻修井全部成功。对比分析侧钻前后气井的生产效果，侧钻后效果相对较好（表 4-1-1、图 4-1-4），侧钻后井均日产气为侧钻前的 3 倍，有效恢复气井产能（图 4-1-5）。

表 4-1-1　雷一¹气藏侧钻修井前后生产效果表

井号	侧钻时间	产量/($10^4 m^3$/d)		井号	侧钻时间	产量/($10^4 m^3$/d)	
		侧钻前	侧钻后			侧钻前	侧钻后
磨深 2	2001 年	1.5	2.36	磨 86	1999 年	0.4	2.1
磨 4	2002 年	1.4	1.6	磨 87	2001 年	0.1	2.5
磨 13	2003 年	0.4	1	磨 89	2001 年	0.13	1.9
磨 14	2000 年	1.35	2.8	磨 90C1	2007 年	0.3	1.2
磨 18	2001 年	1.5	1.87	磨 93	2000 年	0.1	2.3
磨 19	2000 年	0.9	1.4	磨 95	2003 年	1.1	3
磨 27	2005 年	0.65	1.1	磨 96	2006 年	1.25	2.7
磨 53	1999 年	2	3.2	磨 99	1995 年	0.2	2.07
磨 54	2000 年	0.8	2.48	磨 100	2002 年	1.1	2.7
磨 55H	2006 年	1.6	2	磨 101	1996 年	0.48	2.1
磨 56	2001 年	1.67	2.7	磨 108	2001 年	0.6	2.7
磨 58	2001 年	1.1	2	磨 113C1	2007 年	0.8	2.65
磨 60	1996 年	1.5	2.7	磨 114	2000 年	0.3	2.1
磨 61	2001 年	1.6	2.18	磨 117	2002 年	0.85	2.4
磨 63	1994 年	1.5	2.67	磨 119	2003 年	1.2	1.4
磨 64	1994 年	0.9	2.6	磨 120C1	2007 年	0.4	1.64
磨 65	2002 年	1.6	1.8	磨 123	2002 年	0.1	2.4
磨 66	2002 年	1.17	1.87	磨 128	2002 年	1	1.75
磨 67	2001 年	0.3	1.4	磨 137	2001 年	0.3	2.1
磨 70	1998 年	1.75	3.12	磨 139	2000 年	1.3	3.4
磨 71	1994 年	2.06	3.75	磨 140	2002 年	0.14	3.5
磨 77	2000 年	0.4	1.58	磨 144	2001 年	0.1	2.5
磨 84	1996 年	0.1	2.09	磨 148	2003 年	0.7	1.1

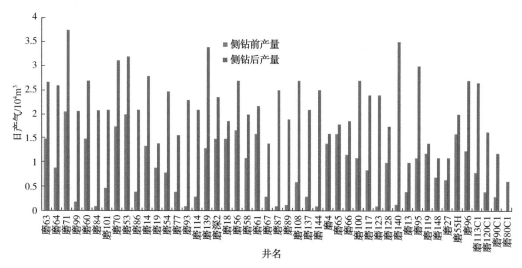

图 4-1-4 雷一¹气藏侧钻修井前后单井生产效果对比图

（2）侧钻修井作业周期变长、侧钻修井效果差，气井产能恢复难度大。

2006年，侧钻修井后测试、生产产量均低于投产初期，效果较初期侧钻井差(图4-1-6)。且2007~2008年气藏完成侧钻修井4口(磨120-C1、磨90-C1、磨113-1-C1、磨80-C1)，测试产量在(0.65~2.35)×10⁴m³/d，平均测试产量仅为1.98×10⁴m³/d，而四口井侧钻前平均测试产量2.62×10⁴m³/d，侧钻修井效果变差。

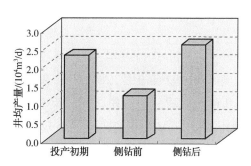

图 4-1-5 雷一¹气藏井均产量对比图

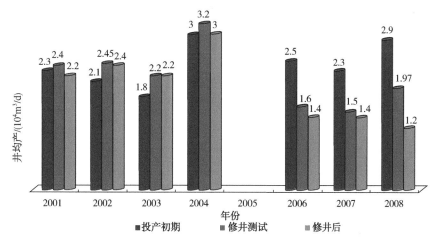

图 4-1-6 雷一¹气藏侧钻效果对比图

从单井上看，磨108井投产前地层压力为33MPa，1991年2月开井投产，初期日产气1.5×10⁴m³，生产至2001年初因管柱腐蚀无法满足生产。2001年5月该井开窗侧钻，射孔酸化后测试获日产气 2.3×10⁴m³，同年 11 月转入生产，日产气 2.7×10⁴m³（图 4-1-7）。该井侧钻效果较好，有效地恢复了气井产能。

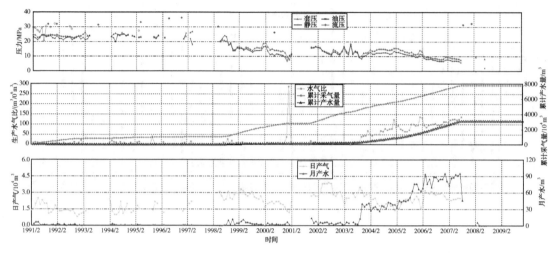

图 4-1-7　磨 108 井采气曲线图

磨 63 井于 1991 年 3 月 8 日投产，投产前测得地层压力为 32.56MPa，初期日产气 2.9×10⁴m³；1992 年 9 月，该井生产表现出异常，油套压下降，日产气从 2.2×10⁴m³降至 1.6×10⁴m³，之后一直关井。1994 年 3~4 月开窗侧钻，之后对 2793.4~2820.8m 段射孔酸化，测试获气 3.41×10⁴m³；1994 年 10 月该井再次以 3.5mm 油嘴投入生产，初期日产气 2.67×10⁴m³，有效地恢复了气井产能。随着生产时间的加长，由于井下管柱可能存在堵塞、腐蚀，产量逐渐下降，2004 年底日产气降至 0.4×10⁴m³；2005 年再次开窗侧钻，射孔酸化后测试获日产气 1.4×10⁴m³；2006 年 2 月，转入生产，日产气 1.3×10⁴m³。该井第二次侧钻同样恢复了气井产能，但是较第一次相比，效果变差（图 4-1-8）。

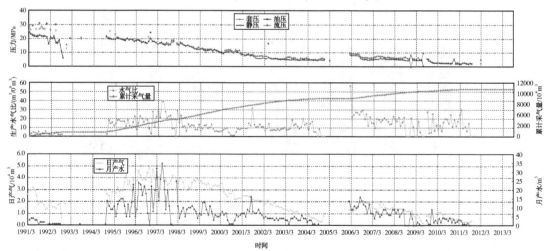

图 4-1-8　磨 63 井采气曲线

三、水平井钻井工艺技术

(一)雷一¹气藏水平井钻井技术难点

1. 造斜点太高容易形成键槽

前期四口水平井钻井实践表明,除磨75H井外其余三口井均存在卡钻,两口井形成键槽,主要原因是造斜点高,下部施工井段长,起下钻次数多,再加上上部地层极软,容易形成键槽,导致卡钻。

2. 储层薄、横向上变化较大,水平段储层跟踪难度大

由于雷一¹气藏储层薄、非均质,采用常规工艺和技术难以满足水平段储层跟踪的要求,磨91H水平段首次使用斯伦贝谢地质导向,取得了较好的效果。

3. 低压气藏储层保护

磨溪气藏中部由于开采时间较长,部分井气藏压力已低于静水柱压力,虽然储层只是弱水敏性,雷一¹气藏储集岩对钻井液和完井液都不敏感,一般可通过酸化措施解除堵塞,并且酸化效果非常明显,因此钻井中无须考虑专门的储层保护措施。

(二)水平井钻井工艺技术发展历程

磨溪气田雷一¹气藏储量大、丰度低,在232.19km²范围内已获天然气探明储量349.47×10⁸m³、控制储量42.68×10⁸m³,储层平均有效孔隙度7.28%,平均渗透率0.26×10⁻³μm²。由于气藏具有中孔、低渗的储层特征,虽经多项技术攻关使气藏中部120km²相对高渗区253.87×10⁸m³储量投入开发,并稳产至今,但由于单井产能低[胶凝酸酸化改造后一般(2~3)×10⁴m³/d],气井腐蚀严重(气井寿命期短,近年来主要靠侧钻修井维持气藏继续稳产),与气藏采出程度低的矛盾日益突出。

针对磨溪气田雷一¹气藏储层渗透率低、产层薄、直井产能低、气井腐蚀严重,中部已开发区采出程度低,西端95.6×10⁸m³探明储量长期以来不能有效动用的现状,开展以提高单井产能和加快开采速度为目的的水平井先导试验,为中部已开发区继续稳产和尽快实现西端低渗储量工业性开发提供技术保证,探索川中低渗透油气藏效益开发的技术途径,促进川中油气生产的持续稳定发展。

早期:磨溪气田雷一¹气藏储层为低渗透薄储层,直井测试产量不高,普遍分布在(2~4)×10⁴m³/d之间。水平井开发技术在川中地区由来已久,早在1965年就在磨溪气田钻成了我国第一口水平井磨3井,因地质条件复杂和工艺技术不配套而未获得增产效果。

中期:2002年6月,针对川中磨溪雷一¹气藏采气速度低与气井腐蚀严重的问题,为深入挖掘气藏开发潜力,开展了以提高单井产量为目的的水平井先导试验,获得初步成功。2002~2004年雷一¹气藏开展了磨75H、磨38H、磨50、磨91H四口水平井先导试验,均获得高产,酸化后测试产量达到(7.22~21.8)×10⁴m³/d,为同井场直井的3.45~5.6倍(表4-1-2)。水平井先导试验的成功为水平井技术在低渗含硫气藏的推广应用奠定了基础。

近期:之后,随着水平井钻完井技术以及水平段地质随钻跟踪导向技术的进步与成熟,水平井储层钻遇率得到大大提高,储层钻遇率最高可达100%,水平段长度最长达2010m,

同时，针对低渗气藏的酸化、压裂等储层改造技术获得实质性突破，可实现多级分段酸化、压裂，使得川中地区低渗气藏采用水平井开发成为可能。2005~2020年，在川中磨溪气田雷一¹气藏实施水平井开发。

表4-1-2　磨溪气田雷一¹气藏先导试验水平井与直井测试产量对比表

井号	静压/MPa	流压/MPa	测试压差/MPa	日产气/$10^4 m^3$	采气指数/($10^4 m^3 \cdot d^{-1} \cdot MPa^2$)	水平井/直井产量/($10^4 m^3$/d)	水平井/直井采气指数
磨75-1	31.75	29.58	2.17	3.2	0.024	5.6	4.09
磨75H	24.21	20.1	4.11	17.93	0.098		
磨30	31.26	24.31	6.95	1.4	0.004	5.15	8.46
磨38H	28.45	23.96	4.49	7.22	0.031		
磨64	32.22	24.53	7.69	3.7	0.008	3.45	17.51
磨50	16.65	13.83	2.82	12.76	0.148		
磨91	31.99	30.3	1.69	2.9	0.027	7.48	—
磨91H	—	—	—	21.8	—		

（三）随钻跟踪技术

随钻跟踪技术的形成：由于雷一¹气藏储层薄、横向上变化大，井眼轨迹跟踪难度大。在磨91H水平井钻井过程中，通过引进、使用国际先进的Schlumberger公司的地质导向技术，实现了钻井过程中储层的实时跟踪解释和钻进中的实时微调井眼轨迹，该井于2844.2m进入雷一¹中亚段储层，在3416.0m完钻，整个水平段长571.8m，全部在雷一¹中亚段储层中穿行，水平段储层钻遇率几乎100%，取得了很好的效果。斯伦贝谢地质导向技术将有利于提高水平段储层钻遇率，对提高水平井产能具有十分重要的作用，在今后水平井钻井中应普遍采用这一技术。

2002年后，西南油气田水平井技术进入快速发展期。2002年，磨75-1H井在原直井磨75井加深造斜钻进，及时跟踪分析储层变化，精确计算并及时调整井眼轨迹，三次上下台阶找产层，516m水平段在仅2m厚的储层中穿行，在不依靠LWD地质导向仪的条件下，水平段储层钻遇率达到86%，测试产量高达$18 \times 10^4 m^3$/d，是直井测试产量的9倍。2003年，在地层压力低、产量低、开发效益差的川西白马庙侏罗系蓬莱镇组致密低渗储层，完成了国内第一口气体钻水平井，水平段长238m，平均机械钻速27m/h，测试获天然气产量$6.8 \times 10^4 m^3$/d，是同井场同产层直井产量的22.3倍。2005年首次应用LWD地质导向仪在碳酸盐岩跟踪储层，钻成水平段长400m的磨152H井，储层钻遇率100%，单井产量$18.3 \times 10^4 m^3$/d，是直井产量的5.8倍。2007年，广安002-H8井应用电磁波随钻监测气体钻水平井技术，解决了气体介质中地层信号传输难题，首次真正意义上实现了气体条件下井眼轨迹的随钻监测，通过上下调整井眼轨迹寻找产层，测试获气$26.9 \times 10^4 m^3$/d，是邻近直井储层改造后产量的5~10倍。阶段性技术改进及成功应用使四川水平井钻井技术日趋成熟（表4-1-3）。

表 4-1-3 水平井钻井技术发展简表

2002 年前（水平井未获增产效果）	2002 年后（水平井进入快速发展期）
磨-3 井（全国第一口水平井）↓ 丹 21-1 井（大曲率半径水平井）↓ 金 54w-1 井（中曲率半径水平井）	磨 75-1H 井（采用常规手段随钻跟踪，不依靠 LWD 仪的条件下，水平段储层钻遇率达到 86%）↓ 白浅 111H 井（国内第一口气体钻水平井）↓ 磨 55H 井（小曲率半径水平井钻井技术探索试验成功）↓ 磨 152H 井（采用 LWD 地质导向仪在碳酸盐岩跟踪储层，储层钻遇率 100%）↓ 广安 002-H8 井（应用电磁波随钻监测气体钻水平井）

（四）水平井钻井取得的主要技术成果

针对高温、高压、含硫、碳酸盐岩硬地层等复杂地质条件，经过多年的探索、实践、总结、提高，雷一¹气藏在水平井钻井技术方面主要取得了以下成果。

1. 水平井优化设计技术

形成了一套水平井设计技术，能够对大、中、小曲率半径水平井以及三维水平井和多目标水平井进行优化设计。

2. 水平井井眼轨迹控制及可视化技术

建立了用几何法、能量法计算常用的造斜马达造斜率的方法，用有限元法建立了导航钻井条件下井下马达的强度校核公式并设计了最优钻具结构，编制了水平井井眼轨迹的实时三维显示与控制跟踪软件。

3. 水平井待钻井段预测及实时修正技术

建立了水平井待钻的下部预测模式，对下部待钻井眼的钻进情况提前作出预测，确保安全和准确中靶。

4. 水平井安全快速钻井技术

建立了川渝地区复杂地质条件以及其他地质条件下的水平井安全快速钻井方法，并对大斜度井和水平段井壁的稳定性做了深入的分析研究，研究了有效解决大斜度井段和高造斜率井段井下复杂情况的技术。

5. 地质目标跟踪技术

2005 年来，在碳酸盐岩地层应用 LWD 地质导向技术跟踪评价储层，在灰岩储层应用 LWD 后成功地识别了白云岩储层，进一步提高了储层钻遇率，基本形成了四川地区 LWD 的应用与评价解释技术。

（五）水平井钻井技术在雷一¹气藏应用效果

磨溪气田雷一¹气藏完钻水平井 21 口，水平段长度 176~686m，储层钻遇率 30.4%~100%，平均达 76.9%（表 4-1-4、表 4-1-5）。

表 4-1-4　磨溪气田雷一¹气藏水平井情况统计

井号	磨75-H	磨38H	磨50	磨91H	磨030-H1	磨004-H2	磨004-H4	磨017-H3	磨55H	磨030-H3	磨030-H4
完钻井深/m	3278	3438	3024	3416	3344	3415	3370	3408.5	2961	3464	3662
完钻层位						雷一¹					
完井方法	射孔	射孔	衬管	射孔	射孔	射孔	射孔	衬管	尾管	射孔	射孔
垂深/m	2632.34~2636.91	2668.00~2672.38	2698.68~2701.90	2652.32~2659.63	2702.62~2707.45	2697.9~未完	2713.8~未完	地层倾角大，上翘22.49m	2745~2744	2669.7~2672	2701.17
靶体厚/m	4.57	4.38	3.22	7.31	4.83	—	—		1		
方位/(°)	140.91	269.99	11.92	41.77	208.32	290.03	191.58	175.12	260.45	3.78~24.90	280.4
A点位移/m	246.88	402.54	280.3	713.53	296.5	334.6	285.76	626.27	41.96	350	412
水平井段/m	2762~3278	2938~3438	2842~3024	2916~3416	2844~3344	2898~3415	2870~3370	3020~3408.5	2782.3~2961	2914~3419	3133~3640
水平段长/m	516	500	177	500	500	517	500	388.5	178.71	505	507
储层段长/m	368.5	152	177	500	277	348	490	249	132	496	507
储层钻遇率/%	71.4	30.4	100	100	55.4	67.3	98	64.1	73.9	99.2	100
造斜井深/m	2390	2360	2364	1400	2710.69	2389	2420	2200.7	—	2350	
造斜井段/m	2390~2762	2360~2878	2364~2842	1400~2916	2455~2844	2389~2898	2420~2870	2200.7~3020	2691~2782.3	2350~2295	
造斜段长/m	372	518	478	1516	389	517	450	819.3	91.29	595	
水平段井斜/(°)	86.60~93.10	88.21~93.46	88.16~94.7	94.1	92.8	86.37~94.7	87.03~92.3	86.87~98.4	90~94.6	89.97~91.05	89.9
最大水平位移/m	762.88	962.54	456.3	1213.53	796.5	851.6	785.76	1014.77	220.67		1080

（注：“垂深/m”至“储层钻遇率/%”各行归属“完钻靶体”项）

续表

井号	磨004-H6	磨017-H6	磨017-H7	磨017-H8	磨030-H2	磨030-H5	磨030-H6	磨030-H8	磨030-H9	磨030-H11
完钻井深/m	3370.0	3079	3271	3414.5	3334	3503	3320	3420	3437	3661
完钻层位					雷一^1					
完井方法	裸眼	射孔	裸眼	射孔	射孔	裸眼	裸眼	射孔	裸眼	射孔
垂深/m	2681.8~2691.64	2618.1~2624.06	2652.83~2656	2645.15~2684.66	2713.2~2724.11	2567.36~2660.19	2657.45~2663.01	2672.7~2681.4	2687.3~2696	2690~2697.3
靶体厚/m	9.84	5.84	3.17	39.51	10.91	3.23	6.56	8.7	8.7	7.3
方位/(°)	20.15	95.2	9.27	308.5	326.2	71.7	135.78	85	295.02	359
A点位移/m	313.8	344	498.09	532.14	406.67	553.7	297.35	428	375.12	466.55
水平井段/m	2870~2681.8	2829~3079	2940~3249.7	2955~3414.5	2980~3334	3013~3503	2820~3320	2948~3420	2920~3437	2975~3661
水平段长/m	500	250	309.7	459.5	354	490	500	472	517	686
储层段长/m	436.9	230.5	178.1	416.1	199.5	372	472.8	436	385.9	588
储层钻遇率/%	87.38	92.2	57.5	90	56.4	75.92	94.6	92.4	74.6	85.7
造斜井深/m	2370.9	2350.47	2275	2221	2380	2268	2313.24	2356	2343	2336.48
造斜井段/m	2370.9~2870	2350.47~2829	2275~3271	2221~2955	2380~2980	2268~3013	2313.24~2820	2356~2948	2343~2920	2336.48~2975
造斜段长/m	509.1	578.53	996	734	600	745	506.76	592	577	638.51
水平段井斜/(°)	83.11~97.64	84.73~92.62	88.11~100.41	87.01~90.1	84.58~98.22	83.25~99.44	84.56~93	85.46~93.13	85.46~94.2	86.04~92.6
最大水平位移/m	811.69	593.74	824.53	988.63	759.2	1040.27	797	903.21	890.18	1151.75

（垂深至储层钻遇率各行为"完钻靶体"）

表4-1-5 磨溪气田雷一¹气藏水平井与直井储层参数及产量对比

区域	井型	井号	储层参数				测试产量/(10⁴m³/d)	无阻流量/(10⁴m³/d)	平均产量/早期产量/(10⁴m³/d)	增产倍数		累产时间/d
			H/m	Φ/%	K/10⁻³μm²	S_g/%				以无阻流量评价	以实际产量评价	
磨017-H3井区	直井	磨57					1.10	2.36	1.01/1.37	7.8	4.7	4691
	水平井	磨017-H3	249/斜				16.56	18.39	4.75			930
磨004-H2井区	直井	磨137	8.4	10.75	—	70.9	1.69	3.52	1.42/1.50		1.9	4199
	水平井	磨004-H2	348/斜				7.24	—	2.72			886
磨004-H4井区	直井	磨4	8.1	8.03	0.09	75.3	1.58	2.83	1.47/1.32	2.3	1.2	4333
	水平井	磨004-H4	490/斜				5.27	6.56	1.78			1014
磨030-H1井区	直井	磨30	5.7	7.59	0.14	75.9	1.40	4.42	1.26/1.57	2.2	4.1	4230
	水平井	磨030-H1	277/斜				5.15	9.78	5.18			1035
磨38H井区	直井	磨30	5.7	7.59	0.14	75.9	1.40	4.42	1.26/1.54	3.4	2.0	4230
	水平井	磨38H	152/斜	6	0.44	76.0	7.21	15.11	2.58			1827
磨50H井区	直井	磨64	12.1	8.24	0.19	76.7	3.72	6.20	1.96/2.26	4.1	1.2	3101
	水平井	磨50	177/斜	11	0.97	76.0	12.76	25.65	2.3			1670
磨75-H井区	直井	磨75-1	12.7	9.99	0.77	78.7	3.18	11.17	2.19/2.8	3.2	2.3	3918
	水平井	磨75-H	368.5/斜	11.8	0.79	73.7	17.90	35.99	5.09			2186
磨91H井区	直井	磨91	8.7	8.36	0.41		2.89	12.07	3.48/3.76		2.2	4420
	水平井	磨91H	500/斜				21.72		7.50			1601

续表

区域	井型	井号	储层参数 H/m	Φ/%	K/$10^{-3}\mu m^2$	S_g/%	测试产量/(10^4m³/d)	无阻流量/(10^4m³/d)	平均产量/早期产量/(10^4m³/d)	增产倍数 以无阻流量评价	增产倍数 以实际产量评价	累产时间/d
磨030-H3 井区	直井	磨30	5.7	7.59	0.14	75.9	1.40	4.42	1.26/1.29	5.7	5.6	4230
	水平井	磨030-H3	496/斜				12.60	25.31	7.03			639
磨030-H4 井区	直井	磨148					1.63		0.79/0.99		9.7	3579
	水平井	磨030-H4	507/斜				21.58	47.21	7.64			522
磨017-H7 井区	直井	磨119	11.8	8.11		75.9			1.56/2.45		1.3	3658
	水平井	磨017-H7	178.1/斜	5.71	1.52	83.5	7.56		3.24			89
磨017-H8 井区	直井	磨119	11.8	8.11		75.9			1.56/2.39		2.0	833
	水平井	磨017-H8	324/斜	9.31	12.58	78.5	16.71	34.51	4.75			284
磨030-H2 井区	直井	磨30	5.7	7.59	0.14	75.9	1.40	4.42	1.26/1.23	2.6	1.9	4230
	水平井	磨030-H2	199.5/斜	9.76	23.39	81.3	10.34	11.43	2.39			182
磨030-H5 井区	直井	磨30	5.7	7.59	0.14	75.9	1.40	4.42	1.26/1.23	8.1	4.0	4230
	水平井	磨030-H5	372/斜	11.2	7.14	79.5	20.31	35.89	4.98			108
磨030-H9 4 井区	直井	磨30	5.7	7.59	0.14	75.9	1.40	4.42	1.26/1.12		5.2	4230
	水平井	磨030-H9	433.9/斜	10.43	9.24	81.5	14.93		5.78			42
磨030-H11 井区	直井	磨30	5.7	7.59	0.14	75.9	1.40	4.42	1.26/1.28	7.2	4.3	4230
	水平井	磨030-H11	599.7/斜	10.16	16.24	72.6	20.16	31.65	5.56			122

水平井目的层均为雷一¹中亚段上部储层，与同井场或邻近直井相比，水平井测试产量、无阻流量及实际产量都有明显提高（表4-1-6），水平井无阻流量平均为直井的4.66倍，水平井实际生产过程中的产量平均为直井的3.35倍，磨溪气田雷一¹气藏水平井增产效果普遍较好。

表4-1-6 磨溪气田雷一¹气藏水平井增产效果

井号	H/m	$K/10^{-3}\mu m^2$	L/m	L/KH	增产倍数
磨38H	5.7	0.44	152	34.55	2
磨50H	12.1	0.97	177	15.08	1.2
磨75-H	12.7	0.79	368.5	111.06	2.3
磨91H	8.7	0.41	500	140.17	2.2
磨030-H1	5.7	0.14	277	286.75	4.1
磨030-H2	5.7	0.14	199.5	206.52	1.9
磨030-H3	5.7	0.14	496	513.46	5.6
磨030-H5	5.7	0.14	372	385.09	4
磨030-H9	5.7	0.14	433.9	449.17	5.2

磨溪气田雷一¹气藏水平井成功的主要原因在于：一是气藏具有储层横向分布稳定、构造平缓的有利地质条件；二是气田井网密度较大，对目的层认识清楚，气水关系清楚，靶体目标清楚，有利于井眼轨迹优化控制技术的应用，确保薄储层钻遇率。

四、射孔完井技术

对自然产能差，水平段长、跨度大，需进行大型酸化改造才能实现增产的水平井，逐步形成了配套的射孔完井方式。

（一）射孔完井技术在雷一¹气藏的应用概况

根据磨溪气田雷一¹气藏地质和开采动态特征，水平井完井方式选择需考虑如下因素：

① 磨溪气田雷一¹气藏为低渗气藏，考虑压裂酸化改造要求；

② 磨溪气田雷一¹气藏气井普遍产水，考虑后期排水采气工艺要求；

③ 磨溪气田雷一¹气藏腐蚀介质对油套管腐蚀严重，考虑后期井下作业要求；

④ 考虑磨溪气田雷一¹气藏储集层具有多层性。

水平井完井通常可归纳为三种方式，即射孔完井、衬管完井和裸眼完井。磨溪气田雷一¹属低渗透气藏，为了提高水平井单井产能，需要进行增产作业，因此不宜采取裸眼完井方式。射孔完井和衬管完井各有优缺点和适用条件（表4-1-7）。

综上所述，推荐磨溪气田雷一¹气藏新建水平井采用套管射孔完井方式或衬管完井方式。对自然产能差，水平段长、跨度大，需进行大型酸化改造才能实现增产的水平井，采用射孔完井方式，为酸化施工提供良好的工程条件；对储层物性较好、水平段长度较短、靠解堵酸化即可达到增产的水平井，采用衬管完井方式，以节约水平井投资（表4-1-8）。

表4-1-7 水平井完井方法的优缺点对比表

完井方法	优 点	缺 点
衬管完井	（1）成本相对较低； （2）储层不受水泥浆伤害； （3）可防止井眼坍塌	（1）不能实施层段分隔，不可避免层段之间窜通； （2）无法进行选择性增产作业； （3）无法进行生产控制； （4）测井难，不能获得可靠的生产测试资料
射孔完井	（1）在任何地层都可以最有效的完成层段分隔，可完全避免层段之间的串通； （2）可进行有效生产控制、生产检测和包括水力压裂在内的任何选择性增产作业	（1）完井成本相对较高； （2）储层受水泥浆伤害； （3）水平井段固井质量目前尚难保证，易形成顶部串槽； （4）射孔操作技术要求较高

表4-1-8 雷一¹气藏射孔完井典型井

井号	产层	完钻井深/m	完井方式	井下情况
磨017-H8	雷一¹	3414.5	射孔	油管结构：$\phi 73 \times 2909.18m$
磨030-H2	雷一¹	3334.0	射孔	油管结构：$\phi 73 \times 2953.18m$
磨030-H8	雷一¹	3420.00	射孔	油管结构：$\phi 73 \times 2930.29m$
磨030-H11	雷一¹	3661	射孔	油管结构：$\phi 73 \times 3618.84m$
磨005-H13	嘉二	3660.00	射孔	（1）油管结构：$\phi 73 \times 3631.26m$ （2）73mm平式短油管2.04m（钻孔1个，直径4mm，下深3346.35）
磨005-H11	嘉二	3254.00	射孔	（1）油管结构：$\phi 73 \times 3238.75m$ （2）井下节流工作筒（内径55mm）下深：1997.14m
磨030-H8	雷一¹	3420.00	射孔	油管结构：$\phi 73 \times 2930.29m$
磨030-H3	雷一¹	3464.00	射孔	油管结构：$\phi 73 \times 2874.79m$
磨004-H4	雷一¹	3370.00	射孔	不锈钢油管结构：$\phi 73 \times 2855.87m$
磨030-H1	雷一¹	3344.00	射孔	油管结构：$\phi 73 \times 2813.98m$
磨030-H4	雷一¹	3662.00	射孔	油管结构：$\phi 73 \times 2847.58m$，造斜点：2354m
磨75-H	雷一¹	3278.00	射孔	油管结构：$\phi 73 \times 3259.19m$，造斜点：2390m
磨017-H6	雷一¹	3079.00	射孔	（1）油管结构：$\phi 73 \times 2764.44m$ （2）套管结构：$339.7 \times 239.45 + 244.5 \times 1619.74 + 177.8 \times (1438.22 \sim 2732.04) + 127 \times (2570.15 \sim 3078.44)$
磨030-H2	雷一¹	3334.00	射孔	（1）油管结构：$\phi 73 \times 2953.18m$ （2）套管结构：$339.7 \times 300.87 + 244.5 \times 2307.63 + 139.7 \times (2121.42 \sim 3332.47)$

续表

井号	产层	完钻井深/m	完井方式	井下情况
磨017-H8	雷—¹	3414.5	射孔	油管结构：ϕ73×2909.18m
磨030-H2	雷—¹	3334.0	射孔	油管结构：ϕ73×2953.18m
磨030-H8	雷—¹	3420.00	射孔	油管结构：ϕ73×2930.29m
磨030-H11	雷—¹	3661.00	射孔	油管结构：ϕ73×3618.84m
磨017-H3	雷—¹	3408.50	射孔	油管结构：2902.33m（ϕ60.3×204.84m+ϕ73×2687.93m）
磨91-H	雷—¹	3416.00	射孔	油管结构：ϕ73×2844.97m

（二）变相位、变孔密长跨度射孔技术

水平井的显著特点是水平井段长、水平井眼上下起伏，通常井眼位置在有效储层与非储层中"漂移"，只有采用定方位射孔和酸化，才能实现储层间的沟通。为了提高水平井酸化改造效果，在国内首次采用变相位、变孔密射孔。

水平井射孔是近几年国内刚开展的一项新技术，三口先导试验水平井射孔方式的确定主要考虑解决以下几个技术关键：一是射孔枪如何下入和起出几百米长的水平井段并能正常起爆，二是射孔相位选择，三是射孔弹的定向，四是保护油气层技术。

磨75-H水平井采用油管输送、变相位、正压延时分段一次性起爆射孔工艺。该井采用SQ-89枪、SQ-89弹，油管输送、变相位、正压延时分3段一次性起爆射孔打开雷—¹储层。射孔跨度达512m（2750~3262m），射孔厚度达368.5m，射后起出射孔枪检查，射孔发射率100%，射孔相位正确率100%，射孔总数达4976孔，平均孔密13.5孔/m。磨75-H井变相位射孔如图4-1-9所示。

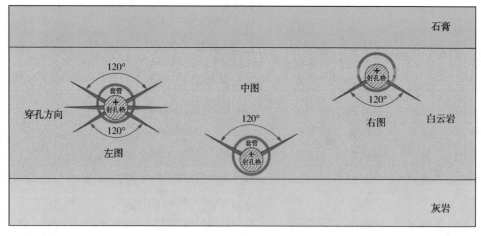

图4-1-9　磨75-H井变相位射孔示意图

磨38H井油管输送、变相位、变孔密、正压延时分段一次性起爆射孔工艺。为满足酸化增产的需要，特别是水平井段储层的吸酸原理。根据储层分布特点，该井采用变密度射孔工艺：水平井段储层两端采用低孔密射孔，射孔顶界孔眼密度4孔/m，中间相对高孔密

13 孔/m，射孔底界孔眼密度 10 孔/m。射孔方向采用水平、水平两侧向下 30°和向上 30°共6 个方向(↘↗←→↙↖)，井眼轨迹靠近上面石膏时，射孔方向采用水平两侧向下 30°2 个方向(↙↖)。

磨溪气田水平井射孔工艺具有以下特点：

（1）利用油管输送射孔枪使射孔枪下入水平井底，解决了射孔枪如何下入和起出几百米长的水平井段并能正常起爆的问题。

（2）采用低边定向射孔，即水平两侧，使射孔后沿孔眼展开的裂缝始终在储层内延伸，防止顶部落砂造成枪身被卡和底水突进。

（3）采用弹架偏向设置配合偏心支撑体依靠偏心重力的作用，使弹架旋转实现射孔弹低边定向。

（4）采用压力延时一次性分段起爆方式起爆射孔，实现在井口卸压后起爆，避免压井液压入地层，达到了保护气层的目的。

（5）采用分段起爆方式起爆，达到了提高起爆的可靠性和降低射孔弹爆轰波对套管和水泥环的损害。

通过使用该套工艺，成功实现了磨 75-H、磨 38H 两口水平井的射孔，为水平井酸化增产改造措施奠定了基础。其中磨 75-H 一次性起爆射孔跨度 512m，一次性射孔厚度368.5m，一次性射孔总数 4976 孔，创国内水平井变相位射孔跨度、厚度、密度之最。

（三）射孔完井技术配套工艺

1. 油管的选择

生产套管尺寸是确定套管程序的首要条件，生产套管尺寸合理的选定应根据气层能量大小并考虑采气工程的要求先确定不同采气方式下的合理油管尺寸，再选定可能的最小生产套管尺寸。也就是说一要与合理的油管尺寸相匹配，二要满足井下工具要求，三要考虑要进行的工艺措施。

完井管柱需满足以下三个条件：①满足长期安全生产需要；②满足水平井完井时射孔、酸化、测试等作业的需要；③对含有腐蚀介质的气藏，完井管柱必须采用抗腐蚀气体的管柱。

由于水平井完井风险大，完井管柱及工具下入难，完井管柱受力情况相当复杂，主要受到在垂直井段中有重力、拉力、浮力等作用，在斜井段和水平井段中还受摩擦力、摩阻附加拉力、弯曲应力等作用。此外，为防止长水平段射孔后井壁发生坍塌和出砂，造成枪身被卡，所以，不宜采取射孔、酸化、排液、测试联作的方式完井，一般采取多次起下管柱的方式完井试气。

2. 射孔液的优选

磨溪气藏雷一¹气藏射孔液多采用清水及盐水，目前未发现对地层的损害，如果气藏无井漏现象，建议采用经济实用的清水或无固相盐水射孔液体系。

3. 射孔方案的选择与优化

水平井射孔是近几年国内刚开展的一项新技术，有几个主要的技术关键：即射孔枪如何下入和起出几百米长的水平井段并能正常起爆，射孔相位选择及射孔弹的定向以及保护油气层技术。

　　射孔枪的下入通过油管输送射孔方法可较好解决。射孔相位的选择可采用两种方法，一是在胶结好的地层中，使用大直径射孔枪，在360°圆周射孔；二是在胶结不好的地层中，使用小直径射孔枪，在水平段低边定向射孔，射孔弹射向水平下方。一般弹间夹角低于180°，在120°左右。主要目的是防止地层出砂，枪身被卡，特别是水平井段射孔超过300m以上时更应该注意。

　　目前国内部分油气田已经完成了依靠重力，弹架旋转和依靠枪体导向块，旋转接头，整个枪体旋转定向两种方式的水平低边发射射孔枪。在水平井射孔弹定向方式上，采用弹架偏向设置配合偏心支撑体，在偏心重力的作用下，弹架旋转实现射孔弹低边定向（内定向）。压力延时一次性分段起爆的目的是在井口卸压后起爆，避免压井液压入地层，达到负压射孔的目的。为了提高起爆的可靠性和降低射孔弹爆轰波对套管和水泥环的损害，采用分段起爆方式。

第二节　储层改造工艺技术

一、雷一¹气藏储层特征

　　磨溪气田雷一¹气藏属于典型的低渗气藏，裂缝不发育，气井产能主要受储能系数控制，储层具有以下一些主要地质特征：

　　（1）储层埋深2700.0m左右，地层厚度60.0m左右，中亚段上部白云岩质纯，储集条件好，是主要储层；

　　（2）储集岩为各类白云岩，各类溶蚀孔洞为主要储集空间；

　　（3）岩芯孔隙度分布在3.35%~16.14%，平均孔隙度7.83%，属中等孔隙度；

　　（4）岩芯渗透率分布在$(0.01~1.82)\times10^{-3}\mu m^2$之间，平均渗透率$0.379\times10^{-3}\mu m^2$，表现出低渗特征；

　　（5）储层中部温度87℃，压力系数1.23，地层水矿化度高。

二、水平井储层改造工艺技术

（一）水平井酸化工艺技术在雷一¹气藏的发展历程

　　目前国内外采用的水平井酸化工艺技术有全井段笼统酸化、化学转向酸化、连续油管拖动酸化、水力喷射酸化、裸眼封隔器分段酸化等工艺技术。针对磨溪气田雷一¹气藏的地质特征，对目前的水平井分段酸化技术进行了适应性研究。

　　水平井分段酸化工艺受到完井方式的限制。磨溪气田雷一¹气藏储层中裂缝不发育，以孔隙型储层为主，整体表现为中孔低渗的储渗特征，储层进行增产改造后，可获得较高的工业产能。针对磨溪气田雷一¹气藏储渗特征，结合水平井完井方式的优选流程，水平井均采用了裸眼完井的方式。

在裸眼完井的井身条件下，可以采取全井段笼统注酸、连续油管拖动布酸、裸眼封隔器分段酸化、化学转向酸化四种方式开展酸化作业，但四种酸化方式各有其优缺点，详细汇总于表 4-2-1 中。

表 4-2-1　水平井酸化方式优缺点汇总表

施工工艺	优点	缺点
全井段 笼统注酸	（1）不受完井方式限制； （2）施工简单	用酸量大，酸化效率低
连续油管 拖动布酸	（1）实现水平井段均匀吸酸； （2）解决水平井段的替酸问题	（1）管径小，摩阻大，排量受到限制； （2）连续油管不断回收，酸化时间有限
裸眼封隔器 分段酸化	（1）一趟管柱实现多个层段分层酸化； （2）施工工序简单； （3）适用于裸眼及射孔等完井方式，应用范围广； （4）能够准确定位施工层段	后期修井等作业起出管柱困难
化学转向 酸化	（1）不受完井方式限制； （2）施工简单	（1）用酸量相对较大； （2）施工层位定位准确性相对不足

1. 磨溪气田雷一¹气藏水平井深度酸化作业特点

（1）水平段改造长段长（普遍改造长度段≥400m），储层存在一定非均质性，如直接采用笼统酸化的作业方式，虽然施工简单，但酸液总是倾向于高渗透层，无法保证整个水平段的均匀布酸。鉴于磨溪气田雷一¹气藏水平井储层均采用裸眼完井，在裸眼段直接拖动连续油管存在井壁垮塌导致连续油管被埋无法取出的风险，同时连续油管施工的排量低，无法实现深度深化的目的。

（2）只用下一次管柱，实现对水平段的多级封隔，增强酸化施工的针对性。同时由于入井的管柱能够最大程度地保证排量，从而实现深化酸化的目的。

（3）磨溪气田雷一¹气藏储层发育有石膏层，采用多级裸眼封隔器对发育有石膏层的水平段进行隔断，避免了沉淀物对储层造成新的伤害。

（4）随着裸眼封隔器国产化的实现，大大降低了施工成本，提高了投入产出比。

针对磨溪气田雷一¹气藏水平井储层施工的特点，优选裸眼封隔器分段酸化工艺实现长水平段的均匀布酸。

2. 水平井解堵酸化工艺优选

通过对磨溪气田雷一¹气藏水平井老井生产情况分析，近井地带可能存在一定堵塞，施工目的是为解除井筒附近污染，改善油气渗流通道，通过解堵酸化改造，有望恢复并提高气井原始产能，实现单井增产。

磨溪气田雷一¹气藏水平井解堵酸化作业分析：

（1）磨溪气田雷一¹气藏水平井完井时都采用裸眼完井，利用下入裸眼封隔器对长水平段分段酸化，实现均匀布酸的目的。但是管柱在后期修井时存在困难，不易取出，因此目前都采用连续油管与裸眼封隔器分段注入的方式进行解堵酸化。通过控制连续油管的上提速度和注入排量来控制水平井段地层的吸液量，达到均匀布酸的目的。

（2）利用连续油管对高渗透层进行基质酸化处理已经证实可行。在施工中，为了增加酸作用距离，增加泄流面积，在井身条件和施工设备允许的条件下尽量提高排量施工，因此可以采用连续油管和连续油管与油管之间环空同时注入，以提高施工排量。

针对磨溪气田雷一¹气藏水平井老井施工的特点，优选连续油管拖动布酸实现长水平段的均匀布酸。

（二）水平井分段酸化工艺技术

1. 水平井分段酸化工艺优选

水平井老井解堵酸化现场施工 9 井次，均采用连续油管拖动酸化工艺，经 5 口井测试获气 $25.92 \times 10^4 \mathrm{m}^3/\mathrm{d}$，平均单井测试产量 $5.184 \times 10^4 \mathrm{m}^3/\mathrm{d}$。目前施工完成的 9 口井中，磨 017-H8 井、磨 004-H2 井已重新开井复产，其他井暂处于关井状态。磨 017-H8 井、磨 004-H2 井分别在 4 月 2 日、4 月 19 日进行了连续油管拖动酸化，分别注入 $80\mathrm{m}^3$、$100\mathrm{m}^3$ 转向酸(表 4-2-2、图 4-2-1、图 4-2-2)进行解堵酸化，从该两口井复产后的生产数据(图 4-2-3、图 4-2-4)可以看出，酸化后生产油压、套压、日产气量都较酸化之前有明显的提高，解堵酸化效果明显。

表 4-2-2　解堵酸化施工参数数据表

磨 017-H8 井施工数据				磨 004-H2 井施工数据			
参数项目	油管压力/MPa	排量/(m³/min)	环空压力/MPa	参数项目	油管压力/MPa	排量/(m³/min)	环空压力/MPa
最高	56.9	1.03	0.0	最高	53.2	1	7.0
最低	32.8	0.6	0.0	最低	15.0	0.5	5.9
一般	52.9	0.81	0.0	一般	36~43	0.5~0.7	7

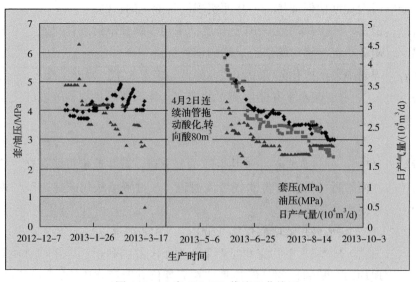

图 4-2-1　磨 017-H8 井施工曲线图

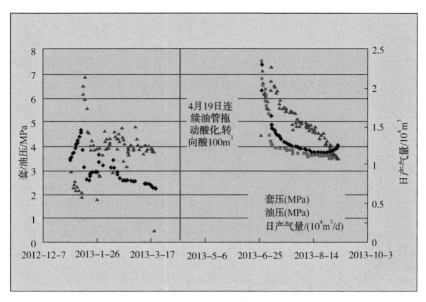

图 4-2-2 磨 004-H2 井施工曲线图

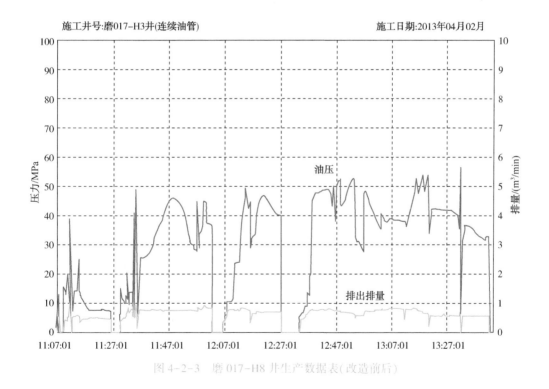

图 4-2-3 磨 017-H8 井生产数据表(改造前后)

由于水平井与油气层的接触面积大,油气层受到较直井更为严重的伤害,造成部分水平井的开采效果不理想。水平井的主要伤害类型有钻井液固相侵入对储层造成的泥饼伤害、钻井液滤液对储层造成的伤害以及黏土膨胀和颗粒运移造成的地层堵塞。为了提高开采效

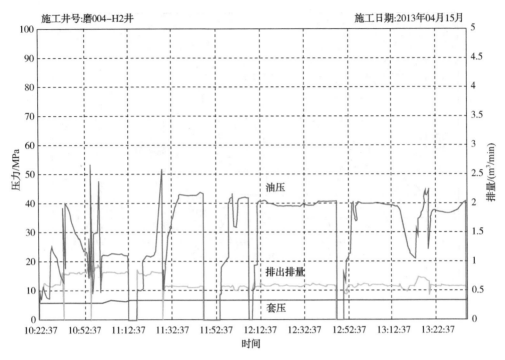

图 4-2-4　磨 004-H2 井生产数据表(改造前后)

率，水平井面临着酸化解堵除污染、疏通近井地带渗流通道、恢复和提高油气井产能的问题。

（1）受完井方式的限制，水平井的完井方式需要考虑储层类型、产层岩性、生产控制等多方面的因素，不同的完井方式又限制了酸化工艺方案的实施；

（2）水平井周围的伤害带不同于垂直井的径向模型，而是呈截锥椭圆柱体，其较大基底靠近该井直井段，同时，低渗透气藏非均质性较强，为了使水平段得到有效改造，就要求进行选择性分段酸化，并确保酸化水平段按不同污染程度布酸；

（3）水平井处理层段较长，虽然单位长度用酸量与垂直井的一样不现实，但用酸量依然较大，不仅经济上有问题，还存在一定风险，因为对于注入管柱来讲，长时间接触酸液，加大了腐蚀损坏的可能性，这就要求进行优化液体体系，提高缓速性能，加深酸液穿透距离，并且进行酸化工艺的优化设计，优化酸液规模；

（4）酸化规模难以确定，没有成熟的设计软件提供设计参数。

2. 水平井分段酸化工艺技术应用效果分析

研究与生产紧密结合，研究成果及时应用于科研生产中，自 2011 年到 2013 年 11 月底，磨溪气田雷一¹气藏水平井深度酸化均采用裸眼封隔器分段酸化工艺，工作液选择转向酸酸液体系，现场共试验 14 井次均获得了成功，累计测试获气 $275.3016 \times 10^4 m^3/d$，平均单井测试产量达 $19.66 \times 10^4 m^3/d$。水平段最长 1310m，平均水平段长 796m。单井分段数最多 11层，平均单井分段数 8 层(表 4-2-3)。

表 4-2-3 磨溪气田雷一¹气藏水平井深度酸化情况统计表

序号	井号	水平段长度/m	分段酸压段数	排量/(m³/min)	酸量/m³	测试产量/(10⁴m³/d)
1	磨030-H21	1310	11	3.6~4.0	717.15	11.68
2	磨030-H19	767	6	3.09~3.20	422.78	23
3	磨030-H13	501	6	2.43~2.60	436.61	23.71
4	磨030-H14	800	8	2.45~2.57	503.17	14.24
5	磨030-H16	781.36	6	1.78	495.71	16.09
6	磨030-H17	421	6	1.76	401.28	22.49
7	磨017-H10	770	9	1.54	445.06	16
8	磨030-H29	1085	11	2.9~3.2	553.05	37.92
9	磨030-H26	678	7	—	—	24.4428
10	磨030-H24	1040	9	—	—	18.8721
11	磨030-H25	916	9	3.0~3.2	844.6	18.7844
12	磨030-H27	548	6	1.8~2.01	696.16	8.3545
13	磨030-H28	760	8	2.34~2.68	753.39	28.0183
14	磨017-H13	763	8	3.4	555.50	11.6995

注：改造工艺均为裸眼封隔器+转向酸分段酸化。

通过水平井储层分段改造优化技术的全面应用，磨溪气田雷一¹气藏水平井增产改造效果显著，主要体现在以下几个方面：

（1）改造工艺优选：前期以裸眼封隔器分段酸化为主，以笼统注酸、水力喷射分段酸化、连续油管拖动酸化为辅，但并未优选出适合磨溪气田雷一¹气藏储层水平井的分段酸化工艺。为了提高储层改造的针对性和分隔石膏层和储层以避免形成沉淀对储层造成新的伤害，优选裸眼封隔器分段酸化工艺。

（2）单井水平段长度不断增加：前期的最长 939.37m，平均单井 543m，增加至目前最长 1310m，平均单井 796m。

（3）单井平均施工层数不断增加：单井分段数在使用国产裸眼封隔器之后，由前期的最多 6 层，平均 4 层，增加至目前最多 11 层，平均单井分段数 8 层。

（4）单井平均测试产量不断增加：单井平均测试产量由前期的 $12.84×10^4m^3/d$ 增加至目前的最高 $19.66×10^4m^3/d$。

（5）改造效果更均衡：改造后磨030-H29 井最高获气 $37.92×10^4m^3/d$，磨030-H27 井最低获气 $8.35×10^4m^3/d$，改造后的井间绝对差距在降低，同时，改造后获气在 $10×10^4m^3/d~15×10^4m^3/d$ 左右的施工井占所有施工井的 58%。

2013 年 11 月底，除了对新完钻水平井采用裸眼封隔器+转向酸分段酸化工艺进行储层改造外，同时采用连续油管拖动酸化工艺对早期完钻水平井在后期老井堵塞时进行了解堵作业，酸化改造 9 井次，经 5 口井测试获气 $25.92×10^4m^3/d$，平均单井测试产量 $5.184×10^4$

m^3/d（表4-2-4）。通过采用连续油管拖动解堵酸化后复产的磨017-H8井、磨004-H2井生产油压、套压、日产气量等可以看出均较酸化前有明显的提高，表明解堵酸化效果明显。

表4-2-4　磨溪气田雷一¹气藏储层水平井解堵酸化情况统计表

类型	序号	井号	水平段长度/m	分酸(压)段数	改造工艺	测试产量/($10^4 m^3/d$)
解堵酸化	1	磨004-H2	1115	6	连续油管拖动酸化	3.07
	2	磨017-H8	444	4		4.72
	3	磨030-H2	337	6		0.4
	4	磨030-H6	114	4		6.06
	5	磨017-H6	262	3		—
	6	磨030-H1	302	5		—
	7	磨004-H6	513.8	4		—
	8	磨030-H3	387	5		11.67
	9	磨030-H5	452	4		—

为了尽量扩大酸液对高渗透层和裂缝系统的沟通能力，需要在保证井口和管柱安全的前提下，尽量提高施工排量。从施工曲线可以看出（图4-2-5、图4-2-6），由于单井层间存在物性差异，导致单井层间的施工排量具有明显差异。

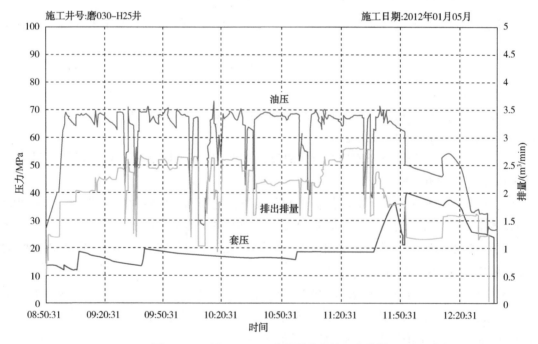

图4-2-5　磨030-H13井压裂酸化施工曲线图

利用转向酸的施工原理，保障了酸液在高渗透率储层实现暂堵，让酸液转向，从而能对低渗透储层进行改造。施工过程中在排量稳定的情况下，泵压先下降后升高，反映转向

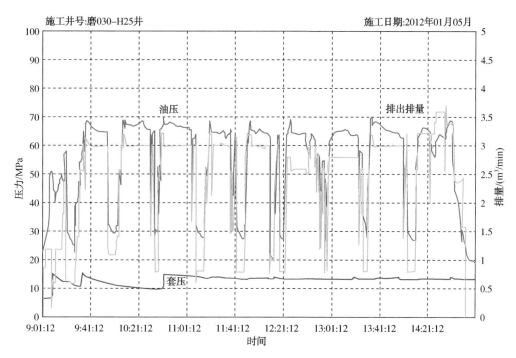

图 4-2-6 磨 030-H25 井压裂酸化施工曲线图

酸实现了改造高渗储层后实现暂堵从而继续改造低渗储层的目的。

水平井施工排量的多少影响着酸液对高渗透层和裂缝系统的沟通能力，排除单井管柱不同所造成摩阻差异对施工排量的影响外，单井储层物性的差异导致了水平井施工排量的差异，通过对水平井施工排量的对比分析可以看出(图 4-2-7)，各井施工排量具有明显差异，由此表明磨溪气田雷一¹气藏各水平井之间均存在一定的物性差异。

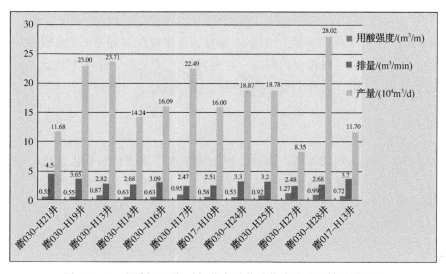

图 4-2-7 磨溪气田雷一¹气藏水平井酸化改造施工排量对比图

水平井的测试产量主要受储能系数、储层品质、水平段长度、储层钻遇率、地层压力等因素影响明显，但同时也受到储层改造等工程因素的影响。通过水平井测试产量与储层改造用酸强度、施工排量等相关分析，水平井的测试产量虽然受储层改造施工工程因素的影响，但与用酸强度高低、排量大小的相关性相对较差(图4-2-8)，这主要受磨溪气田雷一¹气藏储层的非均质性所致。

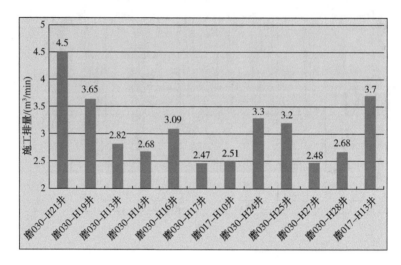

图4-2-8　磨溪气田雷一¹气藏酸化改造用酸强度、排量和测试产量关系图

通过从施工排量和施工压力的差异以及施工曲线的变化表明磨溪气田雷一¹气藏水平井储层改造具有以下特征：

(1) 磨溪气田雷一¹气藏储层的非均质性导致水平井测试产能差异大，同时又与储层改造的主要工程因素(施工排量、用酸强度)相关性较差，因此，增加了水平井储层改造的难度。

(2) 针对磨溪气田雷一¹气藏储层的非均质性，采用裸眼封隔器+转向酸酸化配套工艺技术，在裸眼封隔器实现机械转向的同时，可使转向酸实现很好的化学转向，最大程度实现了水平井段的均匀布酸，提升了水平井储层改造的效果。

(三) 水平井分段改造优化设计

1. 水平井伤害分析

对水平井进行成功的酸化处理，关键是识别清楚水平段的伤害程度，依据伤害程度量化酸的分布，这是水平井成功的酸化施工的重要标志。水平井周围损害带往往形成两端平截的锥状椭圆体，位于水平井垂直段附近的锥体椭圆面积大，这是因为在这一部位水平段与钻井、完井、修井的钻井液或处理液接触时间最长。图4-2-9表示了水平井周围损害带形状。

2. 水平井酸化难点

由于水平井与油气层的接触面积大，油气层受到较直井更为严重的伤害，造成部分水

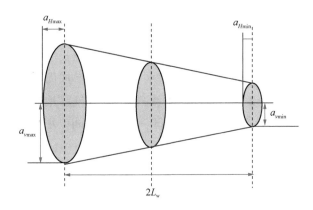

图 4-2-9 水平井伤害带形状示意图

a_{Hmax}—损害带椭圆体最大水平半轴；a_{Hmin}—损害带椭圆体最小水平半轴；

a_{vmax}—损害带椭圆体最小垂直半轴；$2L_w$—水平段长；a_{vmin}—损害带椭圆体最大垂直半轴

平井的开采效果不理想。水平井的主要伤害类型有钻井液固相侵入对储层造成的泥饼伤害、钻井液滤液对储层造成的伤害以及黏土膨胀和颗粒运移造成的地层堵塞。为了提高开采效率，水平井面临着酸化解堵除污染、疏通近井地带渗流通道、恢复和提高油气井产能的问题。

（1）受完井方式的限制，水平井的完井方式需要考虑储层类型、产层岩性、生产控制等多方面的因素，不同的完井方式又限制了酸化工艺方案的实施；

（2）水平井周围的伤害带不同于垂直井的径向模型，而是呈截锥椭圆柱体，其较大基底靠近该井直井段，同时，低渗透气藏非均质性较强，为了使水平段得到有效改造，就要求进行选择性分段酸化，并确保酸化水平段按不同污染程度布酸；

（3）水平井处理层段较长，虽然单位长度用酸量与垂直井的一样不现实，但用酸量依然较大，不仅经济上有问题，还存在一定风险，对于注入管柱来讲，长时间接触酸液，加大了腐蚀损坏的可能性，这就要求进行优化液体体系，提高缓速性能，加深酸液穿透距离，并且进行酸化工艺的优化设计，优化酸液规模；

（4）酸化规模难以确定，没有成熟的设计软件提供设计参数。

3. 水平井分段酸化难点

（1）水平井分段原则。水平井分段须具备以下四个原则：封隔器要有较好的坐封位置：物性较差的井段，井径变化较小，没有明显扩径的井段或钻时较长的井段；水力压裂后，天然气沿流动阻力最小的两种介质中以线性流的方式汇入井筒；分段时减少卡封起裂段长度，集中起裂，以便尽量增加主裂缝的缝长和减少次裂缝的形成；两条主裂缝之间保留一定泄流距离，以便尽量发挥每条裂缝的导流作用。

（2）水平井分段级数优化规律认识。水平井分段级数优化分析，得到如下规律认识：①采用均匀间距分段，即裂缝间距尽量均匀分布；②缝长实施 U 形布局，即两端裂缝较长并且长度相等，中间的裂缝长度适当减小；③采用正交裂缝布局方式，即裂缝与井眼轨迹正交时效果最好；④实行大间距少裂缝方式，即规模相同时，采用裂缝长度长，裂缝数量少的方案。

（3）水平井分段级数优化。通过软件模拟分析，水平段长度一定时，裂缝数越多则测试产量越高，反之裂缝数一定时，测试产量随水平段长度增加而增加，水平段长度达到某一值时，产量趋于稳定(图4-2-10)。结合磨溪气田雷一¹气藏地质特征和水平井实际完钻状况及测试成果，水平井水平段长度基本在500~1000m之间，水平井分段数在5~7段之间最优，实施效果好(图4-2-11)。

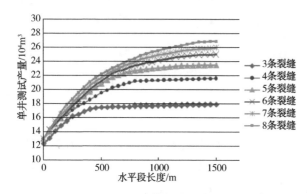

图4-2-10 室内模拟水平井分段图

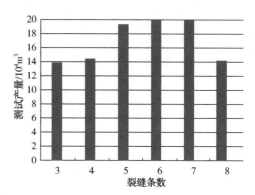

图4-2-11 磨溪气田雷一¹水平井分段及测试成果图

室内模拟研究表明，储层品质的优劣明显影响了水平井的分段级数，即在水平井施工段，储层物性条件越好时，水平井分段数越少，段间间距越大。

通过模拟水平井不同分段数研究储层物性与测试产量之间的关系(图4-2-12)可以看出，当Ⅰ类储层占整个施工段比例百分比越高时，水平井分段数对产能的影响差异越小；反之，当Ⅰ类储层占整个施工段比例百分比越低时，水平井分段数对产能影响的差异越大，即储层物性越好，水平井分段数越少，段间间距越大。

（四）水平井酸化规模优化设计

1. 深度酸化规模优化

磨溪气田雷一¹气藏储层具有中孔低渗特征，纵向上储层三套，中亚段上部主储层以Ⅰ、Ⅱ类储层为主，储层厚度6~10m，该套储层是气藏开采的主产层段，也是目前水平井开发的目的层。根据磨溪气田雷一¹气藏储渗参数特征，利用StimPT软件进行室内模拟结合现场测试应用，针对水平井储层段研究用酸强度主要集中在$0.5~1.0m^3/m$之间，总体表现出随着用酸强度增加，水平井测试产量增加的特征(图4-2-13)。

根据磨030井组现场酸化规模统计结果(表4-2-5)，磨溪气田雷一¹段Ⅰ、Ⅱ类储层较发育井，用酸强度要求同时达到全井段$0.49m^3/m$和储层段$0.51m^3/m$以上，Ⅰ、Ⅱ类储层为主的井，用酸强度应最少达到全井段0.6m/m和储层段1.1m/m以上。

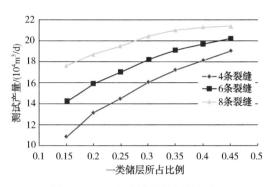

图 4-2-12　室内模拟储层品质与
水平井分段数对产能影响示意图

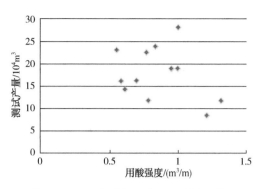

图 4-2-13　磨溪气田雷一¹气藏水平井
用酸强度及测试产量关系图

表 4-2-5　磨 030 井组酸化规模统计分析结果表

井号/ 施工日期	井段长度 /m	储层段长 /m	工艺/酸量/m³	用酸强度 /(m³/m)		增产效果	
				井段	储层	测试气产能 /(10⁴m³/d)	每米储层 测试气产能 /[m³/(d·m)]
磨 030-H11 （2009.1.13）	608	533	胶凝酸拖动/100	0.16	0.19	20.16	378
磨 030-H5 （2009.1.23）	452	372	分三段转向酸/200	0.44	0.54	20.3132	546
磨 030-H6 （2009.6.11）	535	506.9	分四段转向酸/260	0.49	0.51	40.19	793
磨 030-H12 （2009.9.12）	868	112	转向酸笼统/240	0.28	2.14	30.94	2763
磨 030-H7 （2010.4.11）	810	586.3	分五段转向酸/400	0.43	0.68	22.5096	384

2. 解堵酸化规模优化

老井解堵酸化，酸液用量主要取决于储层的储能系数以及储层受损害程度（表皮系数、损害半径）的大小。利用处理层段的平均厚度、平均孔隙度和处理半径与酸处理量的关系式（表 4-2-6）。鉴于老井解堵酸化施工的主要目的是解除近井地带的污染堵塞，选择 1.0~1.5m 污染半径。按照计算结果，平均规模应在 $68.76 \sim 154.72 m^3$ 范围内。

根据磨溪气田雷一¹气藏储层参数，通过软件模拟解堵酸液规模与表皮系数之间的关系，优化解堵酸液规模适用在 $80 \sim 100 m^3$ 之间。

表4-2-6 磨溪气田雷一¹气藏解堵酸化规模与酸处理半径关系表

处理半径/m	1	1.5	2	2.5	3
酸液用量/m³	68.766	154.724	275.064	429.7875	618.894

3. 水平井排量优化

为了遵循尽量扩大酸液对高渗透层和裂缝系统的沟通能力的原则，在水平井储层改造施工过程中须尽量提高施工排量。

（五）配套酸液体系

1. 酸液体系优选及评价

针对磨溪气田雷一¹气藏储渗特征，研制并优选出的酸液体系需要满足如下条件：

（1）磨溪气田雷一¹气藏储层具有一定非均质性，需要酸液体系在施工段具有较好的布酸效果；

（2）储层温度约90℃，需要酸液体系在此温度下具有较好的缓速及酸化效果，实现深度穿透获得较高的导流能力；

（3）储层压力系数1.23，但是后期压力较低，酸化后残酸返排较为困难，需要酸液体系具有较好的返排效果；

（4）储层含水饱和度较高，且地层水矿化度较高，需要酸化时能够酸化储层，封堵水层的目的；

（5）施工井型为水平井，施工井段较长，需要酸液体系具有较好的布酸效果，以便对整段储层进行布酸，对整个施工段进行均匀酸化。

2. 酸液体系室内岩芯实验

鉴于磨溪气田雷一¹气藏目前水平井主要位于构造中区、西区，为此，选取西区的磨30井、磨34井，中区的磨17井、磨19井的岩芯进行室内实验，取芯情况见表4-2-7。

表4-2-7 室内实验取芯情况汇总表

取芯位置	井号	井深	层位	有效长度/cm
西区	磨30	2659.47	雷一¹	15.5
	磨30	2660.25	雷一¹	18.0
	磨34	2734.00	雷一¹	15.5
中区	磨17	2710.80	雷一¹	20.0（小径）
	磨17	2712.10	雷一¹	26.0（小径）
	磨19	2705.32	雷一¹	25.0

结合岩芯数量以及实验目的，制定了以下详细的室内实验方案(表4-2-8)，为水平井储层改造的酸液体系优选奠定了坚实的基础。

表 4-2-8　岩芯室内实验方案及完成情况

实验方案	实验内容	完成工作量	
		数量	单位
储层矿物组分及 微观结构研究	X 衍射矿物成分分析	4	套
	SEM 微观结构观察	4	套
储层改造的酸液 体系优选	酸液流变性能测试	6	套
	酸岩反应速率	2	套
酸化工艺模拟 实验研究	酸蚀裂缝导流能力	2	套
	岩芯流动实验	6	套
残酸返排实验研究	残酸表面张力及伤害实验	1	套

根据全岩样矿物成分分析结果(表 4-2-9)可见,方解石和白云石在中、西区岩芯中都有很高的含量,并且矿物中含有的酸敏矿物只有黄铁矿,含量也不高,因此用酸对储层的二次伤害应该不大,酸处理对磨溪气田雷一^{1}气藏的造成的二次伤害不大。

表 4-2-9　磨溪气田雷一^{1}气藏全岩样矿物成分分析结果表

区块	井号	深度/m	硬石膏/%	方解石/%	刚玉/%	白云石/%	重晶石/%	黄铁矿/%
西区	磨 34 井	2734.00	2.40	14.10	8.40	66.10	3.20	5.80
	磨 30 井	2659.47	1.36	36.79	3.95	46.17	8.65	3.08
中区	磨 19 井	2705.32	3.37	62.44	1.48	16.01	16.69	—
	磨 17 井	2710.80	1.00	—	8.60	84.10	1.30	5.00

通过对中区磨 19 井和西区磨 30 井岩芯过酸前后扫描电镜(图 4-2-14、图 4-2-15)分析可见,致密岩芯酸蚀后微细裂缝发育,储层改造效果较为明显。

(a)少量针孔,见微裂缝(酸前)

(b)微裂缝发育(酸蚀后)

图 4-2-14　磨溪气田雷一^{1}气藏中区磨 19 井过酸前后岩芯电镜扫描成果图

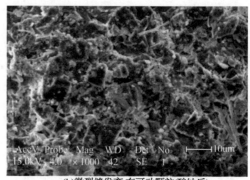

(a)致密,偶见微裂缝(酸前)　　　　　　　　　(b)微裂缝发育,有可动颗粒(酸蚀后)

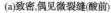

图 4-2-15　磨溪气田雷一¹气藏西区磨 30 井过酸前后岩芯电镜扫描成果图

对于西区磨 34 井岩芯,其含有 14.1% 的方解石和 66.1% 的白云石,由于这两种矿物与酸的反应速率不同,方解石的比表面积大,其与酸的反应速率快,而白云石比表面积较方解石小,与酸的反应速率相对较慢。因此在酸压中可能出现非均匀刻蚀的情况。对于中区磨 17 井岩芯,白云石的含量很高,矿物成分较单一,容易呈现均匀刻蚀。

针对磨溪气田雷一¹气藏储层岩石成分特征,通过利用胶凝酸和转向酸进行酸液流变性能实验,分别获取了不同酸液体系中的流变指数(表 4-2-10),流变指数可用于摩阻的计算和滤失的计算,在酸化设计中发挥重要的作用。

表 4-2-10　不同酸液流变性能指数对比表

次数/次	胶凝酸		转向酸	
	n	$K/mPa \cdot s^n$	n	$K/mPa \cdot s^n$
1	0.4951	0.3049	0.3814	0.3585
2	0.4925	0.3069	0.6015	0.1040
3	0.5107	0.2789		

胶凝酸 3 次实验结果的线性相关性较高,确定出胶凝酸的流变性能指数(取 3 次的平均值)分别为 $n=0.4994$,$K=0.2969mPa \cdot s^n$。

转向酸 2 次实验结果表明 n、K 值存在较大差异,原因在于转向酸的机理是酸与岩石反应而转向,而岩石的反应量不确定,即酸液的 pH 值不定,导致最后的转向性能不同,因此不能得到确定的流变指数。

通过对胶凝酸和转向酸进行耐剪性能实验(图 4-2-16、图 4-2-17),结果表明两种酸液体系均能保持较高的黏度,符合施工的要求。

胶凝酸在温度为 60℃,剪切速率为 170s⁻¹ 的条件下剪切 100min,黏度 20mPa · s 左右,该黏度下的液体滤失较小。

转向酸在温度为 120℃,剪切速率为 170s⁻¹ 的条件下剪切 100min,黏度仍然有 20mPa · s以上,该黏度下的液体有较小的滤失。

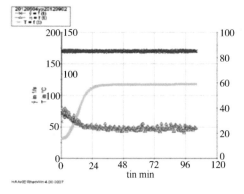

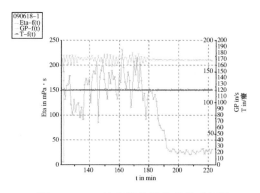

图 4-2-16 胶凝酸的耐剪实验成果图　　　　图 4-2-17 转向酸的耐剪实验成果图

3. 酸液体系优选

根据对酸液体系的性能要求，结合储层岩石矿物成分及微观结构分析，考虑酸液体系的影响因素，对比酸液体系对岩芯实验的特性，优选转向酸作为磨溪气田雷一¹气藏储层改造的酸液体系，转向酸体系针对非均质性储层均匀布酸效果好，储层温度下耐温性较好，残液黏度低返排性能较好，遇高矿化度地层水能够达到封堵水层、酸化储层的目的，对水平井长井段储层能够达到均匀布酸的目的。

（六）转向酸酸液体系性能评价

1. 转向酸黏度

（1）鲜酸黏度。在酸化施工中，新酸的表观黏度决定了酸液在管线和井筒中流动的压降，是酸化设计的一项重要参数，为此研究了转向酸主剂在不同加量下的黏度变化（图 4-2-18），结果表明酸液体系表观黏度较高，而且转向酸主剂加量达到 4% 的酸液体系具有弱黏弹性，为此推荐采用 4%~6% 的转向剂较为合适。

（2）增黏效果实验。通过测试酸液体系与大理石在 90℃ 温度下反应的黏度随酸浓度变化实验来评价转向酸酸液体系的增黏性能（图 4-2-19）。结果表明增黏性能得到较大提高，90℃酸液体系的最大黏度达 125mPa·s。表明随酸浓度的降低，酸液体系黏度逐渐增高，能够阻止反应的进一步进行，同时实现酸液体系转向达到均匀布酸的目的。

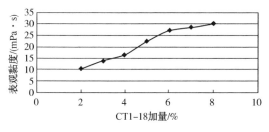

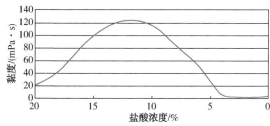

图 4-2-18 新酸表观黏度与转向　　　　图 4-2-19 90℃下酸液体系酸岩
酸主剂加量曲线（30℃，170s⁻¹）　　　　反应中黏度随酸浓度变化曲线

2. 酸岩反应速率

采用旋转圆盘动态评价系统，进行了不同温度下的转向酸反应速率评价，并回归出反应动力学方程。转向酸是一种不同于胶凝酸的黏弹性体系，在90℃下，用量为4%的转向酸，在不同的酸浓度下，表现出不同的酸岩反应速率(表4-2-11)。

表4-2-11　90℃下转向酸反应速率成果表

酸浓度/(mol/L)	酸岩反应速率/(mol/cm² · s)
4.835-2.05	$J = 1.12 \times 10^{-7} C^{3.8516}$

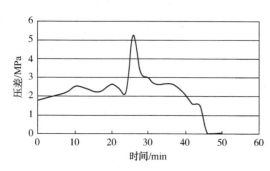

图4-2-20　转向酸对渗透率倍数为24.4的两块岩芯酸化压力变化图

3. 转向性能评价

在90℃实验条件下，选择的两块岩芯渗透率倍数为 24.4 倍的岩样进行实验评价(图4-2-20)，从图中可见，压力初始比较平缓上升，说明酸液在渗透率高的岩芯中持续推进，在推进过程中，压力也有上升下降。在酸岩反应到一定程度后，压力突然升高，说明酸液发生了增黏变化，随后压力持续下降，在下降的过程中，与常规酸不同，由下降到升高，再下降再升高的起伏变化。这是黏弹性自转向酸的独特增黏转向性质的体现。同时天平2收集到有液体流出，也说明酸液进入了低渗透岩芯。

表4-2-12　转向酸对不同渗透率岩芯的酸化效果对比表

酸液体系 项目	转向酸	酸液体系 项目	转向酸
1#岩芯渗透率/$10^{-3}\mu m^2$	46.4	2#岩芯酸化后渗透率/$10^{-3}\mu m^2$	3.02
2#岩芯渗透率/$10^{-3}\mu m^2$	1.90	改造效果/%	58.9
渗透率倍数	24.4	2#天平液体量/g	3.3

实验岩芯观察(图4-2-21)可见，岩芯端面平整，没有形成大的窝巢，说明酸液转向发生在岩芯内部。从剖面图可见，酸进入岩芯后，在内部形成了3个酸蚀引孔。在同一块岩芯中也实现了均匀酸化。

综上实验结果表明：转向酸酸化过程中压力呈现波段上涨，压力下降过程中同样有起伏变化，说明转向酸体系在非均质储层中具有良好的转向性能。酸化前后渗透率结果表明转向酸对非均质性储层进行了均匀酸化，酸化后对储层具有明显的改善作用。

4. 残酸返排实验

残酸返排实验是在常温下进行的，目的是为了获取转向酸残酸的表面张力和黏度，以表征其返排后对地层的伤害程度。实验结果(表4-2-13)可见，该体系残酸具有黏度低，同时表面张力、界面张力也相当低的特性，这将有利于残酸的流动、返排及实现低残留目标。

图4-2-21 渗透率为46.4×10⁻³μm² 岩芯双岩芯试验后的端面和剖面图

表4-2-13 转向酸残酸表面张力测定结果

类别	表面张力/(mN/m)	界面张力/(mN/m)	黏度/(mPa·s)
转向酸	27.82	1.1	3.0
蒸馏水	72.3	/	1.0

（七）转向酸酸液体系现场应用

转向酸酸液体系在磨030-H27井应用后获得了较好的效果。

酸化改造：油管压力一般为 64.4~67.0MPa，最低 47MPa，最高 70MPa；排量一般为 1.8~2.01m³/min，最低 1.2m³/min，最高 2.48m³/min；环空压力一般为 16.6~16.7MPa，最低为 14.6MPa，最高为 21MPa；注入地层总量 749.33m³，其中转向酸 696.16m³，转向液 43.67m³，助破后冲洗液 9.5m³，高挤时间 442min（表4-2-14、图4-2-22）。

表4-2-14 磨030-H27井施工参数表

参数项目	油管压力/MPa	环空压力/MPa	排量/(m³/min)
最高	70.00	21	2.48
一般	64.4~67	16.6~16.7	1.8~2.01
最低	47	14.6	1.2
注入井筒总量/m³	758.69	注入地层酸量/m³	749.33
转向酸/m³	696.16	转向酸/m³	696.16
转向液/m³	43.67	转向液/m³	43.67
助破后冲洗液/m³	9.5	助破后冲洗液/m³	9.5
顶替液/m³	9.36		

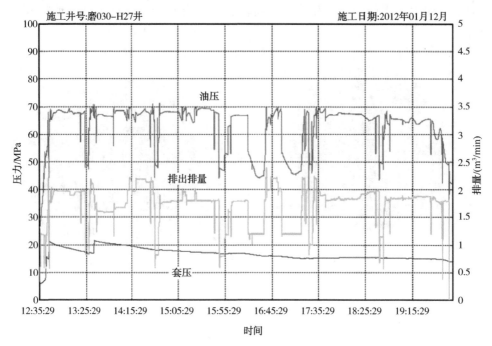

图 4-2-22　磨 030-H27 施工曲线图

三、水平井储层改造工艺技术现场应用

(一) 储层酸化改造现状

前期磨溪气田雷一¹气藏完钻的水平井增产改造采用了全井筒笼统布酸、连续油管拖动布酸、裸眼封隔器分段酸化、水力喷射分段酸化等工艺措施。

通过对 15 井次水平井储层改造施工，水平井测试产量分布在 $(2.68\sim40.19)\times10^4 m^3/d$，其间差异较大，测试累计获气 $200.92\times10^4 m^3/d$，平均单井测试产量 $13.39\times10^4 m^3/d$。水平段最长 939.37m，平均水平段长 535.98m，分段数最多 6 层。对比分析水平井各种措施效果，整体效果不均衡，无论是同一种改造措施或是不同改造措施之间的效果均存在明显差异，改造效果的差异性排除储层特性及地层压力等因素外，储层改造的工艺措施也对改造效果产生了明显影响。对比可见采用裸眼封隔器分段酸化改造工艺较其他工艺措施效果好（表 4-2-15）。

表 4-2-15　磨溪气田雷一¹气藏水平井储层改造效果统计表 (前期)

井号	水平段长度/m	酸压段数	改造工艺	测试产量/($10^4 m^3/d$)
磨 38H	500	—	笼统酸化	7.21
磨 75-H	516	—	笼统酸化	17.93
磨 91H	507	—	笼统酸化	21.72
磨 017-H7	326	3	裸眼封隔器分段	7.56

续表

井号	水平段长度/m	酸压段数	改造工艺	测试产量/($10^4 m^3$/d)
磨 030-H6	535	4	裸眼封隔器分段	40.19
磨 004-H8	692	4	水力喷射分段	7.01
磨 004-H6	515	4	裸眼封隔器分段	5.87
磨 030-H7	810	5	裸眼封隔器分段	22.51
磨 004-H9	939.37	4	裸眼封隔器分段	16.77
磨 004-H7	705.27	4	裸眼封隔器分段	2.68
磨 030-H5	452.0	4	裸眼封隔器分段	20.31
磨 017-H6	289.0	3	连续油管拖动	3.4
磨 030-H3	505	5	连续油管拖动	12.82
磨 030-H2	328	6	连续油管拖动	9.76
磨 030-H1	420	5	连续油管拖动	5.18
合 计	8039.64	51	—	200.92

先后完成了 14 口井 110 段的水平井多段改造，改造工艺均采用裸眼封隔器+转向酸分段酸化措施，累计测试产量 $275.30 \times 10^4 m^3$/d，平均单井测试产量 $19.66 \times 10^4 m^3$/d（表4-2-16），水平井分段改造工艺技术取得了较好的现场应用效果。

表 4-2-16 磨溪气田雷一[1]气藏水平井储层改造效果统计表

井号	水平段长度/m	分压段数	改造工艺	测试产量/($10^4 m^3$/d)
磨 030-H21	1310	11	裸眼封隔器+转向酸分段酸化	11.68
磨 030-H19	767	6	裸眼封隔器+转向酸分段酸化	23
磨 030-H13	501	6	裸眼封隔器+转向酸分段酸化	23.71
磨 030-H14	800	8	裸眼封隔器+转向酸分段酸化	14.24
磨 030-H16	781.36	6	裸眼封隔器+转向酸分段酸化	16.09
磨 030-H17	421	6	裸眼封隔器+转向酸分段酸化	22.49
磨 017-H10	770	9	裸眼封隔器+转向酸分段酸化	16
磨 030-H29	1085	11	裸眼封隔器+转向酸分段酸化	37.92
磨 030-H26	678	7	裸眼封隔器+转向酸分段酸化	24.4428
磨 030-H24	1040	9	裸眼封隔器+转向酸分段酸化	18.8721
磨 030-H25	916	9	裸眼封隔器+转向酸分段酸化	18.7844
磨 030-H27	548	6	裸眼封隔器+转向酸分段酸化	8.3545
磨 030-H28	760	8	裸眼封隔器+转向酸分段酸化	28.0183
磨 017-H13	763	8	裸眼封隔器+转向酸分段酸化	11.6995
合计	11140.36	110	裸眼封隔器+转向酸分段酸化	275.3016

第三节　排水采气工艺技术

一、雷一¹气藏排水采气工艺技术难点

雷一¹气田目前只采用了泡排和气举的复产工艺，其他排水复产工艺未使用，其主要原因是参考了四川盆地周边气井开采效果：

（1）井深限制：川东石炭系气藏产层一般都在5000m左右，超出了机抽、射流泵、电潜泵、连续油管等排水复产工艺的国内最大应用深度，且连续油管下入水平段难度大。

（2）井身结构限制：一般都有永久封隔器，复合管柱，井下节流器等，在一定程度上限制了柱塞、泡排、气举等工艺的应用。

（3）现场条件限制：井站无水无电，周边高压气举气源缺乏，导致新上排水复产工艺措施成本大幅增加，效益难保证。

目前已实施的泡排复产工艺中只有云和004-H2、罐003-1-X1效果较好，其余7口井效果不好，甚至无效，主要原因是由于井深、在最后一级裸眼封隔器上方油管柱上安装悬挂封隔器，从而导致油管和套管不连通，只能采取关井从油管加注起泡剂，当大产水量出水后很快水淹停产。

二、排水采气工艺选择原则

水平井、大斜度井的采气工艺的选择对气井能否成功高效生产尤为重要。所以在水平井、大斜度井在排水采气工艺的选择上首先要考虑气井所在区块的气藏基本情况，结合气井的井身结构、完井方式、生产动态以及地面流程配套等因素综合，进行工艺适应性分析，从适合工艺中进行优选，保证气井复产成功率。

通过对雷一¹气藏认识到影响气井停产的主要因素是有由于地层产水，水淹造成的停产，在复产工艺的优选上主要还是考虑排水（表4-3-1）。在排水采气工艺优选时一般遵循以下顺序。

（一）产水量、产气量、地层压力筛选

在川渝气田30多年的排水采气工艺应用过程中，形成了如表所示的依据产水量、地层压力、产气量作为工艺筛选的选型表。面对一口产水气井时，首先从井的地层压力、产水量、地层压力出发，结合排水采气工艺技术水平，对适合该井的工艺进行初步筛选。

（二）工艺配套与生产管理对比

各种工艺在实际应用过程中，需要进行相应的工艺配套，才能保证工艺实施效果。因此，在针对单井选出相应的工艺后，还需要结合井场配套包括地面配套与人员管理配套方面进行进一步优选（表4-3-2）。在具体实施时，在此表的基础上，还需要结合所在气田的实际情况进行选择。

表 4-3-1 排水采气复产工艺选型表

日产气量/10^4m^3		<1.5	>1.5	<1.5	>1.5
地层压力系数	>0.5	中压，小水，小气井： 1. 泡排 2. 柱塞 3. 深抽	中压，小水，大气井： 1. 泡排 2. 机抽 3. 柱塞	中压，大水，小气井： 1. 开式气举 2. 半闭式气举 3. 电潜泵	中压，大水，大气井： 1. 开式气举 2. 气举—泡排
	<0.5	低压，小水，小气井： 1. 深抽 2. 机抽—气举 3. 柱塞—气举	低压，小水，大气井： 1. 气举—泡排 2. 柱塞—气举 3. 半闭式气举	低压，大水，小气井： 1. 电潜泵 2. 气举—泡排 3. 射流泵	低压，大水，大气井： 1. 气举—泡排 2. 开式气举（油管柱） 3. 射流泵
日产水量/m^3		<100m³		>100m³	

注：①表中气井分类中的大、中、小是相对的；②表中的1、2、3表示选型的顺序；③复合工艺前者为主，后者为辅。

表 4-3-2 各种工艺配套和生产管理对比表

工艺类型		泡排		柱塞		气举				气举—泡排				射流泵		电潜泵		机抽	
						有增压站		无增压站		有增压站		无增压站							
工艺配套	井场设备多少	少	2	少	2	无	1	多	3	少	2	多	3	多	3	多	3	多	3
	井场供电	需要	2	不需	1	不需	1	需要	2	需要	2	需要	2	需要	3	需要	3	需要	3
生产管理	管理方式	分散	2	分散	2	集中	1	分散	3	分散	2	分散	2	分散	3	分散	3	分散	3
	技术性	简单	1	简单	1	简单	1	较强	2	简单	1	较强	3	强	3	强	3	较强	2
	专业化程度	高	1	高	1	高	1	较高	2	高	1	较高	2	低	3	低	3	较高	2
	操作人员	少	2	少	2	少或无	1	多	3	少	2	多	3	多	3	多	3	少	2
评分		10		9		5		12		10		15		18		18		15	

注：①分值按管理难度大小，难度小、难度中、难度大分别打分1、2、3分；②专业化程度指工艺管理可纳入采气专业范围为"高"，采气工一职两岗为"较高"，一职三岗为"低"，如电潜泵工艺，井场采气工要管采气岗、电潜泵管理岗、卤水转输岗。

（三）井身结构

井身结构包括井型、井下是否有封隔器、是否为单一管串等，划分情况如表4-3-3所示。

表 4-3-3　按照井身结构进行筛选

工艺类型		柱塞	连续油管	泡排	气举	螺杆泵	电潜泵
井身结构	封隔器	适用于封隔器以上	不受限	受影响	受影响	需修井	需修井
	非均一管串	受限	不受限	不受限	不受限	不受限	不受限
	井型	最大井斜55°	不受限	不受限	不受限	受限，井斜<25°	受限，狗腿度<3°/30m
	套管尺寸	不受限	不受限	不受限	不受限	受限，套管内通径>98mm	受限，套管内通径>108mm
	气水介质	不受限	不受限	受限	不受限	受限	不受限

（四）地面配套情况

地面配套情况包括地面网管（单井混输还是分输，是否单一管线）、输压、供电情况（表4-3-4）。目前，除集中气举外，其他工艺（柱塞、智能间歇开关、泡排、螺杆泵、电潜泵、车载式气举）对地面管网情况适应性较好。但在其他方面，如输压水平，螺杆泵则受到输压水平（不能高于4MPa）限制，而柱塞和智能间歇开关则需要和井安系统相配合，以达到无人值守的目的；供电情况：螺杆泵和电潜泵由于都需要提供电力，还受到地面供电情况限制。

表 4-3-4　按照地面配套情况进行筛选

工艺类型		柱塞	连续油管	泡排	气举	螺杆泵	电潜泵
地面配套	地面管网	不受限	不受限	不受限	需气源	不受限可混输	不受限可混输
	输压	需与井安系统配合	需与井安系统配合	不受限	不受限	<4MPa	不受限
	供电	不受限	不受限	不受限	不受限	需动力电	需动力电

三、排水采气工艺技术应用效果分析

（一）生产气井产液现状

生产数据表明，目前生产气井产水量较小，基本可依靠自身能量带水生产（表4-3-5）。

表 4-3-5　磨溪气田雷一¹气藏生产气井日产水情况统计

分布区间/(m³/d)	井数/口	比例/%	日产水/m³	比例/%	井均产水/(m³/d)
不产水	42	51.85	0	0	0
<1	39	48.15	15.07	100	0.39
合计	81	100	15.07	100	0.19

（二）排水采气措施及工艺选择

根据气藏特征、气井产水情况和完井管柱结构特点，结合目前川渝地区成熟的排水采气工艺技术适应性（表4-3-6），气井排水采气方案如下。

表4-3-6　目前主要排液工艺的适应性及其技术界限

举升方法		最大排量 /(m³/d)	最大井深泵挂深度/m	适应条件
优选管柱	2in	100	3500	产液量<100m³/d，液气比≤40m³/10⁴m³，$V_r = Q_r < 1$，有积液；油管公称直径<60mm时$q_l ≤ 50m³/d$
	1.25in	20	5000	
泡排		120	4500	$T_b ≤ 120℃$，GLR180～1400m³/m³，$q_w ≤ 100m³/d$，液态烃≤50%，水总矿化度≤150000ppm，$H_2S ≤ 23g/m³$，$CO_2 ≤ 86g/m³$的间喷、弱喷井
气举		1000	5000	复产、助排及气藏强排水；排液量50～1000m³/d；液体黏度<1500mPa·s
柱塞气举		50	3000	GLR≥700～1000m³/m³，有积液的自喷或间喷直井，油管清洁完好
机抽		100	2500	$P_R ≤ 10 ~ 15MPa$；排液量10～100m³/d；$T_b ≤ 100℃$；总矿化度：10000～90000ppm、$CO_2 ≤ 115g/m³$、H_2S：0～4g/m³，液体黏度<100mPa·s，含砂≤0.03%；最大井斜79°，允许井斜率12°/30.5m
电潜泵		1000	3000	排液量60～1000m³/d，$T_b ≤ 120℃$的低压井复产和气藏强排水，液体黏度<500mPa·s，含砂≤0.1%；允许井斜率12°/30.5m
螺杆泵		1000	3000	动液面深度小于1800m，泵沉没度大于200m；扬程800～3000m；产液量160～1000m³/d；含砂≤2%；井温小于120℃；液体黏度<10000mPa·s；最大井斜30°
射流泵		4769	3500	$P_R ≥ 10 ~ 15MPa$；排液量100～300m³/d，泵挂深度≤3500m、$T_b ≤ 120℃$、$H_2S ≤ 3.0g/m³$、CO_2含量≤100g/m³、矿化度≤50000ppm，液体黏度<2500mPa·s，含砂≤3%；最大造斜率20°/30.5m

1. 间歇放空、关井复压间歇生产

间歇放空和关井复压间歇生产是在不动管柱情况下的较好的排除井底积液的方法，它适用于产水量低，开井生产时间长才积液的井，因此该工艺最适合磨溪气田雷一¹气藏产水量低的气井。

对不同油管放空排水需要的最小气量见表4-3-7，由此可见，采用放空排水方法所需的气量比正常生产携液所需气量小得多。但井口放空会损失一些气。

表4-3-7　不同油管间歇放空需要的最小气量

油管管径内径/mm	50.67	62
最小气量/(10⁴m³/d)	0.31	0.47

对于关井复压间歇生产方法，需针对具体井况条件确定最佳开关井次数，关井最高套压等参数。

2. 优选管柱

部分水平井由于需要满足增产改造和井下节流生产的要求，下入内径 62mm 油管进行生产，随着地层压力下降，气井产量降低，低于管柱临界携液流量时，就可能造成井筒积液，影响气井产能发挥。根据不同尺寸油管在不同压力条件下临界携液流量计算结果，可知在输压 5~6MPa 时，采用内径 62mm 油管的临界携液流量为 $(1.6 \sim 1.8) \times 10^4 \mathrm{m}^3/\mathrm{d}$，内径 50.67mm 的临界携液流量仅为 $(1.0 \sim 12) \times 10^4 \mathrm{m}^3/\mathrm{d}$，内径 40.89mm 油管的临界携液流量更低。把气井更换为内径 50.67mm 油管或更小的油管，提高管柱的携液能力，更有利于产水气井的带液生产。

3. 泡排

在缓蚀剂中加入助排剂，可增强天然气携带水的能力，在磨溪含硫气井，由于气井单井产水很低，一般月产水 $6 \sim 10 \mathrm{m}^3$，每天平均产水不足 $0.5 \mathrm{m}^3$。这些水一部分混在天然气中，被带出地面，一部分沉积在井底，这部分沉积在井底的水危害最大，目前大多数气井均采用泡排工艺，排水效果较好。但由于新建开发井均为水平井，泡排工艺在水平井中的适应性不强，需进行水平井排水采气工艺的进一步研究，对下步排水采气工作进行指导。

第四节　地面集输工艺技术

一、地面集输工艺特点

在整个气田上全面实现集输工艺的撬装化，极大加快和提高了建设的速度和质量。采用撬装化的设备主要有：水套加热炉、加注缓蚀剂罐、卧式计量分离器、自用气配气装置。通过撬装设备的使用，使气田建设更加规范化、标准化、现代化。但也正由于撬装上各种设备、管路高度集中、构件密度大，使得某些局部结构的安装、拆卸尤其是检修整改缺乏操作空间，检修整改难度大、操作很不方便，如分离器排污法兰与底座距离短、搬手回旋空间小，操作十分不便，今后须加以改进和完善，集输工艺撬装化是其主要特点。

二、气田内部集输建设特点

气田内部集输建设以"成组型"集输为主要特点：根据磨溪气田地形条件及井网部署，地面建设以"成组型"集输为主要特点。单井至集气站为放射状布置，一个集气站集 8~10 口井来气，井场采用水套炉加热防止节流时水化物形成；集气站到集气干线呈树枝状分布。个别单井、边远井或产水量大的井先在井场内进行单井分离计量再输往集气站或集气干线。目前，气田内建成投产集气站 12 座，气田内部以集气总站为中心，沿气田东北、西南向各建成一条集气干线。东北向：12 号站-9 号站-集气总站为一变径集气干线（ϕ219+ϕ273），西南：为 1 号站—集气总站 ϕ159mm×6mm 集气干线。该条管线 T 接 3、4 号集气站。

（一）单井集输工艺

单井井场设有采气树、水套加热炉撬、加注缓蚀剂罐、抗硫节流器等。天然气从井口流出，经水套炉加热、节流器节流降压后输至集气站分离、计量。部分单井也直接在井场内分离、计量后输集气站。

这种工艺设置基本满足气田投产初期的生产实际。然而随着生产中出水及腐蚀物在管线内沉积，增加了管输摩阻，不时发生单井超压现象，故在后期增加了清管装置和井口提喷管线，有的井还在单井出站前加设了紧急放空和安全泄压系统。通过以上改造以及在井站安装电接班点压力报警器等措施，十分有效地防范了超压爆管事故的发生。

（二）集气站集输分离计量工艺

天然气在单井内节流降压后输入集气站，在站内进行分离计量，分离器前设安全阀、放空阀，以保证分离器及下游设施的安全。撬装分离器集分离、计量装置于一体，选用处理量大、分离效率高的卧式分离器，计量装置采用简易（高级）孔板阀配 CWD-430 双波纹差压流量计。分离出的污水排至污水罐，定期集中处理。现有集气站的工艺流程主要包括：单井分离计量、轮换分离计量和单井分离计量与轮换分离计量相结合三种类型。

从简化流程、方便日常生产管理、减轻工人劳动强度、提高计量准确性，为气田开发管理决策提供准确可靠数据的角度考虑，推荐新站采取单井分离计量的工艺流程模式，从现阶段来看，总体投资量预计增加不会太大。

（三）集气总站

总站位于气田中心，不仅要汇集各集气站来气，还要集附近单井来气，对其进行分离计量后与各站来气一同进入分离器进行二次分离，经总计量后通过原料气管线输往净化厂进行集中处理，站上设有收发球装置便于通球清管。

（四）集气管线

集气管线包括集气干线、支干线、支线，输送介质为含硫天然气，管材选用 20# 无缝钢管，一期工程部分支线选用 STS42 管材。通过多年实践，表明管材的选择符合抗硫要求，但不耐磨溪气田特殊的腐蚀环境，穿孔漏失频繁。

（五）小管线清管工艺

磨溪气田单井支线及支干线普遍采用 $\phi108$ 以下的小管线，建设初期未安清管装置。在气田开发过程中，由于地层水的产出以及残酸、腐蚀物的排出，造成输气管道积液、堵塞、超压，迫使气井频繁开关。针对这一实际，当时的川中设计所与开发三公司联合研制试验了 $\phi108$ 以下（含 $\phi108$）各种规格的小管线清管装置获得成功，非常适用于生产实际，不仅在磨溪气田获得推广，并广泛应用于其他油气田，成为川中地面集输工艺的一个特色。

（六）集输管线的缓蚀剂加注工艺

由于磨溪气田不仅产出 H_2S，还产出 CO_2 和高矿化度地层水，这些介质具有强烈的腐蚀性，导致地面集输管线内腐蚀十分严重，管线穿孔补漏频繁。2000年前后，担负气田集输生命线的$\phi219$、$\phi273$干线相继不断腐蚀穿孔，严重危及气田安全和生产组织。为了加强干线的保护，在9号站和总站新建缓蚀剂气动泵加注装置各1套，在站内通过工艺阀门建立单井来气与出站压力差（0.2MPa左右），气动泵喷嘴在此压差下将缓蚀剂分散为雾状注入$\phi273$、$\phi325$管线，并随气流带向远处管壁，经过1年试验证实其工艺是成功的，但目前尚无手段对其防腐效果作出评价。

（七）集输管线超压防爆配套工艺

根据集输管网设计压力，结合具体井站在集输系统所处位置、正常输气压损和运行实际，针对每一井站逐一定出输压极限，采取超压自行关井并汇报，再查明原因、排除故障、恢复生产。为确保井站员工及时发现并处置超压，在工艺上作如下设置：

（1）在各井站增安电接点压力报警器，设置压力上下限。当处于下限压力报警时，表明可能发生管线断裂；上限压力略低于规定输压，使员工有时间提前处理。

（2）配齐井站流程上的安全阀和紧急放空系统，定期检校，确保超压时及时开启泄压。通过以上工艺和管理的双重措施，有效防范和化解了超压爆管事故。

三、站场工程

（一）计量工艺

为了解各气井生产动态及向气藏管理者提供可靠依据，对每口气井的产气量、产液量应进行计量，可采用在井场连续计量和在集气站轮换计量两种工艺方案。

轮换计量较连续计量投资大大节省，且与磨溪雷一¹中部已开发区生产气井在集气站轮换计量的工艺流程一致。鉴于雷一¹气藏西端的单井产量不大[$(4.0\sim5.0)\times10^4m^3$]，且属气田内部计量，为了简化流程、节约投资，推荐雷一¹气藏西端的气体计量采用在集气站多井轮换计量的方式，对于磨溪雷一¹中部、东部新建的单井，由于气体进邻近老集气站，综合考虑老集气站处理能力，中部两口井磨111H井、磨113H井分别进邻近10号集气站、8号集气站进行轮换计量；其余7口井采用连续计量的方式。

（二）分离工艺

参照雷一¹中部已开发区生产气井的统计资料以及雷一¹气藏开发方案，雷一¹气藏井口原料气气水比为$10m^3/100\times10^4m^3$，即$100\times10^4m^3$天然气产水$10m^3$，含水量0.001%。根据雷一¹气藏含水量较少的情况，结合单井气体的计量方式，本可研推荐雷一¹气藏在连续计量的单井站、集气站、集气总站计量前设分离器，其余单井站不设分离器。

分离器选型：根据雷一¹气藏的天然气组分，已钻井的天然气中基本不含戊烷及其以上的重烃，在单井站、集气站、集气总站主要分离天然气中的气田水和饱合水，故推荐单井站、集气站场分离器选用常温气体旋转式分离器。

（三）出站管线防止水合物生成

雷一¹气藏新建各单井—集气站、集气总站间的采（集）气管线长度为1.0~3.1km不等，集气总站-白鹤桥联合新站约 32.5km 的集气干线。经计算，在不采用任何防止水化物形成措施的情况下，水化物形成温度约 12.5℃左右，而四川地区管道地温（冬季）一般为 9℃左右，管内有会产生水化物。所以采（集）气管线、集气干线须采取防止水化物形成的措施。可采用注醇、加热保温两个方案。根据比比分析推荐磨溪气田雷一¹气藏采（集）气管线、集气干线防止水化物形成采用出站注醇方案。

（四）增压集气工艺

根据磨溪气田的生产实际和整体部署，雷一¹中部已开发区 69 口井拟从 2006 年开始分期逐步进行增压开采，由于各井的压力递减速度不一，推荐采用分散增压的方式，即在各集气站内设置增压站；对西端新建区域推荐在该集气总站设置增压装置。

压缩机选型：为了适应气井产量和压力易变化的特点，压缩机须具有排量较小、压比范围大，易于变化工况操作的特性，为此推荐采用往复活塞式压缩机。并且为了适应井站分散的条件，推荐采用燃气发动机作为压缩机的动力机，即天然气发动机/往复式压缩机组。

四、集气站场、增压站场工艺原理流程

（一）单井站

雷一¹气藏西端 H₂S 含量 2%，约为 30g/m³；为减缓气体对井下油套管、井场设备及采气管道的腐蚀，在井口和出站管线上分别设置缓蚀剂入装置；为防止井站投产初期和冬季集输管道有可能形成水化物，在井口和出站管线设防冻剂注入装置。采用计量泵注入方式。在井口设置高、低压截断安全系统，当发生事故时，自动截断井口来气，以保护井场及下游设备、管道的安全。

雷一¹气藏西端共 12 口井，单井流量：（4.0~5.0）×10⁴m³/d，井口流动压力 20~28MPa，井口温度 24℃左右。由于从井口来的天然气温度较低，且水化物形成温度也较高，故天然气流经采气树节流阀时不节流，直接进入水套加热炉加热后再经节流将压力降至 5.1~5.2MPa，出站经 DN100(DN150) 采气管线输至集气站或集气总站轮换计量。采气管线均考虑清管作业，推荐采用费用低、操作方便、灵活的清管阀。

雷一¹气藏中部、东部共 9 口井，单井流量：（4.0~5.0）×10⁴m³/d，井口流动压力：15~28MPa，井口温度：24℃左右。根据现有设计资料，磨溪 3、4、7、12 号集气站以及磨144 井分离器无多余富裕处理能力，故考虑磨 79H、EH1-1、EH1-2、磨 72H、磨 137H、MS1H 共 7 口单井考虑在单井站设分离计量装置。由于从井口来的天然气温度较低，故天然气流经采气树节流阀时不节流，直接进入水套加热炉加热后再经节流将压力降至 5.3~5.5MPa。考虑中部东部新井与老区系统匹配，结合老区集气站的处理能力，其中磨 79H、EH1-1、EH1-2 进分离器分离、计量后通过 DN80 的集气管线进附近 12 号集气站。磨 72H 进分离器分离、计量后通过 DN80 的集气管线进附近 7 号集气站。磨 137H 进分离器分离、计量后通过 DN80 的集气管线进附近 4 号集气站。磨 144H 进分离器分离、计量后通过

$DN80$ 的集气管线进附近磨 144 井。MS1H 进分离器分离、计量后通过 $DN80$ 的集气管线进附近 3 号集气站。

（二）雷一¹中部已开发区增压站、西端集气总站增压装置

1. 增压站

天然气处理量：中部（5~30）$\times10^4 m^3/d$，西端 $50\times10^4 m^3/d$。

进站压力：0.5~5.4MPa。

出站压力：5.0~5.5MPa。

已建集气站来气先进入分离器除去天然气中的游离水及固体杂质，然后进入往复式压缩机组增压，增压后的气体返回集气（总）站经已建集气干线输至集气总站或白鹤桥联合新站。压缩机组用启动气、燃料气来自集气站燃料气系统。每台压缩机组设超压放空系统。站内设润滑油储罐 1 座，经泵送入润滑油系统供压缩机组。来自压缩机组的润滑油排污去埋地污油罐。

根据上述的增压工艺，采用分散增压的方式，即增压站分别设在各集气（总）站内，各集气（总）站根据压力递减情况，分期逐步进行增压。该工程主要选用 ZTY265MH 和 ZTY470MH 型撬装整体往复式压缩机。

2. 雷一¹气藏西端集气总站

该站在原磨溪气田 1 号站旁扩建，接受 4 口单井磨 135H-1、磨 154H-2、磨 154H-1、磨 156H 单井站来气，接受 WH1-1 集气站、磨 157H-1 集气站来气，该集气站处理能力 $54.5\times10^4 m^3/d$，设置 4 套清管阀，用于对采气管线定期清管，设置清管器发送筒 1 套，清管器接收筒 2 套，用于对集气管线定期清管。

3. 白鹤桥联合站雷一¹气藏装置区

该装置区在原白鹤桥联合站旁扩建，雷一¹气藏集气干线来气经分离进入新建 $50\times10^4 m^3/d$ 净化厂装置，该区处理能力 $54.5\times10^4 m^3/d$，设置清管器接收筒 1 套，用于对集气干线定期清管。

第五节　防腐工艺技术

磨溪气田雷一¹气藏于 1991 年 2 月投入开发，经过多年的生产。由于气藏产生的天然气中含有 H_2S、CO_2 和少量高矿化度的地层水，它具很强的腐蚀性，对气井中钢质的油套管具有严重腐蚀破坏性。腐蚀产生的垢物堵塞油管内外空间，致使地层流体无法畅通地流向井口，使井口压力下降，气产量降低，直接影响了气田正常生产和开发。就一般的含气藏而言，气井的井况恶化一般均发生在气田开发中后期，雷一¹气藏由于单井产气量低，地层产出的水量小，造成井底积液严重，高矿化度的地层水与硫化氢、二氧化碳等腐蚀介质的综合作用，形成了一种极强的腐蚀介质，气井的恶化井况在开发初期就普遍表现出来。

一、雷一¹气田腐蚀现状

(一) 井下金属管柱腐蚀

磨溪气田雷一¹气藏在开发过程中气井油管、套管被严重腐蚀,气井正常生产受到严重影响。气藏于 1991 年 2 月投入试生产,1991 年 10 月测压发现 75% 的气井井下压力计遇阻,1991~1994 年期间至少有 5 井次油管由于腐蚀发生堵塞被迫酸洗,6 井次因生产能力显著降低而大修。修井中发现金属油管普遍穿孔、内部结垢、被腐蚀垢物堵塞、管壁减薄、断落、表面严重坑蚀、腐蚀垢物彻底堵死下部环空等现象(表 4-5-1)。

表 4-5-1 雷一¹气藏部分气井井下管柱腐蚀情况

井号	修井前生产状况		投产日期	修井日期	腐蚀状况		
	气/(10⁴m³/d)	水/(m³/d)			断落深度/m	落鱼长度/m	腐蚀描述
磨53	2.4↓0.2	微	1991.02	1992.02	2666	44.3	冲出大量金属铁皮、硫化铁沉淀物和水泥块,下部套管蚀穿,油管堵死
磨58	3.8↓0	6	1991.02	1994.07	1980	761.5	管内结垢较多、断口未堵,下部油管堵塞、穿孔、断落
磨59	1.9↓1.3	微	1991.02	1994.08	2597	62	1449m 穿孔,2505~2522m 压扁,下端堵塞
磨75-1	2.1↓0	2	1991.02	1993.12	2445	173.4	落井173.4m油管及工具,起出油管底部2398m穿孔,2400m以下被硫化铁堵死
磨84	3.0↓2.0	1.4	1991.1	1995.11	2588	97.4	第一个穿孔位置2351m,2350~2575m油管内大部分堵塞,2578.92~2588.25m穿孔15处
磨99	2.0↓1.5	2	1991.06	1995.11	2641	140	2600m处穿孔,封隔器以上油管96.55m腐蚀严重
磨101	2.0↓0.2	12	1994.02	1995.12	2724	16.19	断口从穿孔处拉断,上部油管完好,最后一根油管被硫化亚铁填满

根据磨溪雷一¹气藏修井、生产资料及各类技术报告,对井下金属管柱腐蚀特征腐蚀现状失效形式进行了总结。其主要失效特征如下:

(1) 气田 1991 年开始试采,井下油套管采用了 AC80、AC90、NT80 和 SM80 等抗硫材质,一年后气井相继井口压力降低、产量大幅下滑甚至停产。部分气井投产不足 1 年便停产待修,平均两年半就需要修井。修井中发现井下油管大多在 2000m 以下腐蚀穿孔、结垢、堵塞和断落（图4-5-1），统计发现34.3%的金属油管在2600~2700m断落，2000~2400m及2400~2600m金属油管断落的比例同为25.7%，大多数金属油管于2400m以下断落，井下腐蚀落物鱼长在32~762m，一般200~400m范围。

（2）起出的油管显示上部油管基本上未腐蚀或腐蚀很轻，而下部油管则是千疮百孔，腐蚀严重。

（3）气井动静态监测中几乎所有井都遇到测压遇阻，而且发现测压遇阻井深有逐渐上移的趋势。

（4）油管开始穿孔位置的上部存在结垢，测压遇阻深度多在断口以上，油管下部堵塞严重，断落位置常出现在该位置。

（5）油管外壁除去垢物后减薄相对较小，呈均匀状腐蚀，腐蚀不严重；油管内壁几乎全呈浓疮状，蚀垢密布，有的蚀坑已快要穿透管壁，而且表现越往下腐蚀越严重，孔洞越多越大，即腐蚀发展趋势是由内壁向外，自下而上逐渐延伸发展。也有不少气井上部金属油管外部呈现点状和坑蚀状腐蚀，内部结垢，下部油管腐蚀穿孔、断裂、落井后严重堵死（图4-5-1）。

图4-5-1 磨70井油管断口

（6）生产与修井资料表明磨20井、磨27井、磨58井、磨75-1井、磨133井、磨17井和磨59井和磨53井的套管腐蚀穿孔，井下套管检测发现其2000m以上腐蚀轻，内壁腐蚀0.2~0.9mm、一般约0.5mm；2000m以下套管腐蚀程度大，特别是2200m井深以下套管，内壁腐蚀0.4~3.2mm、一般约1.8mm。

（二）井下玻璃钢管柱腐蚀

气田开发中后期，大多数气井采用玻璃钢管油管生产，玻璃钢管油管出现环氧树脂老化、玻璃纤维脱丝、固化剂脱落等失效问题，生产中出现测压遇阻、玻璃纤维丝堵塞油管或井口、管材本体断落、井口压力和产量突降、气井丧失生产能力等现象，修井中发现1500m以下玻璃钢油管本体损坏。

1996年6月~1997年7月在磨59、磨71、磨64三口井进行玻璃钢油管入井试验，并对磨71井的管柱起出进行评价，从1997年8月开始在雷一¹气藏推广应用，共下入玻璃钢油管83井次。

玻璃钢油管应用早期，主要使用STAR公司耐温93℃胺类玻璃钢油管共7口井，测压发现均有遇阻现象，其中2口井带出玻璃纤维（磨64、磨70），且5口井生产不正常，井口压力偏低。自1999年11月开始，在雷一¹气藏49口井使用AMERON公司产品48井次。其中全井采用耐温82℃酐类玻钢油管20口，有15口井因玻璃钢油管断落而修井（图4-5-2~图4-5-6）；在井底采用耐温93℃芳胺类玻璃钢油管29口井，长度在222~1728m，其中14口井因玻璃钢油管失效问题而修井，至2009年底还有16口井未进行修井。

图 4-5-2 磨 59 井 STAR 胺类类 930C 玻璃钢油管接箍破裂穿孔玻璃钢油管失效

图 4-5-3 磨 14 井 AMERON 酸酐类 820C 玻璃钢油管失效玻璃钢油管失效

 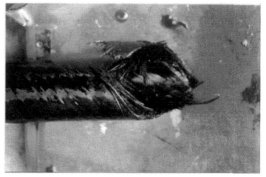

图 4-5-4 磨 19 井 AMERON 酸酐类　　　　图 4-5-5 磨 35 井玻璃钢油管 690m
　　820C 玻璃钢脱层　　　　　　　　　处断口(弹性振动破坏导致)

　　2005 年开始全面采用 STAR 公司全井耐温 104℃玻璃钢油管，应用 26 井次。截至 2009 年底，应用耐温 104℃玻璃钢油管气井未发现生产异常情况。

图 4-5-6　磨 65 井 AMERON930C
玻璃钢油油管 2153m 处断落

玻璃钢油管主要的失效特征主要有如下特点：

（1）油管本体损坏，损坏状态为环氧树脂脱落和断落、玻璃纤维脱丝、固化剂脱落；

（2）早期应用的 STAR 公司 93℃胺类玻璃钢油管本体具有良好的防腐性能，但接箍穿孔及联接强度较低造成油管掉井；

（3）资料统计表明气田大多数井玻璃钢油管在井深 1500~2500m 断落；

（4）对于耐温 82℃酐类管与耐温 93℃的芳胺玻璃钢组合油管，有些井上部 82℃酐类玻璃钢油管断落，下部耐温 93℃玻璃钢油管未捞出。

（三）井下套管的腐蚀

磨 53 井 1989 年 8 月固井完成下入 AC-80 级 177.8mm 油层套管，1989 年 10 月雷一¹层射孔酸化试油获得流动压力 30.15MPa，产气 $3.66 \times 10^4 \text{m}^7/\text{d}$。1991 年 2 月投入生产，到 1992 年 6 月因井口油、套压急剧下降，产气量降至 $0.5 \times 10^4 \text{m}^7/\text{d}$，分析判断为井下腐蚀物堵塞所致。1992 年 7 月对该井进行修井作业，修井前该井累产气 $700 \times 10^4 \text{m}^7$，起出油管，不仅发现 NT-80SS 油管从 2666m 处腐蚀断落，有 44.3m，下油管冲洗井底时，冲出锈铁片胶结物约 4kg 和大量水泥块。这说明不仅井下油管腐蚀严重，而且套管也遭到在大面积穿孔，导致固井水泥块被冲洗返回出地面。

1993 年 3 月~1993 年 10 月期间对气田进行动态分析，经现场多次反复试井测压，发现有 6 口井在生产制度未改变条件下，井下流动压力有大幅度升高，并且超过了雷一¹气藏的原始地层压力（32.66MPa）。其中磨 20 井井底压力达到 39.84MPa，同时气产量有明显增加，H_2S 含量也大幅度降低，由 25g/m^3 下降到最低 9.6g/m^3。又如 1994 年 12 月 1~8 日，经重复试井，更换压力计重新验校测试，磨 139 井在没有改变工作制度的情况下，井底流动远远超过雷一¹气藏原始地层压力，达到 46.83MPa 和 47.12MPa。这些现象，分析判断为井下套管遭腐蚀损坏，其他产层（雷三）高压气窜入干扰所致。磨 63 井 1993 年 8 月修井时（生产 29 个月）不仅油管断落 160.53m，穿孔腐蚀十分严重，同时对鱼顶深度 2660m 上的套管测井径曲线检查，在深 2560m 以下的套管呈凹凸不平，在 2630m 以下更为严重，其腐蚀井段与油管深度基本吻合。

（四）地面井集输设备的腐蚀

溪气田雷一¹气藏投入开发以后，由于地层产的流体含腐蚀性的介质，它对地面采气井口、集输管网、分离器等设备同样造成了严重的损坏，影响了气田开发、增加生产维修投资。地面井集输设备的主要腐蚀类型如下：

（1）气井、针形节流阀被损坏；

（2）污水罐、S 防管穿孔；

（3）分离器腐蚀；

（4）集输管腐蚀穿孔。

（五）经济损失及修井效果

一般情况下，气井的井况恶化一般均发生在气田开发中后期，雷一¹气藏由于单井产气量低，地层产出的水量小，造成井底积液严重，高矿化度的地层水与硫化氢、二氧化碳等腐蚀介质的综合作用，形成了一种极强的腐蚀介质，气井的恶化井况在开发初期就普遍表现出来。磨 65 井在开井生产仅 6 个月就因油管腐蚀断落而被迫停产。截至 2000 年底累计修井 21 口，共 25 井次（磨 53、磨 71、磨 60 为重复修井）以试修井的情况和修井效果来看，本气藏气井修井显著特点：一是修井工作难度大，二是试修效果好，钻井效果更佳。通过试修后气井的生产压力都能恢复到正常水平，产能也可以得到提高。

二、磨溪气田腐蚀形式及腐蚀影响因素分析

四川含硫气田的腐蚀规律一般都表现在气田开发中期和后期，磨溪气田的腐蚀情况在气田开发初期就十分明显地表现出来。对气田生产井的油套管、采油树井口、地面设备及管线造成了明显的破坏，严重地影响气田的正常生产和开发。磨溪气田发生的早期严重腐蚀，造成天然气产量下降，严重地干扰了气田生产开发计划。

（一）腐蚀特征

1. 腐蚀位置

从现场试修作业中取出的油管腐蚀情况表明，油管在井下的腐蚀有一个明显的界面（图 4-5-7），界面以上的腐蚀较轻，甚至不腐蚀，界面以下的腐蚀十分严重。油管内壁附着一层腐蚀垢物，油管在断落处呈薄片网状。油管腐蚀断落就是井下油套管被腐蚀最严重的位置。根据现场生产测试和修井资料综合可知，磨溪气田雷一¹气藏的生产井腐蚀段在井深处 2000～2500m，井深小于 2000m 以上的油管腐蚀不严重，大于 2000m 的管柱严重腐蚀，这一现象是气田生产井井下腐蚀的共同特征，磨溪气田含硫气井腐蚀。

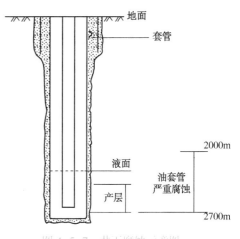

图 4-5-7 井下腐蚀示意图

2. 腐蚀形式

（1）坑蚀穿孔是主要的表现形式。在严重井段，油管穿孔是千疮百孔。腐蚀孔与腐蚀孔相联。腐蚀孔边缘减薄到刀口一样。绝大多数的井腐蚀孔在井深 2000m 以下，只有二口井的腐蚀孔位置较高。

（2）腐蚀减薄。分离器设备的腐蚀，以本体减薄为主要形式，同时也出现材质的问题。

井下油管的减薄主要集中在腐蚀断落部位，油管内表面的腐蚀减薄厚度大于油管外表面。

（3）腐蚀物的主要成分为FeS。腐蚀产生大量的垢物堵塞气井油气通道，腐蚀垢物被起出后地面呈泥黄色，在空气中存放一段时间，被氧化逐渐变为黑褐色，并由软变硬，对腐蚀物取样进行X射线衍射和扫描电镜分析，其主要成分为FeS。

3. 腐蚀分类

（1）电化学腐蚀。电化学腐蚀是气田最普遍存在的，也是磨溪气田防腐工程重点研究难点。

（2）细菌腐蚀。细菌腐蚀。是磨溪气田腐蚀因素之一，解决细菌腐蚀方法很简单，加入杀菌即可解决细菌腐蚀问题。

（3）硫化应力腐蚀。硫化应力腐蚀在含硫气田开发初期地面和井下均发生过，通过对材料的选择及工艺改造可基本解决这类腐蚀。

（4）冲蚀。流速对钢管内壁的腐蚀是一种力学冲刷作用形式，高速气体在管内流动时会发生冲蚀，造成金属表面保护膜不断被破坏，造成管壁减薄，产生明显冲蚀作用流。通过对井底净化和示范井的建设，冲蚀逐步缓解。

（二）腐蚀影响因素

1. H_2S 对钢材料的腐蚀

干燥的 H_2S 对金属材料无腐蚀破坏作用，但硫化氢易溶于水而形成湿 H_2S 环境，该环境中金属材料易发生腐蚀破坏。

（1）H_2S 电化学腐蚀过程

H_2S 在水中电离反应：

$$H_2S \rightarrow H^+ + HS^-$$

$$HS^- \rightarrow H^+ + S^{2-}$$

铁在 H_2S 的水溶液中发生的电化学反应为：

阳极过程：

$$Fe - 2e \rightarrow Fe^{2+}$$

阴极过程：

$$2H^+ + 2e \rightarrow Had + Had \rightarrow H_2$$

阳极反应的产物：

$$Fe^{2+} + S^{2-} \rightarrow FeS$$

H_2S 离解产物 HS^-、S^{2-} 吸附在金属的表面，形成吸附复合物离子 $Fe(HS)^-$。吸附的 HS^-、S^{2-} 使金属的电位移向负值，促进阴极放氢的加速，而氢原子 Had 为强去极化剂，易在阴极得到电子，同时使铁原子间金属键的强度大大削弱，进一步促进阳极溶解而使钢铁腐蚀。

阳极反应生成的硫化铁腐蚀产物通常是一种缺陷结构，与钢铁表面黏结差，易脱落和氧化，电位较正，作为阴极易钢铁本体构成了活性微电池，对本体继续腐蚀。金属的电化学失重腐蚀集中在金属局部—阳极区，因此电化学失重腐蚀实质上是局部腐蚀。电化学失重腐蚀是阳极区与阴极区通过金属本体闭合形成许多微电池和宏观电池进行。

H_2S 在水溶液中溶解度是影响电化学腐蚀速率的重要因素，H_2S 在溶液中的饱和度随温度升高而降低，随压力增大而增加。磨溪雷一¹气井水分析结果 H_2S 浓度为 $650\sim1500mg/L$，研究显示该浓度下腐蚀速率为 $0.85\sim1.0mm/a$。

（2）H_2S 导致钢铁氢损伤

H_2S 水溶液对钢铁电化学腐蚀另一产物 Had 会导致钢铁氢损伤。主要变现为 SSC（硫化物应力开裂）、HIC（氢诱发裂纹）、HB（氢鼓泡）、SOHIC（应力主导氢致开裂）。其主要实效形式是硫化物应力腐蚀开裂和氢脆断裂。

有研究表明，H_2S 含量大于 $75mg/m^3$ 时，高强度敏感性金属材料发生硫化物应力腐蚀开裂的时间与浓度无关，此时必须考虑使用抗硫金属材料。雷一¹气藏的 H_2S 含量为 $30g/m^3$ 左右，该气藏生产井的井下油管、套管均为抗硫材料，符合质量要求。

2. CO_2 对钢材料的腐蚀

干燥的 CO_2 常温下的对钢铁没有腐蚀作用，但 CO_2 在相对湿度约为 1000 时，对钢铁具有腐蚀作用，CO_2 溶于水生成的碳酸，碳酸电离产生 H^+、HCO_3^- 与 CO_3^{2-}，进而发生电化学腐蚀，生成 $FeCO_3$。油气井的产出水中常含有 Ca^{2+}、Mg^{2+}，一方面，Ca^{2+}、Mg^{2+} 含量增加会使得溶液中的 CO_2 含量减少；另一方面，Ca^{2+}、Mg^{2+} 含量的增加会使溶液中结垢倾向增大，由此会加速垢下腐蚀及产物膜与缺陷处暴露基体金属间的电偶腐蚀。上述两方面的影响因素作用使得全面腐蚀速率降低而局部腐蚀增强。

影响钢的 CO_2 腐蚀特性主要因素有温度、CO_2 分压、pH 值、流速、介质组成、腐蚀产物膜、载荷和时间以及管材材质等。当 CO_2 分压为 $0.05\sim0.21MPa$ 时，属于轻度腐蚀；分压大于 $0.21MPa$ 时，属于中度至高度腐蚀。雷一¹气井井深 2000m 以下井段试采初期与 2000 年的 CO_2 分压分别为 $0.036\sim0.18MPa$ 与 $0.09\sim0.26MPa$。同时，井下高温、高含 Cl^- 降低 CO_2 在水溶液中的溶解度，故其 CO_2 腐蚀不明显。

3. H_2S 与 CO_2 共存时对钢材料腐蚀的影响

有资料表明，H_2S 与 CO_2 共存时造成的腐蚀比单独 H_2S 或 CO_2 在同等浓度下严重。研究表明，当 H_2S 和 CO_2 以不同比例存在于环境时，对油管腐蚀的影响程度不同。P_{CO_2}/P_{H_2S} 比小于 200 时，系统中 H_2S 占主导。重庆气矿统计发现，P_{CO_2}/P_{H_2S} 小于 4 时，腐蚀表现为 H_2S 腐蚀形态，雷一¹气藏 $P_{CO_2}/P_{H_2S}\approx0.17$，腐蚀应表现为 H_2S 腐蚀形态。

4. Cl^- 对钢材料腐蚀的影响

Cl^- 对钢材料腐蚀的影响表现为两个方面：一方面 Cl^- 在油管的腐蚀过程中起催化剂的作用。带负电荷的 Cl^-，基于电价平衡，总是吸附到钢铁的表而，阻碍保护性的硫化铁膜在钢铁表而的形成，同时 Cl^- 还能通过金属表面硫化铁保护膜的细孔或缺陷渗入膜内，使保护膜发生显微开裂，导致孔蚀，Cl^- 与金属表而接触，会加速铁离子溶解，生成易水解的 $FeCl_3$，从而加速腐蚀。有研究表明，Cl^- 的存在可使腐蚀加速 $2\sim5$ 倍，特别是会促进金属的局部腐蚀（孔蚀、坑蚀）；另一方面使得 CO_2 在水溶液中的溶解度降低，pH 值增大，有缓解 CO_2 的腐蚀的作用。

研究表明，Cl^- 浓度小于 $60g/L$，随 Cl^- 浓度增加，腐蚀速率增大；Cl^- 浓度大于 $60g/L$，随 Cl⁻浓度增加，腐蚀速率增加趋势趋于平缓。雷一¹气藏气层水 Cl⁻含量高达 120~180g/L。室内模拟磨溪气田常压、高温条件下 Cl⁻失重腐蚀试验结果发现：在常压下，温度在 67℃ 和 83℃ 时，随着 Cl⁻浓度的增加，腐蚀速率呈变化不大。

5. 温度对油管腐蚀的影响

温度对硫化物应力腐蚀开裂影响较大，雷一¹气井 2000m 以下温度大于 65℃，从图 4-5-8 中看出该条件下硫化物应力腐蚀开裂不严重，井口温度条件下硫化物应力腐蚀最为严重，而且井口处管柱承受的应力最大，这也是磨 89 井升高短节应力断裂的原因（图 4-5-9）。

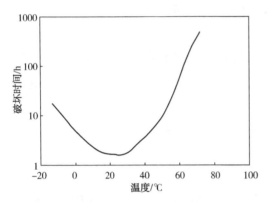

图 4-5-8　温度对硫化物应力腐蚀的影响

图 4-5-9　磨 89 井升高短节应力断裂

对电化学失重腐蚀而言，温度升高腐蚀速度加快。研究表明，温度升高 10℃ 电化学失重腐蚀增加 2~4 倍。室内模拟磨溪气田常压酸化液条件下电化学失重腐蚀试验结果也证明这点（表 4-5-2）。

表 4-5-2　室内模拟磨溪气田常压酸化液条件下电化学失重腐蚀试验结果

材料	Cl⁻浓度/(mm/a)	温度/℃	腐蚀速率/(mm/a)	试片表面状况	平均腐蚀速率/(mm/a)
NT-80SS	HCl：18%；缓蚀剂 CT1-3：0.5%；铁离子稳定剂 CT1-7：0.5% 助排剂 CT5-4：0.5%	67	0.04	试片表面无坑蚀	0.04
			0.04	试片表面无坑蚀	
			0.05	试片表面无坑蚀	
NT-80SS	HCl：18%；缓蚀剂 CT1-3：0.5%；铁离子稳定剂 CT1-7：0.5% 助排剂 CT5-4：0.5%	83	0.24	试片表面无坑蚀	0.24
			0.24	试片表面无坑蚀	
			0.24	试片表面无坑蚀	

注：①试验周期：72h；酸液；108h；②挂片位置：溶液中；③67℃ 为断裂油管上部温度；83℃ 为断裂油管下部温度。

6. pH 值对钢材料腐蚀的影响

H_2S 水溶液对钢材料腐蚀时，pH 值为 6 是一个临界值。当 pH 值小于 6 时，钢铁的腐蚀速率高;溶液呈中性时,均匀腐蚀速率相对较低。同时,当 pH 值小于 6 时,硫化物应力腐蚀开裂较严重,从雷一[1]气藏气井水分析知道,其大都数井 pH=6.175~7.34。

7. 流速对油管腐蚀的影响

流速是影响腐蚀的一个重要因素,流速对钢油管内壁的腐蚀是一种冲刷形式,高速气体在管内流动时会发生冲蚀,造成金属表面保护膜不断被破坏,使管壁减薄而且加速腐蚀介质向钢表面的扩散。研究表明,静态腐蚀试样的腐蚀速率低于动态腐蚀试样,且腐蚀较均匀,而动态腐蚀试样存在严重的局部腐蚀。磨溪雷一[1]气井油管外壁呈不严重的均匀状腐蚀,而油管内壁存在严重局部腐蚀与流速有很大关系。

8. 根据腐蚀特征分析金属管柱腐蚀原因

从腐蚀产物来看,磨 71 井腐蚀垢物扫描电镜能普分析结果中硅 0.97%、硫 40.63%、氯 4.05%、钾 0.31%、钙 1.83%、铬 0.36%、铁 51.85%,主要物质成分为二硫化铁、硫化铁和少量氯化铁。

雷一[1]气井油管断裂处上下的失效形式是穿孔,同时油管断口形状看出断裂主要是蚀孔扩展所致,而硫化物应力腐蚀首先产生微裂缝,进而导致断口平整的开裂,综合分析管柱腐蚀的主要因素是 H_2S 电化学失重腐蚀(表 4-5-3)。井液的高浓度 Cl^- 和高矿化度加快了电化学失重腐蚀的反应速度,生成的氯化铁易水解,而溶度积较大 $FeCO_3$ 的不易沉淀,不断生成是溶度积较小的沉积物二硫化铁、硫化铁,腐蚀产物逐渐在管内浓缩、沉积,导致了下部管柱堵塞,同时腐蚀产物结垢,垢下腐蚀又加快腐蚀速率。而这种条件下,H_2S 电化学失重腐蚀极易形成浓差电池、温差电池等宏观腐蚀电池及金属表面膜不完整、物理状态不均匀性等导致的微观腐蚀电池,这也是雷一[1]气井管柱腐蚀严重的原因,同时表明雷一[1]气井抗硫金属管柱具有抗硫化氢应力腐蚀开裂和氢脆断裂的性能,而不具有抗电化学失重腐蚀性能。

表 4-5-3 磨溪雷一[1]气井井下金属管柱腐蚀特征

井号	投产日期	生产情况/($10^4 m^3$/d)	修井日期	结垢段/m	穿孔出现点/m	断落位置/m	下部穿孔、堵塞位置/m
M60	1992.02	2.4↓1.5	1995.09	1400~2011	2011	2433	2433~2627
M61	1991.02	2.6↓2.3	1993.12		2427	2604	2604~2659
M63	1991.03	2.5↓1.4	1992.09	2260~2632	2632	2661	2661~2773
M70	1991.02	2.0↓0.2	1993.08		2082	2437	2591~2645
M71	1991.03	2.2↓1.7	1994.06	2457~2560	2560	2578	2578~2659

同时,表 4-5-3 显示随井深增加油管腐蚀程度越严重,从温度与电化学失重腐蚀的关系判断,温度是管柱从上部至下部腐蚀速率依次增加、管柱腐蚀程度增大的主要原因,室内模拟磨溪气田条件高压釜失重腐蚀试验结果也证明温度是影响磨溪气田金属管柱腐蚀速率的重要因素(表 4-5-4)。所以测压遇阻上移的原因是油管下部到油管上部腐蚀速率逐渐减小,但随着时间积累,油管内壁由下至上依次达到测压遇阻的腐蚀程度。

表 4-5-4　室内模拟磨溪气田条件高压釜失重腐蚀试验结果

材料	试验介质条件	温度/℃	挂片位置	腐蚀速率/(mm/a)	试片表面状况	平均腐蚀速率/(mm/a)
NT-80SS	磨70井地层水并充 H_2S 至饱和, H_2S 分压 0.3MPa, CO_2 分压 0.1MPa, 总压充氮气至 8MPa	67	气	0.88	有腐蚀痕迹	0.71
				0.57	有腐蚀痕迹	
				0.67	有腐蚀痕迹	
			液	0.85	有严重的局部腐蚀	0.82
				0.69	有少量的局部腐蚀	
				0.92	有少量的局部腐蚀	
NT-80SS	磨70井地层水并充 H_2S 至饱和, H_2S 分压 0.3MPa, CO_2 分压 0.1MPa, 总压充氮气至 8MPa	75	气	1.11	有腐蚀痕迹	1.16
				1.08	有腐蚀痕迹	
				1.29	有腐蚀痕迹	
			液	1.79	有严重的局部腐蚀	1.47
				0.72	有少量的局部腐蚀	
				1.90	有严重的局部腐蚀	

三、井下金属材质的腐蚀研究和选择

（一）井下油套管寿命评价

1. 井下油套管的使用寿命评价

磨溪气田雷一¹气藏在勘探初期，已探明了该气藏的天然气中含 H_2S 和 CO_2，气田投入开发时，从钻井到试油设计已将管材的防腐性能列入议事日程。生产套管选用日本进口AC-75、AC-80 的抗硫钢材。生产油管已选用日本进口的 NT-80ss 抗硫钢材。选择的抗硫油套管，他们的化学成份中含 Mo、Cr 金属，增加其抗硫化应力的腐蚀。在含硫气田上使用，基本解决了气田油套管由氢诱发引起的氢脆应力腐蚀。综合现场和室内资料分析，井下油管被腐蚀穿孔的时间为 800~1200d。因此，评价磨溪气田 NT-SOss 油管在井下工作（无腐蚀穿孔）的时间为 2~3 年。

2. 气井油套管严重腐蚀井段

室内大量的实验数据已证明，模拟井下条件所作的试验中，当温度为 67~83℃时腐蚀率最大。气田井深在 2200~2700m 时正好在上述温度。同时气田由于采气工艺等原因，地层水无法连续排出到井口，容易在井下沉积。在井深 2200~2700m 段容易被地层水浸泡。实验室数据证明在 75℃液相的腐蚀率大大高于气相腐蚀率。现场大量的数据已证明气井下油管腐蚀断落的井段位置在 2200~2700m。通过 16 口的试修起油管检查，在 1800m 以上的油管基本完好。

（二）井下防腐材质的选择

为了解决磨溪气田井下生产管柱防腐的问题，在发现了磨溪气田井下严重腐蚀状况后，

从多方面入手，寻找解决井下管柱腐蚀的途径。包括选用耐蚀合金管材，内涂层油套管，镀镍磷油管和非金属材料等。

1. 耐蚀合金材料的可行性研究

在含硫气田上，使用耐蚀合金油管，套管解决井下的腐蚀，在国外酸性气田上已普遍采用。耐蚀合金的种类繁多，主要根据合金中含碳的成份来确定合金钢的抗化学腐蚀能力的强弱。常用的合金钢管 0Cr18Ni9Ti、1Cr18Ni9Ti 等奥氏体不锈钢和 1Cr13、2Cr13>13Cr 等马氏体不锈钢。奥氏体不锈钢中，加有 Ni、Ti>Cr 等元素，增加钢材的抗电化学腐蚀性。这类的钢材在氧化介质和某些还原性介质中都具有良好耐腐性，具有可塑性和机加工性能，广泛用于化工、石油、造船等工业。在奥氏体钢材中得到最广泛应用的是 18-8 型不锈钢，钢材中含铬量为 18%左右，含镍为 8%左右。根据国外油田使用的资料表明，这类奥氏体不锈钢从物理、化学性能完全适合酸性气田上使用。但是这类钢材做成的油管其成本太高，是一般油管的 10 倍价格。根据磨溪气田单井产量低经济效益不高的实际情况，在气田上不适合采用奥氏体不锈钢油管。

2. 镀镍磷油管

镀镍磷油管就是采用化学的方法将镍镀在油管的表面，目的是增加油管的抗腐蚀性能。大庆生产的镀镍磷油管在注水上侧防腐效果明显，可以达到净化水质、减少硫化铁对地层的堵塞。在酸性气田上，井下的生产管柱采用镀镍磷油管在国内还没有先例。磨溪气田在使用大庆镀镍磷油管之前，根据油田的具体条件进行了挂片和浸泡试验得出如下认识：

（1）试片腐蚀试验结果表明，采用川中提供试片，经过大样镀层其镀层质量差，有脱落起层现象，不能抵抗磨溪气田水质的腐蚀。

（2）镀镍油管在工业生产中，其除锈质量和镀层厚薄不能控制，产生漏点较多，在含酸性气井上使用，有可能加快点蚀。

（3）从镍磷的抗腐蚀性能可以看出，它对于 pH 值在 7 以上的碱性腐蚀抵抗性能较好，往往用在制碱工业生产上防腐。它对于 pH 值在 6 以下的酸性腐蚀抵抗性能较差。

所以经过经验证明，镀镍磷油管作为采气管柱不适应磨溪气田的井下环境。

3. 涂层油管

含有各种腐蚀性介质的水溶液对涂层的破坏最大，它能透过涂膜，氢氧根离子与金属离子形成金属氧化物，并进一步氧化成水合物而腐蚀金属。H_2S 和 CO_2 对涂膜有非常强的渗透性其对金属的腐蚀早已为人们了解。为此选择抗腐性强的耐各种腐蚀介质的涂层材料并提高涂层的强度是十分至关重要的。

磨溪气田在 M60 井试验使用了由华北油田机械一厂涂层分厂，采用自动生产线加工的 $2\frac{1}{2}$in 内涂层油管。采用美国 P-400 油套管专用涂料，具有黏附力强，抗弯、抗扭、抗冲刷等性能。油管的内涂层厚度为 $200\sim225\mu m$。经 3000 伏高压直流电检测油管涂层的导电性能。测定的整体油管无针孔、漏点、气泡等缺陷。

4. 玻璃钢油管

玻璃纤维钢管技术规范根据它的压力等级不同，可分三种：①低压管，最大压力为

300psi，用于低压面输选管或电缆线导管；②地面集输管，压力等级 300~3000psi 用于地面集输管；③油气井生产油、套管压力等级 1000~3500psi 用于油气井生产管。

玻璃纤维钢管物理性能为：轴向弹性模量：$1.86×10^4$MPa，周向弹性模量：$2.9×10^4$MPa，导热率 $2.57×10^4$m/℃，流动度 150，泊松比（周向）0.21，密度 $1.95~1.98g/m^3$，泊松比（轴向）0.30，粗糙度 0.00002，玻璃纤维含量 75%~78%。其耐腐蚀性见表 4-5-5。

表 4-5-5　玻璃纤维管的耐腐蚀评价表

成分	24℃	66.6℃	93.3℃
醋酸 25%	N	N	N
柠檬酸 10%	Y	Y	Y
盐酸 5%	Y	Y	N
盐酸 15%	Y	N	N
盐酸 31%	N	N	N
氢氟酸 15%	N	N	N
硫酸 10%	Y	N	N
醇			
乙基 95%	Y	Y	Y
民丙基 10%	Y	Y	Y
甲基 20%	Y	Y	Y
氢氧化氮 28%	Y	N	N
氯化钠 50%	Y	Y	N
气体			
二氧化碳	Y	Y	Y
硫黄	Y	Y	Y
甲烷	Y	Y	Y
石油产品和溶剂			
苯 10%	Y	N	N
四氯化碳	Y	N	N
原油	Y	Y	Y
柴油	Y	Y	Y

注：Y 耐腐蚀，N 不耐腐蚀。

另外经过产品检测、力学实验、化学性能测试，玻璃纤维油管完井管柱均可满足磨溪气田气井使用要求。

把耐蚀合金油管、镀镍磷油管、内涂层油管玻璃金油管进行综合系统的成本比较。在井深 2800m 的含硫井上，采用不同材质的油管其总费用见表 4-5-6。

表 4-5-6 各种类型油管价格表

材料	费用/万元	材料	费用/万元
NT-80ss2½in 油管	35	2½in NT-80ss 的涂层油管+缓蚀剂	65
2⅜in X2000Psi 玻璃钢油管	35	耐蚀金钢油管 2½in	160
2½in NT-80ss 的涂层油管	50		

四、缓蚀剂的研究与筛选

缓蚀剂是减缓酸性气田井下及地面管道、设备电化学腐蚀，延长使用寿命的主要技术措施之一。防腐机理是用缓蚀剂膜将钢材表面与腐蚀介质隔离开来，防止腐蚀介质对钢材表面产生电化学腐蚀。

采用液相缓蚀剂来防止酸性天然气介质对井下管柱及地面设备的腐蚀与液相缓蚀剂用于防止大气腐蚀有类似之处。其相同之处是：两者都存在三相状态，即气相（含有腐蚀介质的气体）、液相（缓蚀剂）、固相（被防护的钢材表面）。两者被防护表面上都要有缓蚀剂，缓蚀效果好坏不仅也取决于缓蚀剂本身而且取决于液态缓蚀剂在钢材表面的覆盖程度，如果钢材表面根本没有缓蚀剂存在，再好的缓蚀剂也不起作用。两者的区别是：气体介质不同，防腐蚀的介质不同。但是，无论从电化学过程动力学来分析缓蚀机理，还是从有机缓蚀剂吸附机理来分析缓蚀剂作用，液相缓蚀剂都必须覆盖在钢材被保护面上才能起到缓蚀作用。

根据磨溪气田腐蚀的特点，应研究能缓减气田腐蚀的气、液两相缓蚀剂，其功能应具如下特征：一是缓蚀剂具有适量的水分散和挥发性有效组分，使气液两相同时具有良好的缓蚀效果；二是缓蚀剂分子中引入含 S、N 的有效基团，增强其吸附能力，提高缓蚀效果；三是缓蚀剂以阴极去极化防腐为主，更有利于克服局部腐蚀问题；四是对污泥及腐蚀产物具有良好的分散性能力。

（一）CZ$_{3H}$缓蚀剂

经对磨溪气田腐蚀状况调查及原因分析认为该气田腐蚀这一典型的包括硫酸盐还原菌（SRB）在内的综合性腐蚀，原用腐蚀剂其液相缓蚀效果较好，但抗坑蚀性及气相缓蚀能力差，因此，为减缓磨溪气田的腐蚀速率，克服原用抗蚀性的不足，研究了适合于磨溪气田特点的 CZ$_{3H}$缓蚀剂。

1. CZ$_{3H}$缓蚀剂的物理性能

CZ$_{3H}$缓蚀剂为一黑褐色半流状液体，溶于油后为棕褐色透明液，无沉淀无残渣，使用不受环境温度影响（表 4-5-7）。

2. CZ$_{3H}$缓蚀剂的缓释性能

缓蚀剂的缓蚀性能经四川石油管理局酸性油气田材料腐蚀检测评价中心评定、性能良好，缓释率达 95%。

表 4-5-7　CZ3H 缓蚀剂的物理性能表

项目	分析结果	测试方法	项目	分析结果	测试方法
外观	黑褐色半流动状流体	目测	闪电/℃	>61	GB/T261-83
溶解性	溶于油、醇	SY5273	倾点/℃	<-36	GB/T3535
密度/(g/cm³)	0.95~0.98	GB/T1884-80	运动黏度/(m²/s)	4.309×10^{-3}	GB/T253

3. CZ$_{3H}$缓蚀剂的储存性能

缓蚀剂储存一年后，其缓蚀性能未受影响，具有可靠的稳定性。

4. CZ$_{3H}$缓蚀剂现场试验

缓蚀性能现场仪器检测于 1996 年 8 月 28 日~1996 年 9 月 28 日在磨 133 进行。检测工作由四川局酸性油气田防腐材料评份中川中油气公司共同承担。检测结果显示，该缓释剂保护后效时间较长。

因此，新研制 CZ$_{3H}$缓蚀剂在含硫腐蚀介质中，具有缓蚀率高，抑制坑蚀能力强等特点，能有效地减缓酸性油气田的电化学腐蚀。CZ$_{3H}$缓蚀剂有效使用浓度为 500ppm，用量少，后效期长。且该缓蚀剂可溶性好、无沉淀、无残渣，长期储存性能不变。

(二) 缓蚀剂加注工艺技术

缓蚀剂是向腐蚀介质中加入的微量或少量化学物质，该化学物质能使钢材在腐蚀介质中的腐蚀速度明显降低直至停止，缓蚀剂的加注量随着腐蚀剂的性质不同而异，一般般从 10^{-6} 到 10^{-3} 数量级，个别情况下加注量可达 1%~2%。缓蚀剂的加注量是工艺设计的基础数据，显然如此上万倍的范围是无法进行工艺装置设计，必须找出比较合理且便于使用的计算方法来。

1. 加注工艺

（1）滴注工艺

设置在井口（或管线）上面高差 1m 以上平衡罐内的缓蚀剂，依靠高差产生的重力，通过注入器，滴注到井口油套管环形空间（或管道内）。滴注工艺流程简单，操作方便，特别适合用于加注气相缓蚀剂，只要滴到井下（或管道内）就行了。磨溪气田产能建设时采用工艺条形罐滴注，其特点是高差有限，加注动力不足，很容易产生气阻及中断现象，缓蚀剂滴不下去。

（2）喷雾泵注工艺

蚀剂贮藏（高位罐）内的缓蚀剂灌内的缓蚀剂灌注到高压泵内，经过高压加压送到喷雾头，缓蚀剂在喷雾头内雾化，喷射到井口油套管环形空间（或管道内），雾化后的缓蚀剂液滴比较均匀充满了井口油套管环形空间（或管道内），这些液滴能够比较均匀的附着在钢材表面上，形成保护膜。喷雾泵压注工艺的技术关键是喷雾头，其雾化效果好坏决定了缓蚀剂的保护效果。

（3）引射注入工艺

贮存在中压平衡缓蚀剂罐内的缓蚀剂，在该罐与引射器高差所产生的压力下滴入引射器喷嘴前的环形空间，缓蚀剂在喷嘴出口高速气流冲击下与高压气源的天然气充分搅拌、混合、雾化并送入注入器然后喷到管道内。经过引射器雾化后的缓蚀剂滴比较均匀的悬浮在管道天然气中，能比较均匀地附着在管道内壁，形成液膜，保护钢材表面不受腐蚀。

（4）引射喷雾工艺

缓蚀剂贮罐（高位罐）内的缓蚀剂，经过高压泵加压后送到喷雾头，喷射到引射喷嘴前的环形空间，雾化后的缓蚀剂在引射器嘴高射器高速气流冲击下进行二次雾化，形成长时间能够悬浮在天然气中的微小液滴，均匀充满整个管道，均匀地附着在管道内壁形成液膜，有效保护钢材表面不受腐蚀。

2. 加注系统工艺流程

（1）井口条式罐滴注系统

本系统是在结合磨溪气田原井口条式罐滴注系统基础上改造而成。原系统条式罐为水平放置，由于安装高差低罐内缓蚀剂往往无法流尽，罐的有效容积得不到充分利用。此外，罐底与井口油套管注入口之间的高差不足 1m。缓蚀剂加注管道的高压阀门管件内径偏小，最小内径只有 3mm 左右，很容易受腐蚀产物影响堵塞管路，或由于排气不尽及管路产生气阻，无法加注缓蚀剂。本系统将罐底标高提到了 3m 以上，增加高差所产生的加注压力，并重新设计大通径高压阀门、管件、减小阻力，便于加注管路的畅通，改善了加注条件，在川中磨溪气田使用后取得较好效果。

（2）井口球形罐滴注系统

酸性气田各个井口需要加注的缓蚀剂量是比较大的，特别是深井和大产量气井缓蚀剂加注量相当大，有必要尽量加大高压平衡罐，球罐设计压力为 $PN320$，$DN400$ 球形罐有效容积为 $0.0355m^3$，$DN500$ 球形罐有效容积为 $0.0654m^3$。该系统球形罐底部与井口油套管注入口之间的高差为 3m，系统高压管道的阀门及管件均采用新设计的大通径元器件，该球形罐在磨溪气田三口井上使用，加注效果较好。

第五章 高效开发配套技术实践与评价

第一节 修井效果评价

一、井下管柱现状及腐蚀堵塞原理

1. 井下管柱现状

气藏开发初期，气井都采用金属油管完井管柱，投产的 68 口生产井管柱结构主要有三种类型。其中 28 口井采用一次性完井管柱，油管鞋置于射孔顶部 10m 左右；光油管完井管柱 21 口井，光油管下至射孔中下部；封隔器完井生产管柱 19 口井，封隔器完井生产管柱中有 5 口井采用贝克休斯封隔器和斯伦贝谢射孔联作完井管柱。

1993~1996 年气田投入全面开发阶段是磨溪气田腐蚀事故的高发期，这期间开展了井下管柱腐蚀的研究。先后在五口井（M58、M125、M59、M55、M119）进行大庆 J55 镀镍磷油管试验，在磨 55 井采用 Y411 永久式完井封隔器。磨深 2 井侧钻前采用钢油管 Y111、Y344 型双封隔器组合，侧钻后采用 Y111 型与玻璃钢油管组合管柱。1996 年 5 月~1997 年 7 月开始玻璃钢油管现场试验工作，在磨 64 井、磨 71 井下入内涂（镀）金属油管、封隔器和玻璃钢油管组合管柱，根据磨 71 井的检查情况，在推广应用中将组合管柱改为全玻璃钢油管柱。

进入开发中后期以来，直井普遍进行了侧钻和更换油管修井作业，初期使用井口 30m 钢油管与玻璃钢油管的组合，后期采用全玻璃钢油管完井。直井主要有以下四种管柱类型：①金属油管与斯达公司耐温 93℃ 胺类玻璃钢油管；②全井采用 AMERON 生产耐温 82℃ 酐类玻璃钢油管；③上部 AMERON 生产 82℃ 玻璃钢油管，井底采用 AMERON 生产耐温 93℃ 芳胺玻璃钢油管，长度在 222~1728m 之间；④全井采用耐温 104℃ 玻璃钢油管（表 5-1-1）。

2002 年以来，磨溪雷一[1] 气藏进入以水平井为主的开发阶段，水平井井下管柱类型主要分为四种类型：①全井玻璃钢油管；②金属油管 2200m 与玻璃钢油管组合管柱；③J55 内外衬不锈钢层油管；④全井金属油管+裸眼封隔器分段酸化工。2013~2014 年龙王庙组气藏试采期间，磨溪雷一[1] 气藏共计开展 22 井次的更换油管作业，其中水平井 19 口。除磨 004-H4 井及磨 004-H7 井外，均更换为全井耐温 104℃ 玻璃钢油管。

表 5-1-1 雷一¹气藏完井管柱结构统计表

年度	井型	完井管柱类型	井号	井数
1987~1996	直井	"油管+封隔器+射孔枪"完井管柱	磨53、磨54、磨55、磨56等	28
	直井	封隔器完井生产管柱	磨2、磨5、磨14、磨60、磨84等	19
	直井	贝克休斯封隔器和斯伦贝谢射孔联作完井管柱	磨27、磨53、磨60、磨63、磨70	5
	直井	光油管生产管柱	磨4、磨10、磨17、磨18等	21
1996~1997	直井	大庆J55镀镍磷油管	磨58、磨125、磨55、磨119	4
	侧钻	内涂金属油管、Y441封隔器和耐温93℃的胺类玻璃钢油管组合管柱	磨64、磨71	2
1996~2000	直井	镀镍磷金属油管+耐温93℃的胺类玻璃钢油管(STAR)	磨59	1
	侧钻	内涂金属油管+耐温93℃的胺类玻璃钢油管(STAR)	磨60、磨5	2
	侧钻	全井耐温93℃的胺类玻璃钢油管	磨70、磨53、磨99	3
2000~2005	侧钻	井口30m金属油管+耐温82℃的酐类玻璃钢油管(AMERON)	磨119、磨79、磨73、磨140、磨14、磨54、磨86、磨34、磨114、磨101、磨139、磨77、磨137、磨126、磨67、磨144、磨30、磨35、磨70、磨99	20
	侧钻	井口30m金属油管+耐温82℃玻璃钢油管+耐温93℃的芳胺玻璃钢油管(AMERON)	磨84、磨89、磨35、磨56、磨18、磨61、磨58、磨117、磨4、磨65、磨87、磨128、磨100、磨123、磨148、磨19、磨13、磨14、磨71、磨95、磨140、磨101、磨119、磨66、磨93	27
2002~2012	侧钻	井口30m防腐金属油管+104℃的耐温玻璃钢油管(STAR)	磨77、磨59、磨84、磨27、磨63、磨137、磨128、磨19、磨96、磨101、磨65、磨70、磨114、磨120C、磨113、磨126、磨117、磨90、磨87、磨86、磨66、磨144、磨61、磨53、磨139	26
	水平井	全井玻璃钢油管完井	磨75H、磨50H、磨38H	3
		金属油管2200m+玻璃钢油管完井	磨55H、磨017-H3、磨004-H2	3
		J55内外衬不锈钢层油管完井	磨030-H1、磨M004-H4	2
		BG90SSE+BG80SSN/C90或C90金属油管完井	磨030-H2、磨030-H4、磨030-H5、磨030-H6、磨030-H8、磨030-H11、磨030-H12、磨004-H6、磨004-H8、磨017-H3、磨017-H6、磨017-H7、磨017-H8、磨M91H、磨030-H3等	14+

续表

年度	井型	完井管柱类型	井号	井数
2013~2014	更换油管	全井采用耐温104℃玻璃钢油管	磨004-H2、磨004-H4、磨017-H6、磨017-H8、磨030-H1、磨030-H2、磨030-H3、磨030—H4、磨030-H5、磨030-H6、磨030-H7、磨030-H10、磨030-H11、磨84、磨89、磨96	19

2. 井下管柱失效现状

(1) 金属油管失效现状

磨溪气田雷一¹气藏在开发过程中气井油管、套管被严重腐蚀(表5-1-2),气井正常生产受到严重影响。气藏于1991年2月投入试生产,1991年10月测压发现75%的气井井下压力计遇阻,1991~1994年期间至少有5井次油管由于腐蚀发生堵塞被迫酸洗,6井次因生产能力显著降低而大修。修井中发现金属油管普遍穿孔、内部结垢、被腐蚀垢物堵塞、管壁减薄、断落、表面严重坑蚀、腐蚀垢物彻底堵死下部环空等现象。

表5-1-2 磨溪气田雷一¹气藏部分气井井下管柱腐蚀情况

井号	修井前生产状况 气/(10^4m³/d)	水/(m³/d)	投产日期	修井日期	腐蚀状况 断落深度/m	落鱼长度/m	腐蚀描述
磨53	2.4↓0.2	微	1991.02	1992.02	2666	44.3	冲出大量金属铁皮、硫化铁沉淀物和水泥块,下部套管蚀穿,油管堵死
磨58	3.8↓0	6	1991.02	1994.07	1980	761.5	管内结垢较多、断口未堵,下部油管堵塞、穿孔、断落
磨59	1.9↓1.3	微	1991.02	1994.08	2597	62	1449m穿孔,2505~2522m压扁,下端堵塞
磨75-1	2.1↓0	2	1991.02	1993.12	2445	173.4	落井173.4m油管及工具,起出油管底部2398m穿孔,2400m以下被硫化铁堵死
磨84	3.0↓2.0	1.4	1991.1	1995.11	2588	97.4	第一个穿孔位置2351m,2350~2575m油管内大部分堵塞,2578.92~2588.25m穿孔15处
磨99	2.0↓1.5	2	1991.06	1995.11	2641	140	2600m处穿孔,封隔器以上油管96.55m腐蚀严重
磨101	2.0↓0.2	12	1994.02	1995.12	2724	16.19	断口从穿孔处拉断,上部油管完好,最后一根油管被硫化亚铁填满

根据磨溪气田雷一¹气藏修井、生产资料及各类技术报告,雷一¹气藏井下金属管柱腐蚀

特征腐蚀现状失效具有以下特征：

① 气藏 1991 年开始试采，井下油套管采用了 AC80、AC90、NT80 和 SM80 等抗硫材质，一年后气井相继井口压力降低、产量大幅下滑甚至停产。部分气井投产不足 1 年便停产待修，平均两年半就需要修井。修井中发现井下油管大多在 2000m 以下腐蚀穿孔、结垢、堵塞和断落，统计发现 34.3% 的金属油管在 2600～2700m 断落，2000～2400m 及 2400～2600m 金属油管断落的比例同为 25.7%，大多数金属油管于 2400m 以下断落，井下腐蚀落物鱼长在 32～762m，一般在 200～400m 范围。

② 起出的油管显示上部油管基本上未腐蚀或腐蚀很轻，而下部油管则是千疮百孔，腐蚀严重。

③ 气井动静态监测中几乎所有井都遇到测压遇阻，而且发现测压遇阻井深有逐渐上移的趋势。

④ 油管开始穿孔位置的上部存在结垢，测压遇阻深度多在断口以上，油管下部堵塞严重，断落位置常出现在该位置。

⑤ 油管外壁除去垢物后减薄相对较小，呈均匀状腐蚀，腐蚀不严重；油管内壁几乎全呈浓疮状，蚀垢密布，有的蚀坑已快要穿透管壁，而且表现越往下腐蚀越严重，孔洞越多越大，即腐蚀发展趋势是由内壁向外，自下而上逐渐延伸发展。也有不少气井上部金属油管外部呈现点状和坑蚀状腐蚀，内部结垢，下部油管腐蚀穿孔、断裂、落井后严重堵死。

⑥ 生产与修井资料表明磨 20 井、磨 27 井、磨 58 井、磨 75-1 井、磨 133 井、磨 17 井和磨 59 井和磨 53 井的套管腐蚀穿孔，井下套管检测发现其 2000m 以上腐蚀轻，内壁腐蚀 0.2～0.9mm、一般约 0.5mm；2000m 以下套管腐蚀程度大，特别是 2200m 井深以下套管，内壁腐蚀 0.4～3.2mm、一般约 1.8mm。

（2）玻璃钢管柱失效现状

气藏开发中后期，大多数气井采用玻璃钢管油管生产，玻璃钢管油管出现环氧树脂老化、玻璃纤维脱丝、固化剂脱落等失效问题，生产中出现测压遇阻、玻璃纤维丝堵塞油管或井口、管材本体断落、井口压力和产量突降、气井丧失生产能力等现象，修井中发现 1500m 以下玻璃钢油管本体损坏。

1996 年 6 月～1997 年 7 月在磨 59、磨 71、磨 64 三口井进行玻璃钢油管入井试验，并对磨 71 井的管柱起出进行评价，从 1997 年 8 月开始在雷一[1]气藏推广应用。

玻璃钢油管应用早期，主要使用 STAR 公司耐温 93 度胺类玻璃钢油管共 7 口井，测压发现均有遇阻现象，其中 2 口井带出玻璃纤维（磨 64、磨 70），且 5 口井生产不正常，井口压力偏低。自 1999 年 11 月开始，在磨溪雷一[1]气藏 49 口井使用 AMERON 公司产品 48 井次。其中全井采用耐温 82℃酐类玻钢油管 20 口，有 15 口井因玻璃钢油管断落而修井；在井底采用耐温 93℃芳胺类玻璃钢油管 29 口井，长度在 222～1728m，其中 14 口井因玻璃钢油管失效问题而修井。

2005 年开始全面采用 STAR 公司全井耐温 104℃玻璃钢油管。

玻璃钢油管主要的失效特征主要有如下特点：

① 油管本体损坏，损坏状态为环氧树脂脱落和断落、玻璃纤维脱丝、固化剂脱落；

② 早期应用的 STAR 公司 93℃胺类玻璃钢油管本体具有良好的防腐性能，但接箍穿孔及联接强度较低造成油管掉井；

③ 资料统计表明气田大多数井玻璃钢油管在井深 1500~2500m 断落；

④ 对于耐温 82℃酐类管与耐温 93℃的芳胺玻璃钢组合油管，有些井上部 82℃酐类玻璃钢油管断落，下部耐温 93℃玻璃钢油管未捞出。

3. 井下管柱失效机理

（1）金属油管失效机理

① H_2S 对钢材料的腐蚀。

干燥的 H_2S 对金属材料无腐蚀破坏作用，但硫化氢易溶于水而形成湿 H_2S 环境，该环境中金属材料易发生腐蚀破坏。

H_2S 在水溶液中溶解度是影响电化学腐蚀速率的重要因素，H_2S 在溶液中的饱和度随温度升高而降低，随压力增大而增加。磨溪气田雷一¹气井水分析结果 H_2S 浓度为 650~1500mg/L，研究显示该浓度下腐蚀速率为 0.85~1.0mm/a。

H_2S 水溶液对钢铁电化学腐蚀另一产物 H_{ad} 会导致钢铁氢损伤。主要变现为 SSC（硫化物应力开裂）、HIC（氢诱发裂纹）、HB（氢鼓泡）、SOHIC（应力主导氢致开裂）。其主要实效形式是硫化物应力腐蚀开裂和氢脆断裂。

有研究表明，H_2S 含量大于 $75mg/m^3$ 时，高强度敏感性金属材料发生硫化物应力腐蚀开裂的时间与浓度无关，此时必须考虑使用抗硫金属材料。磨溪气田雷一¹气藏的 H_2S 含量为 $30g/m^3$ 左右，该气藏生产井的井下油管、套管均为抗硫材料，符合质量要求。

② CO_2 对钢材料的腐蚀。

干燥的 CO_2 常温下的对钢铁没有腐蚀作用，但 CO_2 在相对湿度约为 1000 时，对钢铁具有腐蚀作用，CO_2 溶于水生成的碳酸，碳酸电离产生 H^+、HCO_3^- 与 CO_3^{2-}，进而发生电化学腐蚀，生成 $FeCO_3$。油气井的产出水中常含有 Ca^{2+}、Mg^{2+}，一方面，Ca^{2+}、Mg^{2+} 含量增加会使得溶液中的 CO_2 含量减少；另一方面，Ca^{2+}、Mg^{2+} 含量的增加会使溶液中结垢倾向增大，由此会加速垢下腐蚀及产物膜与缺陷处暴露基体金属间的电偶腐蚀。上述两方面的影响因素作用使得全面腐蚀速率降低而局部腐蚀增强。

影响钢的 CO_2 腐蚀特性主要因素有温度、CO_2 分压、pH 值、流速、介质组成、腐蚀产物膜、载荷和时间以及管材材质等。当 CO_2 分压为 0.05~0.21MPa 时，属于轻度腐蚀；分压大于 0.21MPa 时，属于中度至高度腐蚀。雷一¹气井井深 2000m 以下井段试采初期与 2000 年的 CO_2 分压分别为 0.036~0.18MPa 与 0.09~0.26MPa。同时，井下高温、高含 Cl^- 降低 CO_2 在水溶液中的溶解度，故其 CO_2 腐蚀不明显。

③ H_2S 与 CO_2 共存时对钢材料腐蚀的影响。

有资料表明，H_2S 与 CO_2 共存时造成的腐蚀比单独 H_2S 或 CO_2 在同等浓度下严重。研究表明，当 H_2S 和 CO_2 以不同比例存在于环境时，对油管腐蚀的影响程度不同。P_{CO_2}/P_{H_2S}

比小于 200 时，系统中 H_2S 占主导。重庆气矿统计发现，P_{CO_2}/P_{H_2S} 小于 4 时，腐蚀表现为 H_2S 腐蚀形态，磨溪雷一[1]气藏 $P_{CO_2}/P_{H_2S} \approx 0.17$，腐蚀应表现为 H_2S 腐蚀形态。

④ Cl^- 对钢材料腐蚀的影响。

Cl^- 对钢材料腐蚀的影响表现为两个方面：一方面 Cl^- 在油管的腐蚀过程中起催化剂的作用。带负电荷的 Cl^-，基于电价平衡，总是吸附到钢铁的表而，阻碍保护性的硫化铁膜在钢铁表而的形成，同时 Cl^- 还能通过金属表面硫化铁保护膜的细孔或缺陷渗入膜内，使保护膜发生显微开裂，导致孔蚀，Cl^- 与金属表而接触，会加速铁离子溶解，生成易水解的 $FeCl_3$，从而加速腐蚀。有研究表明，Cl^- 的存在可使腐蚀加速 2~5 倍，特别是会促进金属的局部腐蚀(孔蚀、坑蚀)；另一方面使得 CO_2 在水溶液中的溶解度降低，pH 值增大，有缓解 CO_2 的腐蚀的作用。

研究表明，Cl^- 浓度小于 60g/L，随 Cl^- 浓度增加，腐蚀速率增大；Cl^- 浓度大于 60g/L，随 Cl^- 浓度增加，腐蚀速率增加趋势趋于平缓。雷一[1]气藏气层水 Cl^- 含量高达 120~180g/L。室内模拟磨溪气田常压、高温条件下 Cl^- 失重腐蚀试验结果发现：在常压下，温度在 67℃ 和 83℃ 时，随着 Cl^- 浓度的增加，腐蚀速率呈变化不大。

⑤ 温度对油管腐蚀的影响。

温度对硫化物应力腐蚀开裂影响较大，雷一[1]气井 2000m 以下温度大于 65℃，从表 5-1-3 中看出该条件下硫化物应力腐蚀开裂不严重，井口温度条件下硫化物应力腐蚀最为严重，而且井口处管柱承受的应力最大，这也是磨 89 井升高短节应力断裂的原因。

表 5-1-3　室内模拟磨溪气田常压酸化液条件下电化学失重腐蚀试验结果

材料	Cl^- 浓度 /(mm/a)	温度 /℃	腐蚀速率 /(mm/a)	试片表面状况	平均腐蚀速率 /(mm/a)
NT-80SS	HCl：18%；缓蚀剂 CT1-3：0.5%；铁离子稳定剂 CT1-7：0.5% 助排剂 CT5-4：0.5%	67	0.04	试片表面无坑蚀	0.04
			0.04	试片表面无坑蚀	
			0.05	试片表面无坑蚀	
NT-80SS	HCl：18%；缓蚀剂 CT1-3：0.5%；铁离子稳定剂 CT1-7：0.5% 助排剂 CT5-4：0.5%	83	0.24	试片表面无坑蚀	0.24
			0.24	试片表面无坑蚀	
			0.24	试片表面无坑蚀	

注：①试验周期：72h；酸液；108h；②挂片位置：溶液中；③67℃ 为断裂油管上部温度，83℃ 为断裂油管下部温度。

对电化学失重腐蚀而言，温度升高腐蚀速度加快。研究表明，温度升高 10℃ 电化学失重腐蚀增加 2~4 倍。室内模拟磨溪气田常压酸化液条件下电化学失重腐蚀试验结果也证明这点(表 5-1-3)。

⑥ pH 值对钢材料腐蚀的影响。

H_2S 水溶液对钢材料腐蚀时，pH 值为 6 是一个临界值。当 pH 值小于 6 时，钢铁的腐蚀速率高；溶液呈中性时，均匀腐蚀速率相对较低。同时，当 pH 值小于 6 时，硫化物应力腐蚀开裂较严重，从雷一¹气藏气井水分析知道，其大都数井 pH 值=6.175~7.34。

⑦ 流速对油管腐蚀的影响。

流速是影响腐蚀的一个重要因素，流速对钢油管内壁的腐蚀是一种冲刷形式，高速气体在管内流动时会发生冲蚀，造成金属表面保护膜不断被破坏，使管壁减薄而且加速腐蚀介质向钢表面的扩散。研究表明，静态腐蚀试样的腐蚀速率低于动态腐蚀试样，且腐蚀较均匀，而动态腐蚀试样存在严重的局部腐蚀。磨溪气田雷一¹气井油管外壁呈不严重的均匀状腐蚀，而油管内壁存在严重局部腐蚀与流速有很大关系。

⑧ 根据腐蚀特征分析金属管柱腐蚀原因。

从腐蚀产物来看，磨 71 井腐蚀垢物扫描电镜能普分析结果中硅 0.97%、硫 40.63%、氯 4.05%、钾 0.31%、钙 1.83%、铬 0.36%、铁 51.85%，主要物质成分为二硫化铁、硫化铁和少量氯化铁。

磨溪气田雷一¹气井油管断裂处上下的失效形式是穿孔，同时油管断口形状看出断裂主要是蚀孔扩展所致，而硫化物应力腐蚀首先产生微裂缝，进而导致断口平整的开裂，综合分析管柱腐蚀的主要因素是 H_2S 电化学失重腐蚀。井液的高浓度 Cl^- 和高矿化度加快了电化学失重腐蚀的反应速度，生成的氯化铁易水解，而溶度积较大 $FeCO_3$ 的不易沉淀，不断生成是溶度积较小的沉积物二硫化铁、硫化铁，腐蚀产物逐渐在管内浓缩、沉积，导致了下部管柱堵塞，同时腐蚀产物结垢，垢下腐蚀又加快腐蚀速率。而这种条件下，H_2S 电化学失重腐蚀极易形成浓差电池、温差电池等宏观腐蚀电池及金属表面膜不完整、物理状态不均匀性等导致的微观腐蚀电池，这也是雷一¹气井管柱腐蚀严重的原因，同时表明雷一¹气井抗硫金属管柱具有抗硫化氢应力腐蚀开裂和氢脆断裂的性能，而不具有抗电化学失重腐蚀性能。

同时，表 5-1-4 显示随井深增加油管腐蚀程度越严重，从温度与电化学失重腐蚀的关系判断，温度是管柱从上部至下部腐蚀速率依次增加、管柱腐蚀程度增大的主要原因，室内模拟磨溪气田条件高压釜失重腐蚀试验结果也证明温度是影响磨溪气田金属管柱腐蚀速率的重要因素（表 5-1-5）。所以测压遇阻上移的原因是油管下部到油管上部腐蚀速率逐渐减小，但随着时间积累，油管内壁由下至上依次达到测压遇阻的腐蚀程度。

表 5-1-4 磨溪雷一¹气井井下金属管柱腐蚀特征规律

井号	投产日期	生产情况/($10^4 m^3/d$)	修井日期	结垢段/m	穿孔出现点/m	断落位置/m	下部穿孔、堵塞位置/m
磨 60	1992.02	2.4↓1.5	1995.09	1400~2011	2011	2433	2433~2627
磨 61	1991.02	2.6↓2.3	1993.12		2427	2604	2604~2659
磨 63	1991.03	2.5↓1.4	1992.09	2260~2632	2632	2661	2661~2773
磨 70	1991.02	2.0↓0.2	1993.08		2082	2437	2591~2645
磨 71	1991.03	2.2↓1.7	1994.06	2457~2560	2560	2578	2578~2659

表 5-1-5 室内模拟磨溪气田条件高压釜失重腐蚀试验结果

材料	试验介质条件	温度/℃	挂片位置	腐蚀速率/(mm/a)	试片表面状况	平均腐蚀速率/(mm/a)
NT-80SS	磨 70 井地层水并充 H_2S 至饱和，H_2S 分压 0.3MPa，CO_2 分压 0.1MPa，总压充氮气至 8Mpa	67	气	0.88	有腐蚀痕迹	0.71
				0.57	有腐蚀痕迹	
				0.67	有腐蚀痕迹	
			液	0.85	有严重的局部腐蚀	0.82
				0.69	有少量的局部腐蚀	
				0.92	有少量的局部腐蚀	
NT-80SS	磨 70 井地层水并充 H_2S 至饱和，H_2S 分压 0.3MPa，CO_2 分压 0.1MPa，总压充氮气至 8MPa	75	气	1.11	有腐蚀痕迹	1.16
				1.08	有腐蚀痕迹	
				1.29	有腐蚀痕迹	
			液	1.79	有严重的局部腐蚀	1.47
				0.72	有少量的局部腐蚀	
				1.90	有严重的局部腐蚀	

（2）玻璃钢油管失效机理

玻璃钢油管以玻璃纤维为增强材料、环氧树脂为基体形成复合材料，该复合材料缺点是不能承受轴向压缩和扭曲应力，只能承受拉应力。其基体材料是热固性树脂，热固性树脂的缺点是损伤容限较低及抗湿热性能较差。

复合材料的化学性能具有以下特点：在介质环境的作用下复合材料的组成结构会发生各种性能变化，其中温度、应力状态对复合材料性能变化有很大的影响，高温环境长期使用时可能发生基体树脂与增强材料之间的化学反应，出现增强材料的混融或凝聚现象，树脂基体则会逐渐发生降解和老化的问题。

湿热环境对复合材料的影响很大：湿热环境中，水分子逐步渗透到材料内部形成水泡，同时使材料体系内的增塑剂及其他可溶性物质溶解、渗出或迁移，导致力学性能下降；湿热使高分子链运动加剧，削弱分子间力的作用力，加速形成分子间的间隙，温度越高水分子扩散能力越强。耐湿热性是玻璃钢油管这种结构复合材料必须考虑的因素。复合材料耐湿热性主要取决于所选用的树脂基体，当温度超过树脂基体材料的玻璃化转变温度(T_g)后，树脂基体性能急剧改变，出现变形、软化、发黏、强度下降而丧失额定承载能力。

结合玻璃钢油管失效具体情况，分析失效原因如下：

① 自身力学性能不足导致的伤害。

由于玻璃钢油管以玻璃纤维和环氧树脂为主体材料经过特殊工艺缠绕、固化而成，故在强度、抗弯曲、抗挤压、抗咬伤、抗磨损等机械性能上明显不足，容易在运输、装卸、搬运和起下操作中产生缺陷，而后在高温高压下逐渐扩展直至失效。对磨 14 井井下 2105m

处的玻璃钢油管进行强度检测发现平均拉抗强度远高于额定抗拉强度，由于穿孔断口呈典型的脆性断裂特征，分析检测认为玻璃钢油管脆化后遭遇剧裂震动、碰撞而致失效；而其下部"扫帚"状断口当为高温下环氧树脂系统融化解体所致。

② 井下高温是导致玻璃钢油管失效的主要原因。

玻纤材料模量低、长期耐温性差，尤其在高温、高压及腐蚀性环境中长期使用，性能会逐渐发生变化，主要表现为：化学裂解、溶胀、脱层、龟裂、变色、强度降低、脆硬等现象，亦称介质老化。这与实际玻璃钢管失效现象一致。以磨67管柱失效为例，对位于井口及中部的管柱分别取样测试玻璃化温度，结果见表5-1-6。

表5-1-6 磨67井油管玻璃化温度测定   ℃

项目	玻璃化温度		
	井口样品测定值	中部样品测定值	产品给定最低值
数值	122	102	120

但随着入井深度增加，井下温度上升，玻璃钢管表现出对温度的敏感性。磨67井的井况极其恶劣，超过了酸酐类玻璃钢管的耐温极限（表5-1-7）。处于气井顶部和中部的酸酐类油管在额定温度范围工作，测试结果表明这部分油管工作正常。但在气井底部，工作温度87℃，压力23MPa，超过了酸酐类油管的额定范围。因此磨67井油管损坏是工作温度超过额定温度82℃及高温高压下强腐蚀介质综合作用的结果，而超过额定温度的井下高温是产生破坏的主要原因。这与该井管柱在2500米（温度为82℃）发生失效是吻合的。

表5-17 磨67井的井下温度   ℃

井口	井中部	井底
20	65(<82)	87(>82)

部分井的实际井温甚至超过了高温玻璃钢管的耐温极限（93℃），实际中对于耐温82℃酐类管与耐温93℃的芳胺玻璃钢组合油管，有些井上部82℃酐类管断落。表明温度是玻璃钢油管失效的主因。

③ 同时磨溪气田常用缓蚀剂和化排剂对玻璃钢油管的室内浸泡实验研究表明：化排剂和缓蚀剂对玻璃钢管的性能是有一定影响的，主要表现在"管材颜色变深，溶液中产生大量泡沫状悬浮物及少量沉淀，沉淀以有机物为主，呈黏稠悬浮状。"

二、修井实施情况及效果评价

1. 金属油管完井修井

磨溪气田雷一¹气藏气井井下管柱最早采用金属油管，生产时间2~3年即发生腐蚀、堵塞、穿孔甚至断落，从1991年投产至1995年，共有16口井油管断落并修井，油管腐蚀非常严重，修井打捞难度困难，修井成功率低，仅9口井恢复产能，恢复产能井勉强维持生产。1994年首次对磨63井侧钻成功后，截至2019年6月，磨溪气田雷一¹气藏共进行了46

口井侧钻修井，其中 5in 与 5½in 小井眼侧钻井 8 口（磨 89、磨 87、磨 84、磨 93、磨 95、磨 128、磨 100、磨 120），侧钻后雷一¹裸眼完井 2 口（磨 144、磨 65），侧钻水平井 1 口（磨 55H），侧钻修井全部成功，期间常规更换油管修井 70 井次。金属油管完井的气井修井作业中存在以下问题：气藏开发中后期金属管柱断落位置较高，侧钻难以达到设计开窗位置，打捞进度缓慢，同时地层压力低，修井液漏失大，储层污染严重。

金属油管完井修井主要方式：修井液压井→起管串→井口及上部套管试压→打捞（捞获成功极少）→侧钻（部分）→下金属油管带顶封隔器酸化管柱（或连续油管）→酸化→排液测试→压井→下完井管柱→排液→完井。

2. 玻璃钢油管完井修井

从 2003 年首次对磨 14 井进行玻璃钢油管打捞、磨铣修井，已进行玻璃钢油管打捞和磨铣修井 26 口，其中 2 口修井未成功（磨 100、磨 101）。玻璃钢油管完井其修井作业主要有以下特点：打捞成功率极低，几乎全部靠钻磨清除落物；钻磨过程中，压井液漏失非常严重，部分井井漏失返，对储层产生伤害，短期内产量难以恢复，卡钻事故频繁发生；井身结构较复杂井，大套管、小井眼井修井难度较大；修井工序多、排液时间长、设备数量和配套能力不足等因素造成修井周期长。

玻璃钢油管完井修井主要方式：修井液压井→起管串→井口及上部套管试压→打捞→磨铣→下金属油管带顶封隔器酸化管柱（或连续油管）→酸化→排液测试→压井→下完井管柱→排液→完井。

3. 修井效果评价

（1）侧钻效果评价

截至 2019 年 6 月，磨溪雷一¹气藏共进行了 46 口井侧钻修井，侧钻修井全部成功。对比分析侧钻前后气井的生产效果可知，侧钻后效果相对较好（表 5-1-8、图 5-1-1），侧钻前井均日产气 $0.88×10^4 m^3$，侧钻后井均日产气 $2.23×10^4 m^3$，侧钻后为侧钻前产量的 2.52 倍，侧钻修井有效恢复气井产能。

表 5-1-8　磨溪气田雷一¹气藏侧钻修井前后生产效果表

井号	侧钻时间	产量/($10^4 m^3$/d)		井号	侧钻时间	产量/($10^4 m^3$/d)	
		侧钻前	侧钻后			侧钻前	侧钻后
磨深 2	2001 年	1.5	2.36	磨 86	1999 年	0.4	2.1
磨 4	2002 年	1.4	1.6	磨 87	2001 年	0.1	2.5
磨 13	2003 年	0.4	1	磨 89	2001 年	0.13	1.9
磨 14	2000 年	1.35	2.8	磨 90C1	2007 年	0.3	1.2
磨 18	2001 年	1.5	1.87	磨 93	2000 年	0.1	2.3
磨 19	2000 年	0.9	1.4	磨 95	2003 年	1.1	3
磨 27	2005 年	0.65	1.1	磨 96	2006 年	1.25	2.7
磨 53	1999 年	2	3.2	磨 99	1995 年	0.2	2.07

续表

井号	侧钻时间	产量/(10⁴m³/d)		井号	侧钻时间	产量/(10⁴m³/d)	
		侧钻前	侧钻后			侧钻前	侧钻后
磨 54	2000 年	0.8	2.48	磨 100	2002 年	1.1	2.7
磨 55H	2006 年	1.6	2	磨 101	1996 年	0.48	2.1
磨 56	2001 年	1.67	2.7	磨 108	2001 年	0.6	2.7
磨 58	2001 年	1.1	2	磨 113C1	2007 年	0.8	2.65
磨 60	1996 年	1.5	2.7	磨 114	2000 年	0.3	2.1
磨 61	2001 年	1.6	2.18	磨 117	2002 年	0.85	2.4
磨 63	1994 年	1.5	2.67	磨 119	2003 年	1.2	1.4
磨 64	1994 年	0.9	2.6	磨 120C1	2007 年	0.4	1.64
磨 65	2002 年	1.6	1.8	磨 123	2002 年	0.1	2.4
磨 66	2002 年	1.17	1.87	磨 128	2002 年	1	1.75
磨 67	2001 年	0.3	1.4	磨 137	2001 年	0.3	2.1
磨 70	1998 年	1.75	3.12	磨 139	2000 年	1.3	3.4
磨 71	1994 年	2.06	3.75	磨 140	2002 年	0.14	3.5
磨 77	2000 年	0.4	1.58	磨 144	2001 年	0.1	2.5
磨 84	1996 年	0.1	2.09	磨 148	2003 年	0.7	1.1

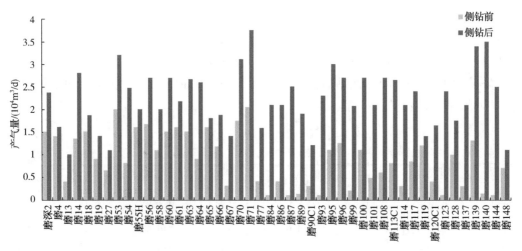

图 5-1-1　雷一¹气藏侧钻修井前后单井生产效果对比图

但是随着气藏开发的深入，地层压力逐年降低，气藏中部、西端部分井区地层压力已低于 10MPa，使得侧钻修井作业周期变长、侧钻修井的效果越来越差，给修井作业带来很大难度，气井复产的难度越来越大。

2006 年，侧钻修井后测试、生产产量均低于投产初期，效果较初期侧钻井差(图 5-1-2)。

且 2007~2008 年气藏完成侧钻修井 4 口(磨 120-C1 井、磨 90-C1 井、磨 113-C1 和磨 80-C1 井),测试产量在(0.65~2.35)×10⁴m³/d,平均测试产量仅为 1.98×10⁴m³/d,而四口井侧钻前平均测试产量 2.62×10⁴m³/d,侧钻修井效果变差。2008 年后,磨溪气田雷一¹气藏无新增修井作业。

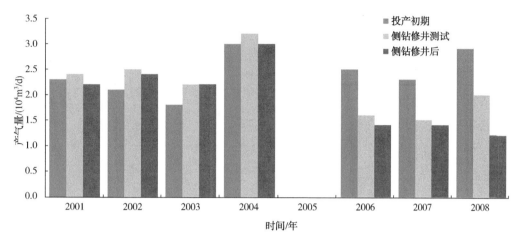

图 5-1-2 磨溪雷一¹气藏侧钻效果对比图

从单井上看,2000 年 9 月磨 95 井放大生产压差后,油套压快速下降,产量递减率 28.63%。2003 年 5 月开始侧钻修井,2004 年 1 月复产,复产后产量恢复到 3×10⁴m³/d 以上规模并稳产 8 年,侧钻修井效果良好,有效的恢复了气井产能(图 5-1-3)。

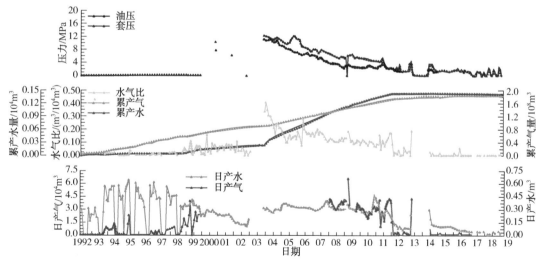

图 5-1-3 磨 95 井采气曲线

磨 63 井于 1991 年 3 月 8 日投产,初期日产气 2.9×10⁴m³;1992 年 9 月,该井生产表现出异常,油套压下降,日产气从 2.2×10⁴m³ 降至 1.6×10⁴m³,之后一直关井。1994 年 3~4 月开窗侧钻,射孔酸化后测试获气 3.41×10⁴m³/d;1994 年 10 月该井再次投入生产,初期

日产气 $2.67×10^4 m^3$，侧钻修井有效恢复了气井产能。随着生产时间的加长，由于井下管柱可能存在堵塞、腐蚀，产量逐渐下降，2004 年底日产气降至 $0.4×10^4 m^3$。2005 年再次开窗侧钻，射孔酸化后测试获气 $1.4×10^4 m^3/d$；2006 年 2 月转入生产，日产气 $1.3×10^4 m^3$，第二次侧钻同样恢复了气井产能，但是较第一次相比效果变差（图 5-1-4）。

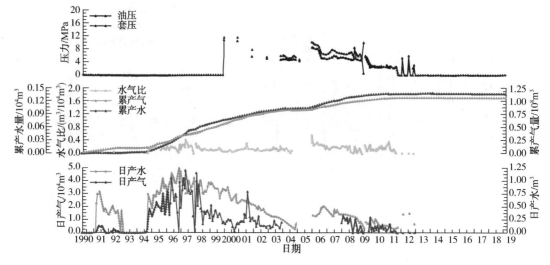

图 5-1-4　磨 63 井采气曲线

（2）常规修井效果评价

① 常规修井后可恢复气井产能。

2000 年之前，由于油管腐蚀非常严重，修井打捞难度困难，常规修井（打捞、磨铣、更换油管）成功率低，修井效果差。此后随着修井完井工艺的进步，常规修井效果提升明显。至 2019 年 6 月，气藏共计进行以恢复产能为目的的常规修井 52 井次，大部分气井更换油管后能恢复产能（表 5-1-9、图 5-1-5）。常规修井前井均日产气 $0.85×10^4 m^3$，常规修井后井均日产气 $2.21×10^4 m^3$，增产了 2.6 倍。

表 5-1-9　磨溪雷一¹气藏部分气井更换油管前后生产效果表

井号	修井时间	产量/($10^4 m^3$/d)		井号	修井时间	产量/($10^4 m^3$/d)	
		修井前	修井后			修井前	修井后
磨 87	2008 年	0.3	2.9	磨 139	2009 年	0.3	3.1
磨 65	2006 年	1.2	0.9	磨 144	2008 年	0.15	3.26
磨 53	2009 年	0.3	1.7	磨 148	2003 年	0.65	1.2
磨 14	2003 年	1.7	1.8	磨 70	2007 年	0.5	2.48
磨 66	2008 年	0.3	1.8	磨 18	2006 年	0.4	1.74
磨 86	2008 年	0.6	0.9	磨 71	2004 年	2.3	2.55
磨 59	2005 年	0.3	1.7	磨 91H	2010 年	2.8	4.57

井号	修井时间	产量/(10⁴m³/d)		井号	修井时间	产量/(10⁴m³/d)	
		修井前	修井后			修井前	修井后
磨60	2006年	0.4	1.5	磨75H	2011年	0.54	2.52
磨19	2005年	1.1	0.9	磨84	2005年	1.1	3.56
磨79	2005年	3	3.88	磨61	2003年	0.34	2.15
磨137	2005年	1.4	1.7	磨126	2007年	0.3	1.75
磨89	2004年	0.3	3.45	磨114	2007年	0.1	1.28
磨77	2005年	1.5	3.75	磨117	2007年	0.35	1.41
磨27	2005年	0.7	1.13				

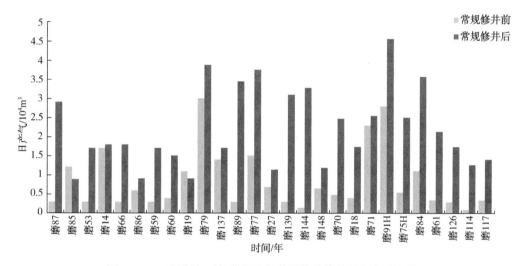

图5-1-5 磨溪雷一¹气藏部分气井更换油管前后生产对比图

　　磨139井位于磨溪构造偏北端,1994年投产,投产前测得静压32.3MPa,初期日产气2.3×10⁴m³,日产水0.12m³。生产一段时间后,由于产量、压力下降严重关井交钻井队侧钻,2001年1月20日再次投产,日产气3.64×10⁴m³;2009年7月油、套压逐渐降至与输压持平,日产气降至0.3×10⁴m³,关井复压后,压力上升缓慢,加化排剂及提喷生产均无效,且提喷时有黏稠、沥青状物质产出,分析可能是井下玻纤油管腐蚀严重,腐蚀物造成堵塞。2009年10月该井修井,磨铣玻纤油管后加胶凝酸酸化,日产气3.1×10⁴m³,恢复了气井产量(图5-1-6)。

　　磨75H井位于磨溪构造东北翼,2002年1月27日投产,初期日产气9.3×10⁴m³,日产水0.32m³;生产至2003年2月20日针阀25/10圈,套压20.1MPa下降至16.2MPa,油压17.3MPa下降至13.9MPa,关井测压力恢复曲线。2003年4月—2005年1月测得井底流压18.21MPa下降至9.84MPa,多次测压发现压力计及钢丝绳附着有较多脏物。2010年10月5日该井发生变化,压力及产量快速下降,到10月6日套压6.0MPa下降至5.4MPa,油压

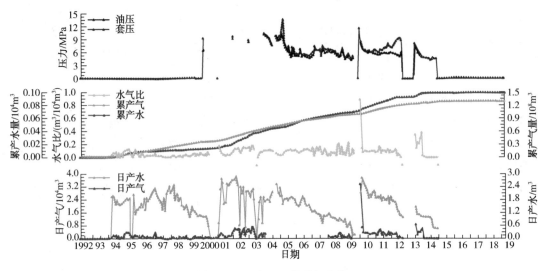

图 5-1-6　磨 139 井采气曲线

5.5MPa 下降至 5.0MPa，输压 4.8MPa，日产气 3.0MPa 下降至 1.1×10⁴m³，日产水 0.1m³。2010 年 10 月 6 日放空生产带液，未提出脏物，后倒入增压流程生产，日产气 0.5×10⁴m³，10 月 7 日套管加注 XHY-4 起泡剂，日产气 0.5×10⁴m³，无效。10 月 8 日再次套管加注 XHY-4 起泡剂，日产气 0.5×10⁴m³，化排仍然无效。10 月 9 日 10：30-16：00 放空生产，套压 3.5MPa 下降至 1.4MPa，油压 3.4MPa 下降至 1.2MPa，产水 0.1m³，瞬时气量 0.5×10⁴m³，未提出脏物，因压力低关井复压。10 月 11 日 11：00 开井生产，至 10 月 12 日，套压 8.9MPa 下降至 2.8MPa，油压 8.7MPa 下降至 2.7MPa，输压 2.6MPa，间歇出气，日产气仅 0.2×10⁴m³，无水。2011 年 4 月~7 月该井修井，打捞、磨铣井下玻纤油管，80m³ 胶凝酸酸化，排液后关井复压，油压 0 上升至 11MPa，套压 4.5MPa 上升至 11MPa，之后测试获气 6.205×10⁴m³，关井观察，7 月 26 日开井生产，日产气 2.52×10⁴m³，恢复生产（图 5-1-7）。

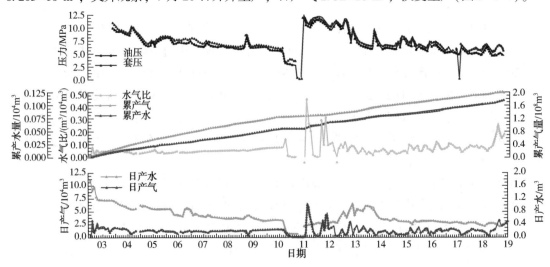

图 5-1-7　磨 75H 井采气曲线

② 合理免修期内更换油管可有效维持气井正常生产

井下管柱保持正常工作的合理或最佳的有效期成为合理免修期。通过总结生产异常期特征与井下管柱失效的关系，并结合气井测压、修井和生产动态数据，分析井下管柱的腐蚀动态，可得到各井的合理免修期。在合理免修期内更换油管，可降低修井难度，达到以小修(更换油管)取代大修或侧钻的目的。

对于下入金属油管的气井：高产、低水气比气井，建议其合理免修期为 1.5 年。高产、水气比相对较高气井，其合理免修期 3.5 年。对于低产气井，建议免修期 1.5 年；对于低产、低水气比气井，免修期 1.5 年甚至更短。

对于下入玻璃钢油管的气井：斯达公司 93℃、104℃玻璃钢油管气井免修期 4.5 年；全井下入 AMERON 公司耐温 82℃玻璃钢油管合理免修期为 2.5 年；下入 AMERON 公司 82℃酐类与 93℃芳胺类组合玻璃钢油管气井，该类型气井合理免修期为 2.5 年。

磨 91H 井 2004 年 9 月下入 C90 金属油管至井深 2845m 处投产，初期日产气 $9×10^4 m^3$。因其合理免修期为 3 年，为了检查井下油管，2007 年 8 月底交试井队修井。起出油管检查发现水平段腐蚀严重，但无明显穿孔及断落现象(图 5-1-8)。更换油管后测试获日产气 $6.6×10^4 m^3$，维持了气井正常生产。2010 年，该井生产出现异常，分析原因是地震造成井下生产管串内垢物掉入井内堵塞产层通道，加注清水和化排剂及其有机解堵剂后，反复提喷无效，无法稳定生产。2010 年底，再次试修，主要是检查更换金属油管，本次作业起出的金属油管腐蚀情况不明显，连续油管酸化后，测试获日产气 $4.6×10^4 m^3$；2011 年 2 月转入生产，日产气 $4.56×10^4 m^3$，维持了该井后续正常生产(图 5-1-9)。

图 5-1-8 磨 91H 井井下金属油管腐蚀情况

磨 030-H7 井位于气藏西端，是一口于 2010 年投产的水平井。该井于 2013 年 12 月 20 日在合理免修期内更换油管，2014 年 7 月 16 日复产，修井前日产气 $1.3×10^4 m^3/d$，修井后日产气 $2.4×10^4 m^3/d$，增产 1.8 倍并稳产两年，有效维持了气井正常生产(图 5-1-10)。

4. 修井中存在的主要问题及优化

(1) 主要问题

随着磨溪雷一¹气藏地层压力越来越低，修井液漏失量加大、携带能力差，卡钻风险极

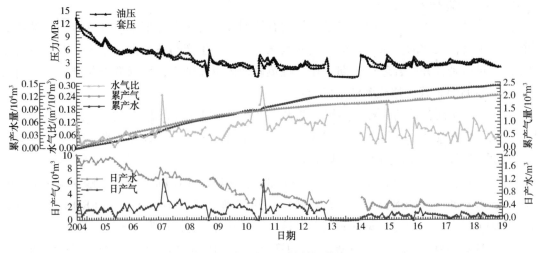

图 5-1-9　磨 91H 井采气曲线

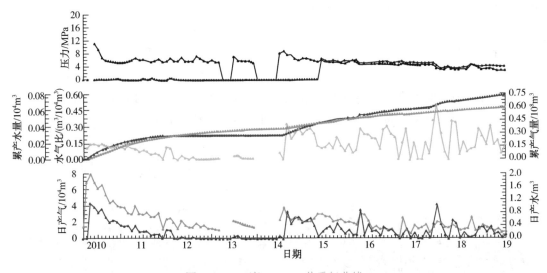

图 5-1-10　磨 030-H7 井采气曲线

大、玻璃钢油管磨铣困难、抽汲排液引喷越来越困难，现有的修井完井工艺已不能完全适应井下变化，导致修井难度增大，效果变差。同时，试油设备严重不足，措施井现场组织协调工作不完善，造成措施井试修周期延长。

（2）修井液体系优选

① 无固相盐水液。

盐水体系是由一种或多种盐类和水配制而成，一般含有 20% 左右的溶解盐类，是目前采用的修井液和完井液。其防止地层损害的机理是由于它本身不存在固相，不会夹带固体颗粒侵入产层，无机盐类改变了体系中的离子环境，使离子活性降低，即使部分压井液侵入产层也不会引起黏土膨胀和运移。

磨溪气田雷一¹气藏修井液分别使用了 $CaCl_2$ 修井液、NH_4Cl 修井液、KCl 修井液和低固相低密度泥浆,无固相防漏液体尚未试验。早期雷一¹气藏压力较高,修井液采用 $CaCl_2$ 液体,2003 年以来修井液普遍采用 KCl 液体,分析认为,3%KCl 液作为修井液对储层伤害较低(约为17%左右),通过后期解堵措施均能恢复产能。此外对压力特别低、井漏严重、井口失返不能建立循环的井以及套管上大下小、携带玻璃钢碎屑困难的井采用了低固相低密度泥浆体系作为修井液。

② 低密度压井液。

低密度压井液即将发泡基液通过压裂车,气体通过液氮泵车同时进入泡沫发生器形成泡沫,通过调节气体和发泡基液的流量来调节泡沫的密度,使之密度降低、减少漏失量、增加反排性。低密度修井工作液通常是泡沫或者气体(氮气、空气或天然气)。低密度压井液存在的主要问题是施工要求高、成本高、稳定时间短。

③ 低滤失压井液。

低滤失压井液主要由增黏剂、助排剂、黏土防膨剂与清水配置而成。其中增黏剂作用是提高压井液的流动阻力,阻止压井液向近井地带的漏失;助排剂可降低表面张力,优化地层润湿特性,同时还具有微乳化作用,促进漏失压井液返排;黏土防膨剂的主要作用是抑制地层黏土的水化膨胀和分散运移,减小压井液对地层的伤害。

④ 低压气井暂堵压井液。

目前研究生产的堵水剂可分为选择性堵水剂和非选择性堵水剂。选择性堵水剂通过油、水、产油层、产水层的差别进行堵水,主要分为水基、油基和醇基堵水剂。非选择性堵水剂对油和水都有封堵作用,主要分为树脂型、冻胶型、凝胶型和沉淀型堵水剂。将堵水剂作为低压气井修井暂堵液,其目的是封堵一切地层流体,将井筒和地层暂时分割,非选择性堵水剂中的双液法冻胶型堵水剂较为适宜。针对漏失严重的低压气井,该压井液可形成流动性很好的冻胶状流体来防止液体的漏失。高黏度的冻胶可对产层进行稳定的封堵,有效封堵压井液进入产层,并防止产层流体流出。施工结束后注入破胶剂或自行解堵。

⑤ 压井液体系优选。

常规更换井下油管:选择 3%KCl 修井液,同时实验低滤失压井液,需根据地层物性调整配方。

打捞井下断落玻璃钢油管:选择暂堵压井液;同时试验低滤失压井液。

磨铣断落玻璃钢油管:选择低固相低密度泥浆,泥浆需具备良好的携带性,添加暂堵剂减小漏失量。

(3) 压井方法优选

低压井压井是修井施工中最基本的作业,压井作业的成败直接影响该井施工质量和效果。关键是正确地层压力的确定,使用合乎性能要求的压井液,合理压井工艺和管理制度。整个压井作业工艺措施既要保证井内安全,又要考虑尽量减少压井液注入量,降低压井液对产层的伤害,为气井后期复产创造条件。

① 低压气井常用压井方法自平衡压井+吊罐法主要针对实施排水采气的工艺井。停止实施工艺排水措施、井口泄压后，井筒内液面自动提升到与地层压力平衡，井口不出气。在修井期间采用吊罐原井地层水，确保井筒安全。该方法仅适用于不具备自喷带液能力，依靠工艺排水采气井(如气举、电潜泵、机抽、射流泵等)，一旦停止实施工艺，油套压力能在短时间内降到0MPa。

② 平衡压井法

平衡压井法是同时向油管、油套环空大排量压入压井液，要求控制其排量让油套环空和油管内液柱以相同速度上升，将井筒内气液柱完全压回地层，利用井筒内压井液柱平衡地层压力，通常该方法也与循环法、置换法结合使用。在压井后观察期间通常下入压力计测试井筒压力梯度，掌握压井液的漏失情况，以便确定在施工期间压井液的吊罐量。

平衡压井法压井液进入地层量较小，可降低压井液的漏失量，修井后依靠关井复压或工艺措施复产，对产层的伤害较小，目前已在部分低压气井中取得成功应用，对于压井过程中的施工参数还需在施工过程中进行优化。

③ 循环压井法

循环压井法为磨溪雷一¹气藏修井主要采用的压井方法。循环压井法主要分为正循环、反循环压井。

反循环压井法是将压井液从油套环空泵入井内顶替井内流体，由油管内上升到井口的循环过程，多用在压力高、产量大的气井中，对压力较低的低压气井采用反循环压井法会产生较大的井底回压，易造成产层损害，甚至出现压漏地层的现象。

正循环压井法是将压井液从油管泵入井内顶替井内流体，由油套环空上升到井口的循环过程，多用在压力低、产量大的气井中。正循环压井法对井底产生的回压相对较小。对低压气井采用正循环法压井，不仅能达到压井目的，还能避免压漏地层。

④ 压井方法优选

磨溪气田雷一¹气藏目前气井地层压力在4.39~28.65MPa之间，地层压力系数在0.16~1.06MPa/100m之间，平均地层压力系数0.44MPa/100m。地层压力系数较低。建议雷一¹气藏压井工艺原则上采用平衡压井法，即油套环空同时灌注压井液，控制其排量让油套环空和油管内液柱以相同速度上升，将井筒内气液柱全部压回至地层，井筒内全部为压井液后即停止灌注压井液，待液柱平衡后，观察气井井口情况，然后根据漏失情况吊灌压井液(可通过下入压力计测试漏失量)，确保井内的平稳。如果井内油管出现穿孔或断落，在使用平衡压井法同时结合置换法进行，即在油套环空和油管同时灌注压井液后关井，待气液进行置换，然后卸压排气，再压井、置换，直至将井压平稳。

(4) 井下打捞工艺优选

① 金属腐蚀油管打捞

井下腐蚀油管打捞基本思路：根据井的生产及修井情况分析井下落鱼鱼头形状，尽量避免加压打铅印；打捞采用套铣、外打捞为主，尽量不采用磨铣作业，避免落鱼淤积堵死产层通道，并可有效保护套管；打捞过程中严格控制钻压，避免加重鱼头的复杂性；打捞过程中需要严格保护好套管，打捞措施和打捞工具须作特殊要求；在保证安全的前提下严格控制压井液的吊罐量，减少对产层的污染。

②玻璃钢失效油管打捞

常规的修井工具中如打捞筒、打捞矛、铣鞋、磨鞋都是针对钢制油管而设计的，钢制油管具有硬度高、强度大的特点，同时落鱼鱼头直径不会有太大变化。玻璃钢油管除强度和硬度不及玻璃钢油管外，如果在井内发生断落后，其鱼头不会呈很规则的圆形，而是玻璃纤维螺旋形缠绕且长短不一的断口。另外，同属于一个规格的油管，金属和玻璃钢油管本体的内径和外径是不同的，因此，为钢制油管而设计的打捞工具不适合用于玻璃钢油管的打捞。两种油管基本数据见表5-1-10和表5-1-11。

表5-1-10　金属油管规格（API 标准）

2⅜in 油管			2⅞in 油管		
外径/mm	壁厚/mm	内径/mm	外径/mm	壁厚/mm	内径/mm
60.3	6.5	47.4	73.02	5.5	62.0
	7.1	46.1		7.0	59.0

表5-1-11　玻璃钢油管规格

压力等级	2in			2½in		
	外径/mm	壁厚/mm	内径/mm	外径/mm	壁厚/mm	内径/mm
ADHT 1250	57.2	3.2	50.8	69.6	3.9	61.7
ADHT 1500	59.2	4.2	50.8	71.1	4.7	61.7
ADHT 1750	59.9	4.6	50.8	72.4	5.3	61.7
ADHT 2000	61.5	5.3	50.8	73.2	5.7	61.7
ADHT 2500	61.0	6.6	47.8	72.4	7.9	56.6
ADHT 3000	63.5	7.9	47.8	75.7	9.5	56.6

使用打捞矛、打捞筒吃入鱼头时需施加一定的钻压，钢制油管是能够承受这一钻压的。而玻璃钢油管由于强度较低，承受同样的钻压时很可能将鱼顶以下部分落鱼压断或者压碎。因此在使用打捞矛、打捞筒打捞玻璃钢油管时应尽量减少钻压而又能吃入落鱼，故需要专门设计打捞工具。此外由于钢制油管与玻璃钢油管材质不同，落鱼鱼顶形状不同，为整理鱼顶形状也需要考虑专门设计磨铣类工具。

井下腐蚀油管打捞基本思路：根据井的生产及修井情况分析井下落鱼鱼头形状，以便选择合适的打捞工具，避免加重井下的复杂情况；首先考虑打捞为主，尽量不采用磨铣作业，避免压井液大量漏失、卡钻堵死产层通道，并可有效保护套管。打捞工具必须根据玻璃钢油管的特点和尺寸进行改进；打捞过程中需严格控制钻压，避免加重鱼头的复杂性；打捞过程中严格保护好套管，打捞措施和打捞工具须作特殊要求；在保证安全的前提下严格控制压井液的吊罐量。

（5）排液复产工艺优选

根据磨溪气田雷一¹气藏地质、开发特征，目前可采取抽汲、连续油管+液氮气举排液复产工艺。

① 抽汲排液复产：该工艺为磨溪雷一¹气井排液复产主要措施之一，工艺表现为效率低、复产时间较长、安全风险较大、对玻璃钢油管损害较大。随着地层压力的降低，该工艺措施效果逐渐变差，因此尽量不采用该工艺。

② 液氮气举（连续油管+液氮气举）：该工艺效率高，但对管柱振动较大。地层压力相对较高的井液氮排液效果较好，推荐采用该工艺。

第二节　排水采气效果评价

一、排水采气工艺适应性

1. 泡排工艺

（1）原理

泡沫排水采气是一项助采工艺，其目的是改善井筒积液。将表面活性剂（起泡剂）从携液能力不足的生产井井口注入井底，借助于天然气气流的搅动作用，使之与井底积液充分接触，从而减小液体表面张力，产生大量的较稳定的含水泡沫，减少气体滑脱量，使气液混合物密度大大降低，以大幅度降低自喷井油管内的摩阻损失和井内重力梯度。在井底和井口压力相同的情况下，井底积液更容易被气流从井底携带至地面，在地面加入消泡剂，使气水分离、从而满足地面集输需要。该工艺适用于自喷能力不足，气流速度低于临界流速的气井。

泡沫排水采气充分利用地层自身能量实现举升，设备配套简单，实施操作简单。其主要的药剂为起泡剂和消泡剂，在起泡剂的选择上，由于不同气井的凝析油含量和地层水矿化度含量有所不同，因此，起泡剂除具有表面活性剂的一般性能之外，还要求具有泡沫携液量大，泡沫稳定适中，适应不同井况的性能。加注方式上，一般采用泡排车、平衡罐、投掷器、柱塞泵等设备从井口加注。

（2）选井条件

泡沫排水采气不受井身结构的影响，适用范围较广，泡排工艺井应具备以下条件，才可达到较好的增产效果：

① 因地层压力降低、产气量下降、产水量增加等原因造成了井筒积液；

② 水气比小于$55m^3/10^4m^3$，产液量小于$100m^3/d$，井深小于3500m；

③ 工艺井自身必须具有一定的自喷能力；

④ 工艺井的油套管连通性好；

⑤ 液态烃的含量小于或等于30%，产层水总矿化度小于或等于10g/L，H_2S含量小于或等于$23g/m^3$，CO_2含量小于或等于$86g/m^3$。

2. 毛细管工艺

毛细管排水采气工艺是泡沫排水采气工艺技术的一种特殊形式，该工艺是将起泡剂通过 $\phi 9.525 \times 1.24$mm 毛细管直接注入井底。该工艺与常规的泡沫排水采气工艺的区别主要在于加注设备的不同，其装置总成如图 5-2-1 所示。该装置主要由撬装式绞车系统、井口传动及防喷控制系统、井下工具、注剂系统等部分组成。

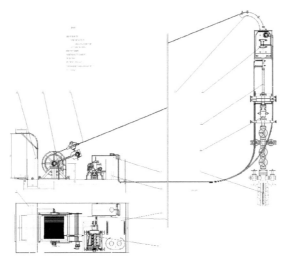

图 5-2-1 毛细管泡沫排水采气设备总成图

与传统工艺相比，起泡剂可以与井底积液直接接触，加注量易掌握，起泡效率高，能够取得较好的排水采气效果。此外，该工艺也为油套不连通的气井加注起泡剂提供了新的方法。

3. 优选管柱工艺

优选管柱是产水气藏开发中后期，气井已经不能连喷带水生产，转入间喷生产，对这样的气井及时调整管柱，更换成较小直径管柱的一种自喷排水采气工艺。该工艺利用地层自身能量，通过更换内径更小的生产管柱提升气井的带水生产能力，施工方式简单到只需要更换一次生产管柱，成本较低。管柱优选设计方法如下：

（1）根据气井的生产管柱尺寸、井口油压、流体特性等参数，计算出在目前条件下气井的携液临界流量 q_{min} 与对比流量 q_r（q_{sc}/q_{min}），对气井的排液能力进行生产动态分析。

（2）$q_r \geq 1$ 表明气井可在不改变现有生产管柱的情况下，依靠自身能量，实现压力、产量、气水比的相对稳定连续带液生产。$q_r < 1$ 表明气井不能连续带液生产，需要重新进行管径优化计算。

（3）缩小一级管径重新进行现有生产条件下的携液临界流量和对比流量计算，直至 $q_r \geq 1$。

选井条件：该方法不受井身结构的限制，斜井直井均适用，精选施工井是优选小油管排水采气工艺获得成功的重要因素之一，应用时的原则是：气井井深小于 4800m，产液量 <100m³/d，气流的对比流量 $q_r < 1$，井底有积液，气井产出气水须就地分离，并有相应的低压输气系统与水的出路，井深适宜，符合下入油管的强度校核要求，产层的压力系数小于 1，

以确保用清水就能压井。

实践证明，优选管柱是在有水气井开采中后期，重新调整自喷管柱、充分利用气藏自身能量的一种具有显著增产效益的排水采气工艺。

4. 连续油管工艺

连续油管排水采气工艺是优选管柱排水采气工艺的一种，其原理和优选管柱工艺相同，区别在于施工技术和设备的不同。连续油管是相对于用螺纹连接下井的常规油管而言的，又称为挠性油管、蛇形管或盘管，指可缠绕在大直径卷筒上，由若干段钢带斜接在一起，经轧制成型焊接而成的无接头连续管（图5-2-2）。

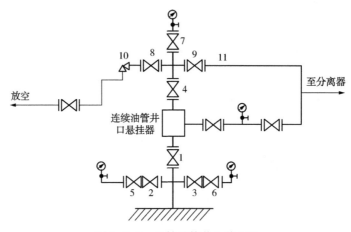

图5-2-2　连续油管井口装置图

连续油管排水采气技术是在不动原有井下生产管柱的情况下，使用连续油管作业机将连续油管从原生产管柱内下入产层中部，利用地层自身能量将气水产物通过连续油管或连续油管与原有生产管柱之间的环形空间从井底举升至井口，从而实现气井带水生产。

5. 柱塞气举工艺

（1）原理

间歇柱塞气举排水采气工艺是将柱塞作为气液之间的机械界面，起分隔与密封作用，以减少气体的窜流和液体的回落，依靠气井自身能量或外部补充能量（柱塞气举），循环推动柱塞在油管内上下移动，增加举升效率实现带水生产。

（2）选井条件

由于柱塞气举需要活塞上下往复运动，因此该工艺对井身结构有较高的要求，选井时需要考虑最大井斜<40°的生产井，最好选择直井，生产管柱应为同一种内径，井下不应有工作筒、井下节流器等井下工具。该工艺在井深小于3000m，日产水量小于50m³，千米井深气液比大于250m³/m³的间喷或自喷井中适用性较好。

6. 连续气举工艺

连续气举工艺是利用气体压缩机作为气举动力，借助于井下气举阀的作用，向产水气井的井筒内注入高压氮气或天然气，补充举升能量，排除井底积液，恢复气井生产能力。

（1）原理

当气井本身的能量不足以实现自喷排液或气井已被水淹时，可借助外来高压气源并通过气举阀，从地面将高压天然气或氮气注入停喷的井中，使注气点以上的气液比增高，压力梯度减小，从而建立较大的生产压差，气液连续从地层流入井底，并以自喷方式流至井口，以恢复水淹井的自喷生产，或作为自喷生产的能量补充方法，以帮助实现气井自喷。

（2）选井条件

连续气举不受井身结构的限制，直井和斜井均可应用，适用于水淹井复产及气藏强排水，气井产液量应小于 $400m^3/d$，最大注气深度 3500m，气井的气液比和产量变化范围大、出砂、高腐蚀性，单井控制储量大于 $0.5×10^8m^3$，剩余可采储量大于 $0.2×10^8m^3$。

连续气举排量范围大；举升深度和举升液体量转化调节灵活方便；设备配套简单，管理方便，可实现多口井的集中控制；当邻井有高压气源时投资较少，经济效益显著。但连续气举不能把气采至枯竭，低压井难以采用，且需要高压气井或高压压缩机作高压气源，套管必须能承受注气高压，高压施工对装置的安全可靠性要求高，这使得连续气举在选井方面受到限制。

7. 生产制度优化

生产制度优化排水采气措施包括间歇放空和关井复压间歇生产，是在不动管柱情况下的较好的排除井底积液的方法，它适用于产水量低，开井生产时间长才积液的井，因此该工艺最适合磨溪气田雷一^{1}气藏产水量低的气井。

对不同油管放空排水需要的最小气量见表 5-2-1，由此可见，采用放空排水方法所需的气量比正常生产携液所需气量小得多。但井口放空会损失一些气。

表 5-2-1　不同油管间歇放空需要的最小气量

油管管径内径/mm	50.67	62
最小气量/($10^4m^3/d$)	0.31	0.47

对于关井复压间歇生产方法，需针对具体井况条件确定最佳开关井次数，关井最高套压等参数。

8. 其他类工艺

（1）螺杆泵排水采气

螺杆泵是一种新型采油装置，主要用于开采高粘、高含砂和含气原油。按驱动方式，可分为地面驱动和井下驱动两类。目前广泛采用的是地面驱动螺杆泵。地面驱动螺杆泵装置主要由驱动系统、联接器、抽油杆及井下抽油装置组成。

螺杆泵可用于气井和煤层气井排水采气，但目前国内还没有现场应用。目前最高排量 $200m^3/d$，最高压头 1400m，最高效率 70%。

（2）机抽排水采气

机抽是一种广泛使用的采油工艺。机抽排水采气的工作原理与抽油相同，但它是从油管排水、油套环空采气。机抽排水采气和抽油存在明显区别，原因在于，气井产出的是腐蚀性盐水，漏失量大，排水效果降低；硫化氢和二氧化碳易腐蚀井下零部件及抽油杆；水矿化度高，增加了驴头负荷；气液比高，泵充满系数降低，且易形成气锁。

机抽排水采气适用于水淹井复产，间喷井及低压产水气井排水。目前最大排水量 70m³/d，最大井深 2500m。设计安装管理较方便，经济成本较低，对高含硫或结垢严重的气井不适用，针对斜井使用会受到限制。

（3）电潜泵排水采气

电潜泵主要由电机、保护器、气液分离器、多级离心泵、电缆、接线盒、控制屏和变压器等部件组成。用于气水井排水采气的潜油电泵标准安装方式，这种安装方式从下往上依次是电机、保护器、气液分离器、多级离心泵及其他附属部件。其工作原理是地面电源通过变压器、控制屏和电缆将电能输送给井下电机，电机带动多级离心泵叶轮旋转，将电能转换为机械能，把井液举升到地面。

电潜泵排水采气工艺的参数可调性好、设计安装及维修方便，适用于水淹井复产和气藏强排水，目前最大排水量 500m³/d，最大泵深 2700m，井温一般在 120℃ 以下，最高已达 242℃，平均检泵期 2 年左右，因此，潜油电泵排水采气的适应性较强。但该工艺受井身结构的限制，不适用于斜井使用，且由于排量过大，也不适用于低产液气井，初期投资和后期维修成本较高，对高含硫气井也不适用。

9. 磨溪气田雷一¹气藏排水采气工艺优选

以上排水采气工艺中，优选管柱、连续油管、泡排、毛细管、柱塞气举工艺是使用本井能量实现对井下储层产水的举升，属于自力式排水采气工艺，而连续气举、机抽、电潜泵、螺杆泵需要外部提供能量实现对井底产液的举升，属于助力式排水采气工艺，举升排量都较大，需要储层产液量较大且能够持续稳定供给。基于产水特征分析成果，通过对各种排水采气工艺适用条件和优缺点的调研分析，结合磨溪气田雷一¹气藏单井普遍产水量较低、水气比稳定、井深在 2700m 左右、生产井多为水平井、部分有井下节流器、大部分井井口压力已接近输压的现状，排水采气工艺优选泡沫排水采气工艺、优选管柱排水采气工艺和间歇放空、关井复压间歇生产。

二、排水采气实施情况及效果评价

（一）泡沫排水采气工艺

磨溪气田雷一¹气藏从 1998 年开始使用泡沫排水采气工艺，工艺使用历程可分为三个阶段。

1. 初始摸索阶段（1998.9～2001.5）

摸索适宜于磨溪气田雷一¹气藏泡排剂及加注方式，使用的泡排剂包括 XF-3、SPI-C9、BT-5、UT-11B、H-3 以及一些小剂量的泡排剂，加注方式包括平衡罐、缓蚀剂罐、泡排泵、泡排车等，无确切泡排生产制度，属于对泡排工艺的感性认识阶段。

2. 制度调整阶段（2001.6～2002.9）

（1）通过加注方式对比，发现缓蚀剂罐及平衡罐的注入剂量小、加注管道通径小、易堵塞、且加注前需由泵注车将药剂泵入罐中，故加注设备逐渐确定为泡排泵和化排车。

（2）通过泡排剂的性能鉴定、气井实际生产情况结合初期的摸索认识，优选出了两种泡排剂 SPI-C9 和 UT-11B。

（3）逐步调整泡排剂的使用浓度。在泡排工作开始之初，未能对其充分认识，而采用直接加注纯泡排剂入井的方法进行试验，高浓度的泡排剂在油套环空中下行速度慢，与盐垢、缓蚀剂及高矿化度地层水结合生产粉状沉淀或乳化物，泡排效果差（表5-2-2）。后来通过不断调整清水比例，逐步摸索出适合的加注比例。

表 5-2-2　2002 年磨溪雷一¹气藏化排剂加注制度

| 井号 | 泡排剂 | | 清水数量/kg | 比例 | 加注周期 | 加注方式 | 效果 |
	型号	数量/kg					
磨 127	UT-11B	30	90	1：3	一月二次	套管车注	有效
磨 120	UT-11B	30	60	1：2	一月二次	套管车注	有效
磨 125	UT-11B	20	40	1：2	一月三次	套管车注	有效
磨 18	UT-11B	25	100	1：4	一月一次	套管车注	有效
磨 32	UT-11B	25	100	1：4	一月二次	套管车注	无效
磨 52	UT-11B	25	250	1：10	一月二次	套管车注	无效
磨 57	UT-11B	25	100	1：4	一周一次	套管车注	有效
磨 62	UT-11B	25	2000	1：80	一周一次	套管车注	无效
磨 90	UT-11B	25	100	1：4	一月二次	套管车注	无效
磨 105	UT-11B	25	2000	1：4	一周一次	套管车注	有效
磨 111	UT-11B	25	100	1：4	一周一次	套管车注	无效
磨 112	UT-11B	25	100	1：4	一周一次	套管车注	无效
磨 132	UT-11B	50	2000	1：80	一月二次	套管车注	有效
磨 133	UT-11B	25	100	1：4	一月二次	套管车注	有效

3. 制度实施阶段（2002.9 至今）

通过大量的单井加注数据，优选出了适合的化排剂型号及加注方式、调整了化排剂的加注比例、制定了各井合理的加注周期（表5-2-3）。2009 年以后年加注量达到了 100 次以上，年增产气量达到 $100 \times 10^4 \mathrm{m}^3$ 以上。从泡沫排水采气的实施效果看，施工效果逐渐变差，有效次数占加注井次的比例逐渐变小，有进一步优化的空间（表5-2-4）。

表 5-2-3　磨溪气田雷一¹气藏气藏历年泡排选型统计

年份	化排剂	备注
2003 年	CZ3-18	
2004 年	CZ3-18	
2005 年	UT-11B	2月开始全部加注 UT-11B
2006 年	UT-11B、CZ3-18	9月、12月加注 CZ3-18
2007 年	CZ3-18、UT-11B	

续表

年份	化排剂	备注
2008 年	CZ3-18、UT-11B	仅磨 19 井加注 CZ3-18
2009 年	UT-11B	
2010 年	UT-11B、XHY-4	9 月开始加注 XHY-4
2011 年	XHY-4	
2012 年	XHY-4	
2013 年	XHY-4	
2014 年	XHY-4	
2015 年	XHY-4	
2018 年	CT5-7F、UT-8、UT-9	排水采气试验

表 5-2-4　磨溪雷一¹气藏历年泡排统计

泡排时间	加注井次	有效次数	泡排剂加注剂量/kg	增产气量/$10^4 m^3$	备注
2003 年	67	54	2620	67.18	
2004 年	73	49	2755	107.6	
2005 年	63	34	2050	98.8	
2006 年	17	10	700	27.55	泵注车检修
2007 年	97	57	3035	119.2	
2008 年	82	42	2035	171.3	
2009 年	104	43	2615	136.8	
2010 年	165	77	4297	243.5	
2011 年	120	63	3435	215.1	
2012 年	149	39	3620	187.8	
2013 年	175	51	3210	275.4	
2014 年	185	34	3810	113.7	
2015 年	188	57	2485	175.2	
2018 年	11	8	—	24.5	

（二）化学排水采气工艺优选

1. 泡排剂起泡性能要求

泡沫排水用的起泡剂是表面活性剂。除具有表面活性剂的一般性能外，对于气井排水采气还应具有以下特殊性能：

（1）起泡能力强：在井底矿化水中，只要加入微量的起泡剂（100~500ppm），就能在天然气的搅动下形成大量含水泡沫，使气、液两相空间分布发生显著变化，水柱变成泡沫，密度下降几十倍。因此，原来无力携水的气流，现在可以将低密度的含水泡沫带到地面，从而实现排水采气。

（2）泡沫携液量大：起泡剂遇到水，立刻在每个气泡的气水界面上定向排列，其亲水基团位于液相，憎水基团指向气相。当气泡周围吸附的起泡剂分子达到一定浓度时，气泡壁就形成一层较牢固的膜。泡沫的水膜越厚，单位体积泡沫的含水量越高，表示泡沫的携水能力强。

（3）泡沫稳定性适中：采用泡沫排水，从井底到井口行程几千米，如果泡沫稳定性差，有可能中途破裂而使水份落失，达不到将水携带到地面的目的。但是，如果泡沫的稳定性过强，则泡沫进入分离器后又会带来消泡及气水分离的困难。

（4）防腐性能好：在腐蚀介质具有优良的防腐性能，同时具备抗硫化氢、氯离子、二氧化碳腐蚀的能力。

（5）配伍性好：泡沫排水采气一般用于产水量较小的气井，针对磨溪气田雷一^{1}气藏含硫的实际情况，化排剂还必须与其他添加剂如缓蚀剂、除垢剂等有良好的配伍性。

2. 影响泡排效果的因素分析

井下结垢堵塞物的影响：井下堵塞物如附着在井筒中，将使井筒直径变小，引起地层能量的损失；并且井下赃物使泡排剂的携液能力下降。在气井的修井、生产过程中发现地区流体产生大量的黑色粉性固体物、玻璃纤维及腐蚀脏物与缓蚀剂的混合物频繁堵塞井口到水套炉高压管线及油嘴，对生产造成严重影响。

管串失效穿孔的影响：管串失效穿孔，泡排剂加入后并未与下部的积液充分接触，形成短路，在油管、环空形成循环，并产生大量的泡沫堵塞油管，阻力增加，使气、水不易排出。

不同生产情况井泡排剂加注量的影响：起泡剂浓度加入不当，可导致工艺失败。注入浓度过高，井筒压损反而增加，而且地面消泡困难；注入浓度过低，达不到改善井筒气水两相流态的目的，不能起到较好的排水效果。

其他添加剂对泡排剂性能的影响：注入的泡排剂必须与气田其他油田化学剂具有较好的配伍性，避免相互影响，形成沉淀、交联等。

3. 药剂加注参数优化

除泡排剂选型外，现场实施泡排工艺时，还涉及药剂用量、加注时机等工艺参数：采用室内实验确定药剂的合适用量，为现场排水采气工艺提供依据；采用理想油套压差法及泡排工艺现场应用效果统计分析法确定水平井泡排剂加注时机。参考磨溪气田雷一^{1}气藏历年化排剂加注及地层水情况，选用 XHY-2、XHY-4、XHY-6、UT-11C 进行药剂加注参数优化研究。其中 XHY-2 属于非离子型发泡体系，XHY-4 属于两性发泡体系，XHY-6 属于两性低泡型发泡体系，UT-11C 属于两性发泡体系。

药剂用量优化实验：采用磨溪气田雷一^{1}气藏地层水作为基液，以泡排剂不同浓度（0.1%、0.3%、0.5%、0.7%、1%）进行室内模拟实验确定药剂最佳使用浓度（表5-2-5）。通过实验结果对比分析，发现泡排剂在药剂浓度高于0.5%后起泡性能、稳泡性能、携液性能增幅不大，磨溪气田雷一^{1}气藏现场经济合理的加量可定在0.5%（图5-2-3~图5-2-6）。

表 5-2-5　磨溪气田雷一¹气藏地层水性质表

名称	外观	密度	pH 值
磨 030-H9 井地层水	黑色半透明液体，液体内有大量杂质，并有强烈硫化氢气味	1.070	5.00
磨 60 井地层水	浅黄色透明液体，液体内有少许杂质，并有强烈硫化氢气味	1.167	8.00

图 5-2-3　磨 030-H9 井、磨 60 井水样

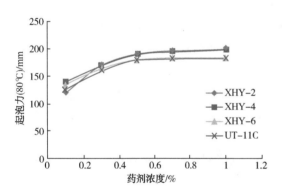

图 5-2-4　起泡性能与药剂浓度的关系

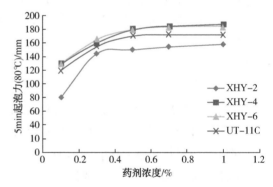

图 5-2-5　稳泡性能与药剂浓度的关系

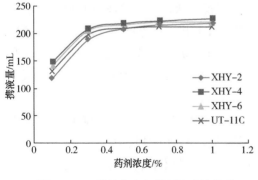

图 5-2-6　携液能力与药剂浓度的关系

（三）优选管柱排水采气工艺效果评价

磨溪气田雷一¹气藏目前已水平井开发为主，与直井相比，水平井井斜角远大于直井，携液能力普遍较直井差，为同管径直井的 2.5 倍左右。同时，在井斜角、气水物性、压力、井口温度相同的情况下，气井临界携液流量与油管截面积呈正比例关系。大部分水平井由于需要满足增产改造和井下节流生产的要求，下入 2⅞ in，内径 62mm 油管进行生产，部分水平井甚至

使用 3½in，内径 69.76mm 以及更大尺寸油管进行生产，在磨溪雷一¹气藏气井普遍产出层内可动水的情况下，产生了严重的井筒积液现象。截至 2019 年 6 月，油管尺寸最小的磨 66 井(直井 1½in 油管，油管内径 24.90mm)临界携液量仅为 $0.34×10^4m^3/d$；油管尺寸最大的磨 017-H13 井(水平井、4½in 油管，油管内径 99.56mm)临界携液量高达 $15.5×10^4m^3/d$。因此，优选管柱，降低油管内径尺寸可显著提升管柱的携液能力，更有利于产水气井的带液生产。

磨 66 井于 1994 年 6 月以 $1.81×10^4m^3/d$ 投入生产，1994 年 10 月起提产至 $6×10^4m^3/d$ 并稳产 2 年半，此后产量降至 $(2~3)×10^4m^3/d$ 之间。随着气井产量的下降，气井水气比也出现一定程度的下降，从初期的 $0.2m^3/10^4m^3$ 下降至 $0.1m^3/10^4m^3$ 左右，表现出气井携液能力的下降。2008 年 9 月实施常规修井作业，更换油管为 VASS80EU 内径 50.66mm 金属油管 2160.94m 与 3000psi 内径 24.90mm 玻璃钢油管 511.6m 的的组合管柱，油管内径明显缩小。更换油管后气井产水上涨明显，水气比重新稳定在 $0.2m^3/10^4m^3$，产量稳定在 $(1~2)×10^4$ m^3/d 之间。作为磨溪气田雷一¹尚在正常生产的 10 口直井之一，截至 2019 年 6 月，磨 66 井日产气 $0.91×10^4m^3/d$，日产水 $0.26m^3$，水气比 $0.29m^3/10^4m^3$，累产气 $1.68×10^8m^3$，累产水 $0.23×10^4m^3$(图 5-2-7)。总的来看，磨 66 井更换小油管后带液能力明显改善，优选管柱后取得较好的排水采气效果。

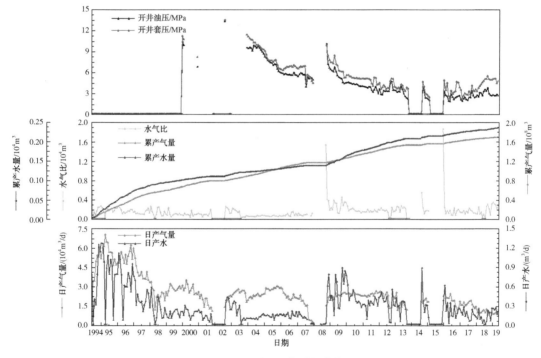

图 5-2-7 磨 66 井采气曲线

磨 91H 井于 2004 年 9 月以 $10×10^4m^3/d$ 投入生产，稳产 1 年半，此后产量呈持续下降趋势，至 2010 年底产量下降至 $3.23×10^4m^3/d$。2010 年 12 月实施常规修井作业，更换油管为 BG80SS 内径 50.64mm 金属油管 516.12m 与 3000psi 内径 46.2mm 玻璃钢油管 2281.75m 的组合管柱，油管内径明显缩小。更换油管后气井水气比明显上涨，至 $0.15m^3/10^4m^3$，产

量递减减缓,此后稳定在 $2×10^4m^3/d$ 左右。磨 91H 井为磨溪气田雷一¹气藏的高产井,截止
2019 年 6 月,磨 91H 井日产气 $2.01×10^4m^3$,日产水 $0.12m^3$,水气比 $0.06m^3/10^4m^3$,累产
气 $2.01×10^8m^3$,累产水 $0.14×10^4m^3$。总的来看,磨 91H 井更换小油管后带液能力有一定程
度改善,产量递减得到控制,有效维持了该井的长期稳产(图 5-2-8)。

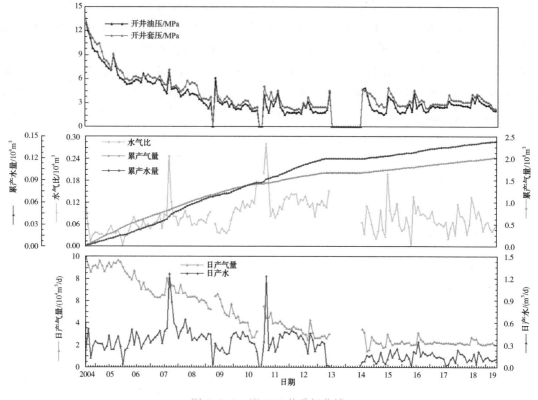

图 5-2-8　磨 91H 井采气曲线

(四) 生产制度优化效果评价

随着气井井筒积液的加剧,2018 年以来,磨溪气田雷一¹气藏近一半的气井无法连续生
产,气藏年递减率达 7.98%。在前期间歇放空、关井复压间歇经验的基础上,通过所有生
产井现状的摸排,制定了"一井一制"的生产制度优化方案,并在现场得到应用取得了较好
的执行效果(表 5-2-6)。

表 5-2-6　磨溪气田雷一¹气藏"一井一制"方案表(间歇放空、间开井)

序号	井号	下游站	针阀/油咀	生产制度
1	磨 032-H1	12 号站	针阀 7/10 圈	产量控制在 $3.5×10^4m^3$
2	磨 030-H26	1 号站	针阀 5/10 圈	产量控制在 $4×10^4m^3$
3	磨 66	6 号站	针阀 15/10 圈	低于 $0.8×10^4m^3$,关 2 天
4	磨 030-H31	磨 030-H19	井下油咀 3.0mm	低于 $0.8×10^4m^3$,关 5 天
5	磨 030-H23	总站 D159	针阀 15/10 圈	低于 $1.5×10^4m^3$,关 2 天

序号	井号	下游站	针阀/油咀	生产制度
6	磨030-H8	1号站	针阀10/10圈	低于$1×10^4m^3$，放空后关2天
7	磨004-H10	磨004-H8	井下油咀3.8mm	低于$1×10^4m^3$，关5天
8	磨030-H13	总站D219	针阀25/10圈	低于$1×10^4m^3$提喷，每日点测
9	磨030-H17	总站D219	针阀20/10圈	低于$1×10^4m^3$提喷，每日点测
10	磨030-H9	1号站	针阀10/10圈	低于$2×10^4m^3$，提喷后关2天
11	磨030-H14	总站D219	针阀20/10圈	低于$2×10^4m^3$提喷，每日点测
12	磨030-H16	总站D219	针阀20/10圈	低于$2×10^4m^3$提喷，每日点测
13	磨123	总站	针阀10/10圈	开3天关4天
14	磨70	6号站	针阀20/10圈	开4天关3天
15	磨017-H7	5号站	针阀15/10圈	开4天关6天
16	磨030-H19	1号站	针阀20/10圈	开5天关2天
17	磨030-H3	1号站	针阀20/10圈	开5天关5天
18	磨030-H21	1号站	针阀10/10圈	开6天关4天
19	磨017-H8	5号站	针阀15/10圈	开7天关3天
20	磨004-H8	总站D219	针阀25/10圈	开8天关2天
21	磨004-H9	总站D219	针阀20/10圈	开8天关2天
22	磨030-H2	1号站	针阀5/10圈	调配产能，按照指令开井
23	磨030-H5	1号站	针阀30/10圈	调配产能，按照指令开井
24	磨030-H10	1号站	针阀20/10圈	调配产能，按照指令开井
25	磨004-H7	4号站	针阀10/10圈	调配产能，按照指令开井
26	磨95	9号站		调配产能，按照指令开井
27	磨128	4号站		调配产能，按照指令开井

"一井一制"方案包括：

（1）井筒脏污井采取辅助净化井筒措施；

（2）积液井定期轮换关井复压或间歇放空，间开井22口，占比38%；

（3）高产井定量生产；

（4）部分低小产井作为产能调配井，气量组织紧张时开井补充。

磨030-H13、磨030-H17井油管为2⅞in BG95SS金属油管，油管内径达61.98mm，携液能力差，临界携液流量分别为$5.15×10^4m^3/d$、$5.60×10^4m^3/d$。自2018年起采取间歇放空措施后，磨030-H13井日产气1↗$2.8×10^4m^3$，磨030-H17井日产气1.5↗$3×10^4m^3$，单次放空量1000~1500m^3，定期提喷取得较好效果。但是自2019年以来，随着气井产能的持续降低，为达到清除井底积液的效果，表现出单次放空量增加的趋势，最高达7000m^3（图5-2-9、图5-2-10）。

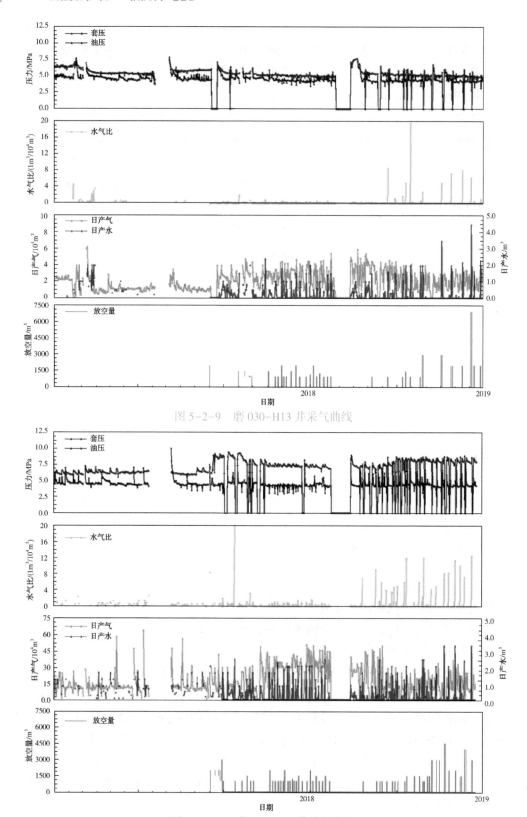

图 5-2-9　磨 030-H13 井采气曲线

图 5-2-10　磨 030-H17 井采气曲线

第三节 水平井开发效果评价

一、水平井开发效果分析

磨溪气田雷一^{1}气藏储层为低渗透薄储层，直井测试产量不高，普遍分布在$(2\sim4)\times10^4 m^3/d$之间。水平井穿越的气层厚度大，控制储量大，可显著增大低渗透气层的渗流面积，大大减小渗流阻力，在较小的压差下可以获得较直井更高的产量。2002～2004年雷一^{1}气藏开展了磨75H井、磨38H井、磨50井、磨91H井四口水平井先导试验，均获得高产，酸化后测试产量达到$(7.22\sim21.8)\times10^4 m^3/d$，为同井场直井的3.45～5.6倍(表5-3-1)。水平井先导试验的成功为水平井技术在低渗含硫气藏的推广应用奠定了基础。

表5-3-1 磨溪气田雷一^{1}气藏先导试验水平井与直井测试产量对比表

井号	完井方式	静压/MPa	流压/MPa	测试压差/MPa	日产气/$10^4 m^3$	采气指数/($10^4 m^3/d \cdot MPa^2$)	水平井/直井 产量/($10^4 m^3/d$)	水平井/直井 采气指数
磨75-1	射孔	31.75	29.58	2.17	3.2	0.024	5.6	4.09
磨75H	射孔	24.21	20.1	4.11	17.93	0.098		
磨30	射孔	31.26	24.31	6.95	1.4	0.004	5.15	8.46
磨38H	射孔	28.45	23.96	4.49	7.22	0.031		
磨64	射孔	32.22	24.53	7.69	3.7	0.008	3.45	17.51
磨50	衬管	16.65	13.83	2.82	12.76	0.148		
磨91	射孔	31.99	30.3	1.69	2.9	0.027	7.48	—
磨91H	射孔	—		—	21.8	—		

先导实验成功后，磨溪气田雷一^{1}气藏进入以水平井为主的上产开发阶段。从开发效果来看，水平井开发效果明显优于直井。

1. 水平井产能明显高于邻近直井

截至2019年6月，气藏水平井与直井产能统计结果显示：气藏水平井井均无阻流量与直井井均无阻流量比值为2.80，水平井井均产能明显高于直井。从水平井与直井测试产量和生产情况来看，气藏水平井井均测试产量为直井井均测试产量的5.84倍，目前水平井井均日产气量为直井的1.22倍，水平井开采效果良好(表5-3-2)。

以西端的磨030-H7井及中部的磨017-H10井为例，对比水平井与邻近直井测试产量、无阻流量可知(表5-3-3)：气藏水平井测试产量及无阻流量均明显高于邻近直井。说明水平井开发能够有效的提高单井产能。

表 5-3-2　水平井与直井产能对比表

井型	井数/口	测试产量/(10^4m^3/d)		无阻流量/(10^4m^3/d)		生产产量/(10^4m^3/d)		
		累计	井均	累计	井均	开井	日产	井均
水平井	49	732.06	15.25	928.42	19.34	42	85.15	2.03
直井	76	216.35	2.61	569.40	6.9	11	18.31	1.66
倍比	—	—	5.84	—	2.80	—	—	1.22

表 5-3-3　水平井与相邻直井产能对比表

井号	测试产气/10^4m^3	倍比	无阻流量/10^4m^3	倍比
磨 030-H7	22.51	15.85	18.9	5.71
磨 30	1.42		3.31	
磨 017-H10	15.7	7.6	10	6.3
磨 18	2.06		1.6	

　　同时对比气藏中部、西端的水平井与邻井直井动态储量及单位压降采气量发现（表5-3-4）：水平井动态储量高于邻井直井动态储量；单位压降采气量为邻近直井采气量的1倍以上（图5-3-1）。

表 5-3-4　水平井与邻近直井动态储量、单位压降采气量对比表

区块	井号	投产日期	动态储量/10^8m^3	储量倍比	单位压降采气量/(10^4m^3/MPa)	倍比
中部	磨 030-H23	2011.1.26	1.91	2.65	689	1.41
	磨 126	1994.2.1	0.72		490	
	磨 91H	2004.9.23	2.16	2.16	798	1.21
	磨 91	1992.10.24	1.00		661	
西端	磨 030-H6	2009.8.7	1.48	5.92	434	1.3
	磨 30	1994.2.1	0.25		334	
	磨 030-H5	2009.2.24	1.17	3.44	544	5.28
	磨 13	1994.2.1	0.34		103	

　　2. 西端规模应用水平井技术，低渗储量得到有效动用

　　从地质研究中得知，气藏西端储层为低渗、致密储层，且储层有效厚度小，平均仅为4m，为薄储层。气藏西端低渗区受前期开发技术手段的局限，西端低渗区在水平井开发（磨 38H 井）之前有 5 口直井钻遇雷一¹储层，井均测试产量为 $0.8 \times 10^4 m^3$/d，目前已经全部关井，累计产气 $0.96 \times 10^8 m^3$，开发效果较差。1995 年气藏西端提交探明储量 $95.6 \times 10^8 m^3$后，一直未能有效动用该区低渗储量（表5-3-5）。

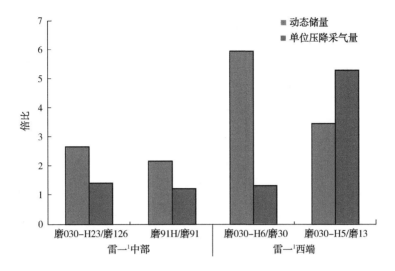

图5-3-1　水平井与邻近直井动态储量、单位压降采气量对比图

表5-3-5　气藏西端水平井与直井开发效果对比图

项目	直井	水平井
井数/口	5	28
测试产量/($10^4 m^3$/d)	3.9	513.39
井均测试/($10^4 m^3$/d)	0.8	18.34
日产气/$10^4 m^3$	0	44.42
开井数/口	0	23
井均日产/$10^4 m^3$	0	1.93
累产/$10^8 m^3$	0.96	23.64
采气速度/%	0	1.52

2003年5月西端第一口水平井磨38H完钻测试获日产气$7.22×10^4 m^3$，取得较好效果，之后西端陆续开展水平井部署，整体开发。截至目前，气藏西端共完钻水平井28口，高产井成功率100%，井均测试日产气达$18.4×10^4 m^3$，为直井的23倍。目前气藏西端开井25口，均为水平井，日产气$46.11×10^4 m^3$，井均日产$1.84×10^4 m^3$，采气速度1.87%，压降储量采出程度达到60.08%，水平井技术的规模应用有效的动用了西端的低渗储量（图5-3-2）。自2003年5月以来，西端水平井产量占气藏总产量的比重日益提高，西端水平井开发效果良好（图5-3-3）。

3. 水平井配套工艺技术的优化提高了水平井的开发效果

已形成了以精细气藏描述、靶体参数优化设计、地质导向井眼轨迹适时跟踪调整、裸眼封隔器+转向酸分段酸化改造为主体的水平井配套工艺技术，为有效动用磨溪西端低渗储量提供了技术保障。

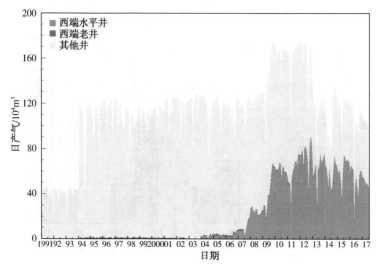

图 5-3-2　磨溪气田雷一¹气藏气井产量堆积图

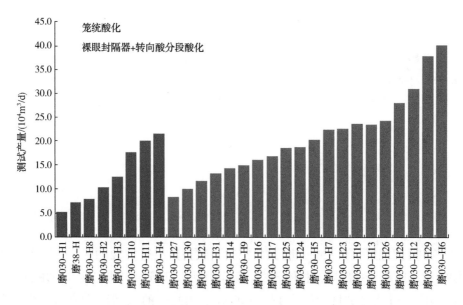

图 5-3-3　磨溪气田雷一¹气藏西端水平井笼统酸化与裸眼封隔器分段酸化测试对比图

　　磨溪气田雷一¹气藏储层改造工艺措施主要是酸化，通过酸化工艺措施清除井底污染，降低表皮系数，改善井底渗流阻力。随着酸化技术手段的进步，雷一¹气藏气井酸化工艺有了长足发展，从早期的笼统酸化逐渐发展为现在的裸眼封隔器+转向酸分段酸化技术。从气藏西端水平井酸化工艺技术统计来看，无论是测试产量，还是气井无阻流量，目前的裸眼封隔器+转向酸分段酸化效果均好于初期的笼统酸化效果（表 5-3-6、图 5-3-4、图 5-3-5）。

表 5-3-6　磨溪气田雷一¹气藏西端水平井不同酸化方式产能对比表

内容	笼统酸化	裸眼封隔器+转向酸分段酸化	倍比
井数	8	18	—
测试产量	12.9	21.9	1.7
无阻流量	18.5	25.8	1.4

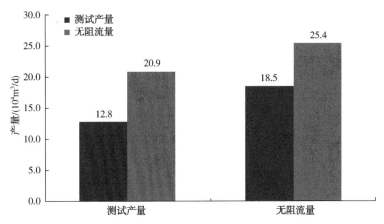

图 5-3-4　磨溪气田雷一¹气藏西端水平井笼统酸化与裸眼封隔器+
转向酸分段酸化产能对比图

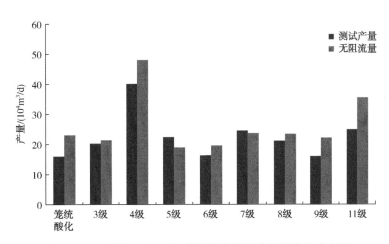

图 5-3-5　磨溪气田雷一¹气藏西端分段酸化级数效果直方图

　　磨溪气田雷一¹气藏西部水平井投产初期的地层条件大多相近，可对此进行不同工艺措施效果评价。总的来看，酸化分级的级数与水平井产能之间并不成严格的正相关关系（表 5-3-7、图 5-3-5），也就是说，一味的多分级酸化并不一定能够大幅度提高水平井产能，这在今后水平井酸化施工时具有较好的借鉴意义。

表 5-3-7　磨溪气田雷一¹西端酸化分级对产能的影响

酸化分级	笼统酸化	3 级	4 级	5 级	6 级	7 级	8 级	9 级	11 级
井数	10	1	1	1	4	1	2	3	2
总 Q_{AOF}	230.7	21.5	48.0	18.9	78.7	23.7	47.0	66.6	71.4
平均 Q_{AOF}	23.1	21.5	48.0	18.9	19.7	23.7	23.5	22.2	35.7
测试产气	160.9	20.3	40.2	22.5	65.1	24.4	42.3	47.7	49.6
井均测试产气	16.1	20.3	40.2	22.5	16.3	24.4	21.2	15.9	24.8

二、新井生产效果良好

自 2014 年底气藏恢复正常生产以来，磨溪气田雷一¹气藏仅在气藏东端投产新井一口：磨 032-H1 井，评价该井的生产效果对分析气藏潜力有着重要意义。

磨 032-H1 井位于磨溪构造东高点中部，于 2014 年 8 月 8 日开钻，2014 年 10 月 7 日完钻，完钻层位为雷一¹，完钻井深 3850m，完井方法为裸眼完井。投产前折算产层中部（垂深 2681.5m）地层压力 26.16MPa，与原始地层压力（32.61MPa）相比存在 6.45MPa 先期压降，该井与东端磨 77、79 等老井存在连通的地质基础（图 5-3-6）。

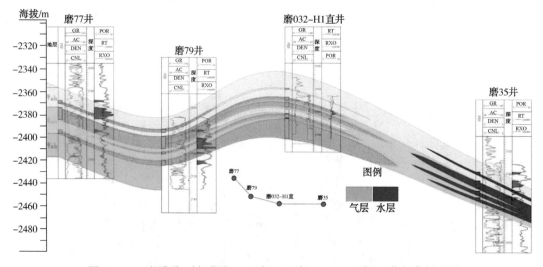

图 5-3-6　磨溪雷一¹气藏磨 77—磨 79—磨 032-H1—磨 35 井气藏剖面图

磨 032-H1 井于 2016 年 8 月 23 投产，投产初期油压 21.4MPa 左右，日产气 3.4×10⁴ m³/d，不产水。截至 2019 年 6 月，磨 032-H1 井生产情况良好，日产气 3.03×10⁴m³，日产水 0.11m³，油压 17.35MPa，累产气 3023.43×10⁴m³（图 5-3-7）。

该井产层中部 3332.5（垂深 2681.5m）折算地层压力为 24.84MPa，外推地层压力 25.67MPa，温度为 88.766℃，稳定产量 3.17×10⁴m³/d 下井底流压 24.20MPa，生产压差 4.47MPa；常规"一点法"计算气井无阻流量为 12.56×10⁴m³/d（表 5-3-8）。

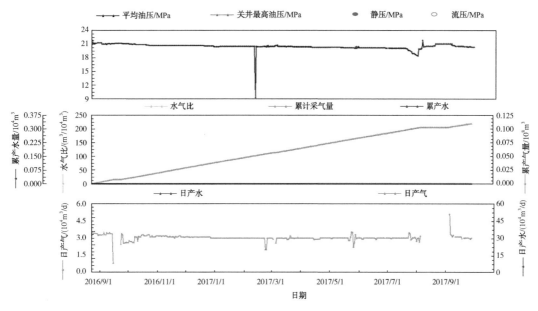

图 5-3-7　磨 032-H1 井采气曲线

表 5-3-8　磨 032-H1 井无阻流量计算表

产层中深地层压力/MPa	产层中深井底流压/MPa	测试产量/($10^4 m^3/d$)	一点法无阻流量/($10^4 m^3/d$)
25.67	24.20	3.2	12.56

磨 032-H1 井外推地层压力数据表明，该井现阶段地层压力较投产前测试地层静压(26.44MPa)下降了 1.60MPa，单位压降采出量为 $640.60×10^8 m^3$，目前地层压力下降幅度为 6.05%。通过压降法计算该井控制储量 $2.07×10^8 m^3$(图 5-3-8)，采气速度 3.93%；通过弹性二项法计算控制储量 $2.32×10^8 m^3$(图 5-3-9)，采气速度 4.27%。

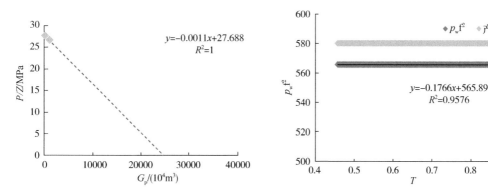

图 5-3-8　磨 032-H1 井压降法计算图版　　　　图 5-3-9　磨 032-H1 井 $P_{wl}^2 \sim T$ 图版

磨 032-H1 井生产效果良好，表现出较好的稳产能力，单井控制范围大，动态储量较高，表明气藏东端有较好的开发潜力。

第四节　增压开采效果评价

一、增压开发技术及现状

增压开采技术就是在天然气集输站用压缩机增加天然气的输出压力，降低来自生产井的输入压力。这样采气井口的回压相应得到了降低，从而降低了气藏的废弃压力，地层能量得到了充分利用，延长了气井寿命和气藏寿命，从而提高了整个气藏的采收率。增压开采技术是开发中后期气井正常生产受管网压力制约而采取的一项重要的稳产、增产技术。

1. 管网现状

截至 2019 年 6 月，磨溪气田已建多井集输站 11 座，单井集气支线（$DN50 \sim DN80$）206km，集输干线（$DN100$、$DN150$、$DN200$、$DN250$）60km。磨溪气田的原料气经单井场内抗硫天然气水套加热炉加热、节流、降压后，经采气管道输至集气站，在集气站汇管汇合后，结合集气站内的总分、测分系统实施轮换分离、计量后，经集气干线输至磨溪集气总站，再经磨溪集气总站～白鹤桥联合站的 325 管线输至白鹤桥联合站进行脱硫净化。其中，气田采出水通过罐车拉运方式拉至磨 35 回注站回注处理。因雷口坡气藏含硫化氢较多，生产年限较久，各种设施存在一定程度的腐蚀老化，现处于监控使用阶段。

磨溪雷一¹气藏目前未完全实施增压开采，未增压井主要集中在西端。西端已建多井集气站 2 座（1 号站、磨深 2），集输干线 2 条（$DN150$、$DN200$），如图 5-4-1 所示。目前 $DN150$ 管线已经实施增压开采，$DN200$ 管线未实施增压开采，未实施增压开采的气共有 19 口井，其中西端气井 16 口（磨 030-H1、磨 030-H2、磨 030-H10、磨 030-H12、磨 030-H13、磨 030-H14、磨 030-H16、磨 030-H17、磨 030-H19、磨 030-H21、磨 030-H24、磨 030-H26、磨 030-H28、磨 030-H29、磨 030-H31、磨 38H），中部气井 3 口（磨 144、磨 004-H8、-H9、-H10）。

2. 增压设施现状

1994 年进入全面开发的磨溪气田雷一¹整装气藏，经过 17 年的开发，压力、产量已经降到较低水平，为了提高采收率，2007 年 9 号站开始进行增压开采，2009 年 12 号站和总站也相继投入增压机（表 5-4-1）。

9 号增压站位于重庆市潼南县安兴乡曹家村三社，有 3 台 2007 年 6 月投产的 ZTY470-12in×7½in 机组，对来自 8 号集气站（磨 21、磨 27、磨 55H、磨 56、磨 58、磨 99）、9 号集气站（磨 20、磨 53、磨 54、磨 59、磨 60、磨 91、磨 91H、磨 95、磨 96）的含硫气进行增压。增压规模设计为 $42 \times 10^4 m^3/d$，单机排量为 $14.6 \times 10^4 m^3/d$。

12 号增压站位于重庆市潼南县玉溪乡书房村一社，有 2 台 2009 年 6 月投产的 ZTY470MH12in×8in 机组，目前已停用，原在 12 号站增压的 11、12、10 号集气站天然气，已全部进入 9 号站进行增压。

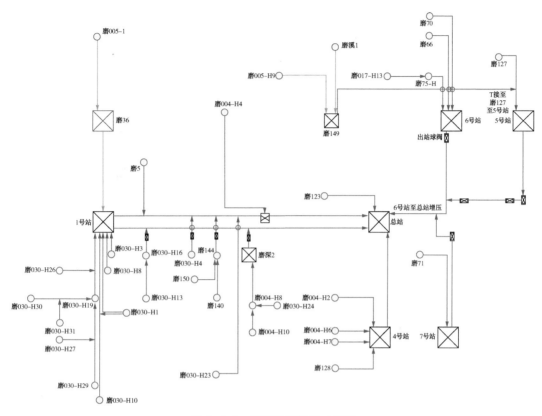

图 5-4-1　磨溪西端管网示意图

表 5-4-1　磨溪雷一¹气田增压机组基本情况表

序号	增压站	型号	吸压/MPa	排压/MPa	功率/kW	增压量/(10⁴m³/d)	备注
1		ZTY470 MH12in×7½in	0.7~2.2	4.5~4.8	470	14.5~26	
2	9号站	ZTY470MH12in×7½in	0.7~2.2	4.5~4.8	470	14.5~26	
3		ZTY470MH12in×7½in	0.7~2.2	4.5~4.8	470	14.5~26	
4		DPC2803MH12in×8in	0.7~2.2	4.5~4.8	470	16~51	
5	总站	DPC2803MH12in×8in	0.7~2.2	4.5~4.8	470	16~51	
6		DPC2803MH8in×8in	2.8~4.5	4.5~4.8	470	9~95	
7	12号站	ZTY470MH12in×8in	0.7~2.2	4.5~5.0	470	14.2~30.5	停用
8		ZTY470MH12in×8in	0.7~2.2	4.5~5.0	470	14.2~30.5	停用

　　磨溪总站增压站位于遂宁市安居区磨溪乡，有 2009 年 1 月投产 3 台的 DPC2803MH12in ×8in 机组。DPC2803-12in×8in 作用方式两级压缩，一级曲柄端单作用，二级双作用，单机排量为 $16.8×10^4m^3/d$，压缩机组进气压力为 0.7~2.2MPa，排气压力为 3.9~4.2MPa；目前天然气增压站建设规模为 $50×10^4m^3/d$，负责 1、3、4、5、6、7 号集气站和总站(4 口单

井)含硫气进行增。总站 3 台整体式机组 DPC2803-12in×8in 两用一备。

二、增压效果评价

以磨溪气田雷一¹气藏 9 号站磨 60 井为例评价增压效果。磨溪气田 9 号站于 2007 年 6 月实施增压，除年度净化厂检修及 2013 年 6 月至 2014 年 8 月因磨溪龙王庙组气藏试采关井外，增压后磨 60 井一直为连开生产状态，具有评价增压效果的有利条件(图 5-4-2)。

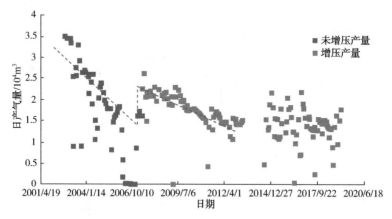

图 5-4-2　磨 60 井增压前后产量对比图

从产量上看，实施增压开采后磨 60 井因生产压差放大，日产气量从增压前的 $2.27×10^4$ m^3 增加到 $2.63×10^4m^3$，产量增加 $0.46×10^4m^3$ 左右，产量上涨 20% 左右；此后无稳产期，立即开始递减，年递减率从 26.51% 降至 8%；

从油压上看，实施增压开采初期磨 60 井油压下降速度较快，达到 1.37MPa/a，后期油压下降速度减缓到 0.2MPa/a 左右(图 5-4-3)。

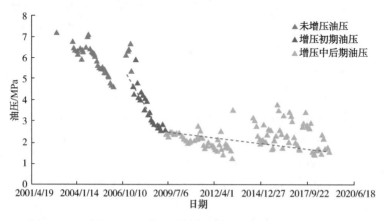

图 5-4-3　磨 60 井增压前后油压对比图

参 考 文 献

[1] 廖仕孟，胡勇．碳酸盐岩气田开发[M]．北京：石油工业出版社，2016.

[2] 谢锦龙，黄冲，王晓星．中国碳酸盐岩油气藏探明储量分布特征[J]．海相油气地质，2009，014
　　（002）：24-30.

[3] 李阳．碳酸盐岩缝洞型油藏开发理论与方法[M]．北京：中国石化出版社，2012.

[4] 孙龙德．碳酸盐岩油气成藏理论及勘探开发技术[M]．北京：石油工业出版社，2007.

[5] 陈中一．四川碳酸盐岩低渗透气藏压裂酸化工艺技术[J]．天然气工业，1992，012（005）：8+71-76.

[6] 王阳洋，陈践发，庞雄奇，等．塔中地区良里塔格组连续型碳酸盐岩油气藏地质特征与成因机制[J]．
　　石油学报，2015.

[7] 杨福林．和田河气田奥陶系裂缝型碳酸盐岩储层测井解释方法研究[D]．成都：西南石油大学，2015.

[8] 张永庶，伍坤宇，姜营海，等．柴达木盆地英西深层碳酸盐岩油气藏地质特征[J]．天然气地球科学，
　　2018，029（003）：358-369.

[9] 肖晖，郭建春，曾俊．缝洞型碳酸盐岩储层水平井分段酸压技术研究[J]．断块油气田，2011，18
　　（001）：119-122.

[10] 伍勇，兰义飞，蔡兴利，等．低渗透碳酸盐岩气藏数值模拟精细历史拟合技术研究[J]．钻采工艺，
　　　2013（02）：8+64-66.

[11] 康志江．缝洞型碳酸盐岩油藏招合数值模拟新方法[[J]．新疆石油地质，2010，31（5）：514-516.

[12] 李阳，康志江，薛兆杰，等．中国碳酸盐岩油气藏开发理论与实践[J]．石油勘探与开发，2018，
　　　45（04）：669-678.

[13] 魏新善，陈娟萍，张道锋，等．鄂尔多斯盆地东部大面积致密碳酸盐岩气地质特征及成藏条件分
　　　析[J]．天然气地球科学，2017（5）.

[14] 李颖川，采油工程[M]．北京：石油工业出版社，2002.

[15] 万仁溥，罗英俊．采油技术手册（修订本第9分册）·压裂酸化工艺技术[M]．北京：石油工业出版
　　　社，1998.

[16] 欧成华．中东碳酸盐岩油气藏地质[M]．北京：科学出版社，2016.

[17] 吴月先．低渗透碳酸盐岩气藏水力压裂效果评价[J]．石油钻采工艺，1998，020（003）：102-103.

[18] 王华军．低渗碳酸盐岩气藏增压开采阶段产量变化规律研究[D]．西安：西安石油大学，2012.

[19] 王彩丽，蒙晓灵，何鎏，等．鄂尔多斯盆地低渗碳酸盐岩气藏开发技术-以靖边气田马五$^{1+2}$气藏为
　　　例[C]．全国天然气学术年会．2014.

[20] 张建国，刘锦华，徐运动，等．低渗薄层碳酸盐岩气藏水平井长度优化研究[J]．天然气地球科
　　　学，2015.

[21] 李勇．碳酸盐岩油气藏开发新技术[M]．北京：石油工业出版社，2013.

[22] 刘建勋．碳酸盐岩油气藏高效勘探开发"筋脉"理论与实践[M]//碳酸盐岩油气藏高效勘探开发"筋
　　　脉"理论与实践．北京：石油工业出版社，2015.

[23] 何青，李克智，徐兵威，等．致密碳酸盐岩气藏前置酸加砂酸压工艺研究及应用[J]．钻采工艺，
　　　2014（5）：71-73.

［24］成友友. 碳酸盐岩气藏储层类型识别与产能评价［D］. 成都：西南石油大学，2014.

［25］张明禄，樊友宏，何光怀，等. 长庆气区低渗透气藏开发技术新进展及攻关方向［J］. 天然气工业，2013，033（008）：1-7.

［26］贾爱林，闫海军，李建芳. 中国海相碳酸盐岩气藏开发理论与技术［M］. 北京：石油工业出版社，2017.